数学简史

张 红 主编

科学出版社
北 京

内 容 简 介

本书坚持“古为今用”、“洋为中用”，重视数学发展规律、数学思想和方法，以“尊重史实，突出重点”的原则选取史料，精选古今中外数学产生、发展的重要事件、重要人物和重要成果，将古代、近代和现代各国或地区的数学史作简明、概括性的宏观介绍与评述。

本书是一本简明的世界数学史著作，可作为大学参考书，主要读者对象为大学生、高中教师和社会上数学史爱好者。

图书在版编目(CIP)数据

数学简史／张红主编．—北京：科学出版社，2007
ISBN 978-7-03-019048-2

Ⅰ．数… Ⅱ．张… Ⅲ．数学史-高等学校-教材 Ⅳ．011

中国版本图书馆CIP数据核字(2007)第079871号

责任编辑：孔国平 郭勇斌 王日臣／责任校对：郑金红
责任印制：赵 博／封面设计：张 放

科学出版社出版
北京东黄城根北街16号
邮政编码：100717
http://www.sciencep.com
天津市新科印刷有限公司印刷
科学出版社发行 各地新华书店经销
*
2007年6月第 一 版 开本：850×1168 1/32
2025年2月第二十次印刷 印张：11 3/4
字数：303 000

定价：38.00元

（如有印装质量问题，我社负责调换）

《数学简史》编委会

主　编　张　红
副主编　宁　锐　陈德华　兰箭轮
审　校　徐品方
编　写（按姓氏汉语拼音字母为序）

陈德华　简冬梅　蒋自国
兰箭轮　李昌勇　宁　锐
潘亦宁　漆定新　童　琳
王新民　徐品方　张　红
周思波

前　　言

光辉灿烂的数学世界，已经翻过五千多年的历史画卷。数学史是欣赏这幅画卷的窗口。

数学不但是整个人类文化的重要组成部分，而且始终是推进人类文明的重要力量。数学史可以帮助我们了解和理解数学作为人类文明要素对推动社会进步的重要作用，可以让我们从中感受到数学发展中最富有理性魅力的题材，从而获得启示和力量。因此，学习和阅读数学史，不仅对于数学专业研究者、数学教师和学生是必需的，而且对于广大从事教育、文化工作和需要了解人类文化的社会人士也是必要的。

重视数学史的文化价值和教育价值，不仅有良好的国际传统，而且是当今国内潮流，也是数学史研究和数学教育研究价值追求的一个重要方面。国际著名数学家和数学教育家 M. 克莱因通过展示数学思想的发展来理解数学在人类文明历史发展中的作用为我们树立了光辉的典范；我国数学史界前辈从李俨、钱宝琮、严敦杰到梁宗巨、李迪等都非常重视数学史和数学教育的关系；今天更有以数学教育家身份身体力行强调数学史对数学教育的重要作用的张奠宙先生。国际上有 HPM（数学史与数学教育国际研究组）学术组织推动和开展数学史与数学教育关系的研究；我国于 2005 年 5 月在西安召开了“第一届全国数学史与数学教育会议”。这些学术活动已经并必将进一步推动数学史与数学教育的结合，发挥数学史更大的社会文化价值。

今天强调数学史的文化价值和教育价值已经成为我国大、中学数学教育发展的普遍趋势。基础教育数学课程突出强调数学的文化价值，通过数学史来理解数学的文化价值是一个重要的途径。在 2003 年教育部颁布的《普通高中数学课程标准》（实验）中明确提出“高中数学课程提倡体现数学的文化价值，并在适当的内容提出对数学文化的学习要求,设立'数学史选讲'等专题"①。数学史作为大学课程近年来也被广泛开设。李文林先生最初于1998年在北京大学开设数学史选修课,继而出版《数学史教程》②,为这一方向做出了重要贡献,也推动形成了数学史专家从数学史研究走向把数学史文化传播于数学课堂的新风向。

大学应该成为研究数学史、传播数学文化,提高社会对数学史的文化认识的主阵地。为此,我们集六所大学的数学史学者,结合多年的数学史的研究与教学实践,编撰这本数学简史。我们的目的是,让读者花不多时间便可了解中外数学产生发展概要,领会数学发展规律和感受数学史发展过程中人文和理性题材的魅力。我们特地在每章后提供了阅读材料和思考与研究问题,这是为了增强本书的可读性,并满足作为教材的需要。

本书适宜选作大学《数学史》教材(约授40学时左右)。

我们撰写本书的分工是:西昌学院并兼职于四川师范大学的徐品方编撰绪论及第2章,成都大学童琳和漆定新编撰第1章,内江师范学院王新民编撰第3章,西昌学院兰箭轮编撰第4章,红河学院陈德华编撰第5章,阿坝师范高等专科学校蒋自国编撰第6章,四川师范大学简冬梅编撰第7章、宁锐编撰第8章、李昌勇编撰第9章、张红编撰第10章、潘亦宁编撰第11章与第13章、周思波编撰第12章与第14章。

此外,徐品方负责第1~5章编写指导工作,宁锐负责第6~9章的编写指导工作,张红负责第10~14章的编写指导工作。宁锐、潘亦宁、张开敏协助统稿,徐品方负责审校,最后由张红统稿定稿。

作为高校从事数学史教学和研究的教师,特别是我们大都具

---

① 中华人民共和国教育部:普通高中数学课程标准(实验)[S],北京:人民教育出版社,2003,4。

② 第一版由高等教育出版社和施普林格出版社于2000年出版,第二版由高等教育出版社于2002出版,并更名为《数学史概论》。

有师范院校背景，我们深知自己学生对数学文化的广泛需求，也深知推动数学史课程建设在广泛传播数学文化的意义。因此，编写本书，我们是抱着成为数学史发展长河中一朵小小浪花的拳拳之心来贡献自己的力量。但是限于多人撰稿，加之编撰者水平有限，本书可能有许多不尽如人意的地方，甚至还有缺点和错误，敬请读者批评指正。

最后，我们要特别感谢四川师范大学副校长张健教授、数学史博士孔国平先生以及数学与软件科学学院领导的大力支持。

编　者

2006 年 11 月于成都狮子山

目　录

前言
0　绪论 …………………………………………………… (1)
0.1　数学史的意义、研究对象与目的 ………………… (1)
0.2　数学史教育的作用 ……………………………… (1)
0.3　数学史研究的任务与原则 ……………………… (3)
0.4　什么是数学 ……………………………………… (3)
0.5　数学史教育在国内外 …………………………… (4)
1　早期数学 ……………………………………………… (5)
1.1　最初数与形的概念 ……………………………… (5)
1.1.1　数的概念的形成 ……………………………… (5)
1.1.2　形的概念的起源 ……………………………… (6)
1.2　美索不达米亚数学 ……………………………… (7)
1.3　古埃及数学 ……………………………………… (10)
1.4　中国算筹和古书中的早期数学 ………………… (14)
1.4.1　中国算筹 ……………………………………… (14)
1.4.2　中国古算书中的早期数学 …………………… (17)
1.4.3　我国极限、运筹学思想的萌芽 ……………… (22)
阅读材料　九九歌的故事 …………………………… (23)
思考与研究问题 ……………………………………… (23)
2　古希腊数学 …………………………………………… (24)
2.1　雅典时期 ………………………………………… (25)
2.1.1　论证数学开创者泰勒斯 ……………………… (25)
2.1.2　毕达哥拉斯学派 ……………………………… (28)
2.1.3　其他学派 ……………………………………… (33)
2.1.4　第一次数学危机 ……………………………… (38)
2.2　亚历山大时期——全盛时期 …………………… (39)

2.2.1　欧几里得的《几何原本》 …………………… (39)
2.2.2　数学之神阿基米德 …………………… (44)
2.2.3　阿波罗尼奥斯的《圆锥曲线论》…………………… (48)
2.3　亚历山大后期——衰落时期 …………………… (50)
2.3.1　数学群星 …………………… (50)
2.3.2　第一个女数学家的惨案 …………………… (55)
2.3.3　古希腊的数学成就 …………………… (57)
2.4　古希腊的数学方法论 …………………… (57)
阅读材料　穷竭法 …………………… (58)
思考与研究问题 …………………… (60)
3　中国古代数学 …………………… (61)
3.1　《算数书》与官学教科书“算经十书”简介 ………… (61)
3.1.1　《算数书》 …………………… (62)
3.1.2　算经十书 …………………… (64)
3.2　闪光的古算瑰宝“双九章”之一——《九章算术》与刘徽 …………………… (72)
3.2.1　《九章算术》的成书年代与作者…………………… (72)
3.2.2　《九章算术》的基本内容 …………………… (73)
3.2.3　《九章算术》的主要数学成就及其算法举例 ………… (75)
3.2.4　刘徽的数学成就 …………………… (83)
3.3　“双九章”之二——《数书九章》与秦九韶 ………… (88)
3.3.1　秦九韶的生平…………………… (89)
3.3.2　《数书九章》的基本内容 …………………… (91)
3.3.3　《数书九章》的主要数学成就 …………………… (92)
3.4　祖冲之数学世家简介 …………………… (99)
3.4.1　祖冲之及其数学成就 …………………… (99)
3.4.2　祖暅之及其数学成就…………………… (103)
3.5　宋元数学 …………………… (107)
3.5.1　刘益的方程 …………………… (107)
3.5.2　贾宪三角 …………………… (108)
3.5.3　沈括的隙积术 …………………… (109)

3.5.4　杨辉的纵横图与数学教育 …………………………… (112)
3.5.5　李冶的"天元术"与朱世杰的"四元术" ……………… (116)
3.6　明清数学——从衰落到艰难的复兴 ……………… (126)
阅读材料　刘徽九章算术注原序 ……………………… (130)
思考与研究问题 ………………………………………… (131)
4　东方数学(除中国数学外) ………………………… (133)
4.1　印度数学 ……………………………………… (133)
4.1.1　印度数学的萌芽时期 ……………………………… (133)
4.1.2　印度数学的全盛时期 ……………………………… (135)
4.2　阿拉伯数学 …………………………………… (141)
4.3　中国、希腊、印度数学比较 ……………………… (145)
4.3.1　中国传统数学的特点 ……………………………… (145)
4.3.2　希腊数学的特点 ………………………………… (146)
4.3.3　印度数学的特点 ………………………………… (147)
阅读材料　"0"的最早出现 …………………………… (149)
思考与研究问题 ………………………………………… (149)
5　文艺复兴前后的欧洲数学 …………………………… (150)
5.1　欧洲中世纪的数学 ……………………………… (150)
5.2　文艺复兴时期的欧洲代数学 …………………… (152)
5.2.1　方程简史 ………………………………………… (153)
5.2.2　对数 ……………………………………………… (160)
5.3　三角学 ………………………………………… (165)
5.3.1　三角学的产生 …………………………………… (165)
5.3.2　三角学的独立与发展 ……………………………… (165)
5.4　数学猜想选介 …………………………………… (168)
阅读材料　达·芬奇与透视学 ………………………… (172)
思考与研究问题 ………………………………………… (174)
6　解析几何的诞生 ……………………………………… (175)
6.1　解析几何产生的背景 …………………………… (175)
6.2　笛卡儿的解析几何 ……………………………… (176)
6.3　费马的解析几何 ………………………………… (179)

6.4 优先权问题 …… (181)
6.5 解析几何的发展 …… (183)
6.6 函数概念的产生与发展 …… (185)
阅读材料 创建坐标系的班昭 …… (187)
思考与研究问题 …… (188)
7 微积分的创立 …… (190)
7.1 微积分的孕育和萌芽 …… (190)
7.1.1 早期微积分思想 …… (190)
7.1.2 微积分的近代起源 …… (191)
7.2 牛顿创立微积分——流数法 …… (198)
7.2.1 “流数法”初建 …… (199)
7.2.2 成熟的流数法 …… (199)
7.2.3 首末比的提法与改进 …… (200)
7.2.4 《自然哲学的数学原理》 …… (201)
7.3 莱布尼茨创立微积分 …… (201)
7.4 微积分发明权之争 …… (204)
阅读材料 微积分思想在中国 …… (205)
思考与研究问题 …… (207)
8 微积分的发展 …… (208)
8.1 微积分基础概念的演化 …… (208)
8.1.1 无穷小量概念 …… (208)
8.1.2 极限观念 …… (209)
8.1.3 形式化微积分 …… (210)
8.1.4 对函数的认识 …… (212)
8.1.5 无穷级数的发展 …… (213)
8.2 18世纪分析技术的发展及新分支形成 …… (215)
8.2.1 分析技术的发展 …… (216)
8.2.2 数学分析的新分支 …… (217)
8.3 数学分析基础严格化 …… (222)
8.3.1 极限理论 …… (222)
8.3.2 分析算术化运动 …… (223)

8.3.3　集合论的诞生 ……………………………… (226)
8.4　19 世纪数学分析分支的拓展……………………… (228)
8.4.1　复变函数论 ……………………………… (229)
8.4.2　解析数论 ……………………………… (230)
8.4.3　微分方程的进展 ……………………………… (231)
8.4.4　变分法的发展 ……………………………… (232)
阅读材料　第二次数学危机 ……………………… (233)
思考与研究问题 ……………………………… (235)
9　代数抽象化 ……………………………… (236)
9.1　数学符号化的发展 ……………………………… (236)
9.2　线性代数的发展 ……………………………… (238)
9.2.1　行列式的发展 ……………………………… (238)
9.2.2　矩阵的发展 ……………………………… (240)
9.2.3　从四元数到向量空间……………………………… (241)
9.3　高次方程代数解与近世代数的形成 ……………… (243)
9.3.1　高次方程代数解 ……………………………… (243)
9.3.2　群(置换群)理论的发展与近世代数的形成 ………… (247)
9.4　19 世纪代数学新分支的发展……………………… (248)
9.4.1　布尔代数 ……………………………… (248)
9.4.2　代数数论 ……………………………… (250)
阅读材料　数系的扩张 ……………………………… (253)
思考与研究问题 ……………………………… (254)
10　几何学的突破和发展 ……………………… (255)
10.1　欧氏几何学的突破 ……………………………… (255)
10.1.1　罗巴切夫斯基几何的诞生……………………… (255)
10.1.2　黎曼非欧几何 ……………………………… (260)
10.1.3　非欧几何的模型与确立 ……………………… (261)
10.2　微分几何的发展 ……………………………… (263)
10.2.1　微分几何的开端 ……………………………… (263)
10.2.2　高斯对微分几何的重要贡献 ………………… (264)

10.3 射影几何的发展 …………………………………… (266)
10.3.1 综合射影几何 ………………………………… (266)
10.3.2 代数射影几何 ………………………………… (267)
10.3.3 射影几何的完善 ……………………………… (268)
10.4 几何学的统一与 F. 克莱因 ………………………… (269)
10.5 几何基础与希尔伯特 ………………………………… (271)
阅读材料 黎曼几何和爱因斯坦相对论 ………………… (273)
思考与研究问题 ………………………………………… (275)
11 发展中的现代纯粹数学 ………………………………… (276)
11.1 更抽象的现代纯粹数学 ……………………………… (276)
11.1.1 抽象代数……………………………………… (276)
11.1.2 拓扑学 ……………………………………… (278)
11.1.3 泛函分析……………………………………… (280)
11.2 代数几何 ……………………………………………… (281)
11.3 模糊数学 ……………………………………………… (283)
11.4 突变理论 ……………………………………………… (285)
11.5 第三次数学危机与三大学派 ………………………… (287)
11.5.1 第三次数学危机 …………………………… (287)
11.5.2 三大学派……………………………………… (288)
11.6 数学发展中心的迁移 ……………………………… (291)
阅读材料 希尔伯特的 23 个数学问题 …………………… (293)
思考与研究问题 ………………………………………… (294)
12 发展中的现代应用数学 ………………………………… (295)
12.1 独立应用学科 ……………………………………… (295)
12.1.1 算法思想的特征 …………………………… (295)
12.1.2 概率论与数理统计 ………………………… (296)
12.1.3 运筹学 ……………………………………… (298)
12.1.4 信息论 ……………………………………… (299)
12.1.5 控制论与维纳 ……………………………… (300)
12.2 数学渗透其他学科 ………………………………… (301)
12.2.1 数理经济学…………………………………… (301)

12.2.2 生物数学 …… (302)
12.2.3 数学物理 …… (303)
12.3 计算数学 …… (305)
12.3.1 数值机械计算的产生与发展 …… (305)
12.3.2 电子计算机 …… (308)
12.3.3 数学定理机械化证明简介 …… (309)
阅读材料 数学的用处难以预计 …… (310)
思考与研究问题 …… (311)
13 中国数学的现代化 …… (312)
13.1 明清之际西方数学的传入 …… (312)
13.2 清末的数学翻译 …… (316)
13.3 数学教育的现代化 …… (320)
13.4 现代数学研究概况 …… (323)
阅读材料 康熙皇帝与符号代数 …… (328)
思考与研究问题 …… (331)
14 数学团体、竞赛和数学奖 …… (332)
14.1 数学团体 …… (332)
14.1.1 国际数学团体 …… (332)
14.1.2 中国数学团体 …… (334)
14.2 数学竞赛 …… (334)
14.2.1 国际数学奥林匹克(IMO) …… (335)
14.2.2 中国数学竞赛 …… (336)
14.3 数学奖 …… (336)
14.3.1 国际数学奖 …… (336)
14.3.2 中国数学奖 …… (338)
14.4 数学教育 …… (339)
阅读材料 数学与文化 …… (340)
思考与研究问题 …… (341)
参考文献 …… (342)
人名索引 …… (344)

0 绪　　论

0.1 数学史的意义、研究对象与目的

数学史就是研究数学产生、发展进程及其规律的一门科学史。它研究的主要对象是关于数学的重大历史事件、重要的数学成果、重要的数学家人物及影响数学发展的各种社会、政治、经济和一般文化等因素。如数学各分支的产生与发展规律，数学概念、数学思想方法的形成，以及数学教育、数学家列传、数学经典论著等。

简言之，数学史是学习数学、认识数学的工具，可以帮助我们弄清数学的概念、数学思想方法的发展过程，使我们对数学概貌有整体的把握和了解。这也是数学史的价值所在。

因此，数学史的内容是极其丰富的，它既是数学思想方法的发展史，又是重大数学过程的博览史；既是数学大师的贡献史，又是数学发展与社会生产、科技、政治、军事、文化教育的关系史；同时也是一部人类对自然、对社会以至对数学本身的认识史。

研究数学史的目的主要是探索人类数学文明的发展，阐述中外文明的交互影响，了解数学发展过程中数学的连续性和不断完整性。简言之，追溯数学的过去，了解数学的现在，预见数学的未来。

0.2 数学史教育的作用

(1) 培养辩证唯物主义观点。事物是相互联系、相互转化的。通过数学史的学习研究，可以了解数学是在不断发生变化的，数学的发展是由生产力的发展和社会进步确定的，同时也是数学内

部矛盾运动的结果。所以,学习数学史可以学到辩证唯物主义和历史唯物主义的观点。

(2) 了解数学思想方法的形成过程。数学思想是数学的灵魂,数学方法是开启数学大门的钥匙。学习研究数学史可以了解数学的概念、理论、数学思想与方法的来龙去脉,以及数学各分支的联系、数学和其他科学的联系,从而加深对数学本质的认识,提高对数学的兴趣爱好,加深对数学的理解,最终提高大众的数学文化素养。

(3) 教育功能。我国数学家吴文俊院士说过:“数学教育和数学史是分不开的。”数学史必须与数学教育有机结合。国际数学教育委员会(ICMI)下属数学史与数学教育关系国际研究组织(HPM)经过20多年的研究,已经共识数学史在数学教育中的作用是:利用数学史可以激发学生的学习兴趣,培养学生的数学精神,启发学生的人格成长,预见学生的认知发展,指导并丰富教师的课堂教学,促进学生对数学的理解和对数学价值的认识,构建数学与人文之间的桥梁等。

(4) 了解数学文化。数学是新世纪文化、科学、技术发展的主要支柱之一,它已渗透到各个学科,现代社会成员无不需要数学。我们说数学不仅是科技的工具,而且是一种文化。数学史就是数学文化发展史。因此,数学史不仅是整个人类文化发展史的重要组成部分,而且始终是推进人类文明的重要力量;不仅学习与研究数学的人要了解数学史,而且每个希望了解人类文化的人,数学史也是必读之一。

再说数学教育中没有单设“数学文化”为一门课程,而是通过数学内容和数学史来体现,因为“数学文化”的内容有一半左右与数学史有直接关系。

(5) 了解优势与差距。数学史和数学家是相互依存的,“史”是数学家活动的舞台,“家”是舞台上的角色。通过数学史的学习,可以认识数学发展是非常生动、充满激情的;可以了解世界数学大厦是历代中外数学家的心血和汗水的结晶,是他们用自己的身心建筑的巍峨的数学殿堂。特别是了解中国古代数学成就及其在世界数学史中的地位,既有利于激发学生的民族自豪感,又便于对中外数学发展中各自的特点进行对比,了解其优势与弱点,对认识过去、珍惜现在、思考未来具有一定的教育意义,体现古人的箴言“自知者明,自胜者强”。

0.3 数学史研究的任务与原则

数学是人创造的,对数学的理解应按照人的原始思考的发展来进行。荷兰数学教育家弗赖登塔尔(H. Freudenthal,1905—1991)说:“没有一种数学观念像当初被发现那样得以表述。一旦问题获得解决,一种技巧得到了发展和使用,就会转向解的程序侧面,……火热的发现变为冰冷的美丽。”这里,弗氏批评那种过于注重逻辑性,没有丝毫历史感的教材“把火热的发现变成冰冷的美丽”。

我国数学教育家张奠宙在进一步阐述后,提出了数学史的研究任务。他说:“数学原本是火热的思考,但是一旦发表出来,形成文字,写入教材,就变成了冰冷的美丽。鲜活的思想被淹没在形式演绎的海洋里。数学史的研究任务,就是提供各种数学历史背景,让学生理解数学的原始思考及其来龙去脉,获得真正的理解。”①

对中外古代数学研究的原则是:用现代数学知识和科学思想方法进行阐述,它既不是古算的复述,也不是用现代数学知识去改写,而是要实事求是、客观评价,把冰冷的美丽变成火热的发现。

0.4 什么是数学

纵观数学史上数学的定义,林林总总不下几百种:如“数学是量的科学”(亚里士多德,Aristotle,公元前384—前322);“数学是

① 以上两段引自2005年“第一届全国数学史与数学教育会议”论文集。

研究到最后自己都不知道在研究什么的科学”(罗素);“数学是研究现实的量的关系与空间形式的科学”(恩格斯);“数学是看不见的文化”①。古今数学定义为什么多样化,主要原因有二:①数学本身是一个历史的概念,它的含义随时代而变化;②观点不同,出发点不同,即令同一时期也无统一定义,每个定义都打上了时代的烙印。因此不会有一成不变的定义。

0.5 数学史教育在国内外

当今国内外掀起了学习数学史热,许多国家都注意这门学科的建设。我国20世纪80年代初,部分大学开设了数学史课,90年代越来越多的大学纷纷开设了此课或建立了科学史系。至今已培养出数学史硕士生、博士生100多人。21世纪开始,教育部提倡大学学点数学史,接着决定普通高中开设数学史选修课。

重视数学史和数学文化在数学教学中的作用,当今已成为一种国际现象。美国数学协会(MAA)下属的数学教育委员会曾发出题为“呼唤变革:关于数学教师的数学修养”的建议书,呼吁所有未来的中小学教师:“注意培养自身对各种文化在数学思想的成长与发展过程中所作的贡献有一定的鉴赏能力,对来自各种不同文化的个人(无论男女)在古代、近代和当代数学论题的发展上所作的贡献有所研究,并对中小学教师中主要概念的历史发展有所认识。”

数学是一门历史悠久、分支繁多、抽象的学科,要撰写出它的全部历史确非易事,我们就中外数学史的主要菁华勾勒出它的轮廓,做到“以史实为据、落笔有据、言之有理”,并且“以史贯家,以家串史”,尽量用简明、准确的语言和精选典型史料作为客观介绍。

“路漫漫其修远兮,吾将上下而求索”(屈原《离骚》)。

望有兴趣者,及早步入数学史大世界。

---

① 详见徐品方:数学简明史[M],北京:学苑出版社,1992,354—356。

1 早期数学

内容提要

本章主要介绍数与形概念的起源,美索不达米亚、古埃及和中国等早期数学萌芽,从不同的文明中,了解早期数学的产生与演变。

1.1 最初数与形的概念

数和形最初的概念起源于原始社会。早期的数学可以说是对数与形的早期最初认识及其相关运算。

1.1.1 数的概念的形成

数的概念产生于原始人的生活和生产。他们在长期的狩猎与分配的过程中逐渐产生了“有”和“无”、“多”和“少”的概念,再从“有”中分离出“多少”,逐渐产生1,2,3等概念。世界上有些地方把大于3的数量看为“一群”或“一堆”。如:澳大利亚墨累河地区的原始部落长期来只有1,2,3的概念,“4”叫做“2—2”,“5”叫做“2—3”,5以上统称为“多”。

图1-1 “结绳记数”

数的概念是产生于计数的需要。最初主要用人身体的一部分或物来表示(如用两只手、两只眼睛等来表示2,一只手表示5等),逐渐出现

图 1-2 “刻痕记数”

结绳、刻划等方式计数(图 1-1 和图 1-2)。

在此过程中,数学中发生了第一次抽象,即由具体物品或标志(如手指、小石、刻痕、结绳等)来代替,根据一一对应的原则,进行计算,以后便逐渐脱离了具体事物的量,抽象出纯粹的数的概念。简言之,数的产生是由具体量计数抽象出数的概念,并伴之产生运算。

用实物计数,计数进程就加快了。我们现在还残留着以上计数方法的痕迹,如教小孩时“屈指计数”或用珠计数,……

“结绳计事”世界许多地方都使用过(如日本、非洲、澳大利亚、南美洲等①)。在我国出现很早,《周易·系辞上》(约公元前 11 世纪)上说:“结绳而治,后世圣人,易之以书契”(上古时代人们用结绳记事或记数,后来的读书人才用记数符号去代替它)。三国吴人虞翮(翮,音河 hé)引汉郑玄说:“事大,大结其绳;事小,小结其绳。结之多少,随物众寡”。(《易·九家义》)。“书契”是在木或竹上刻画某种符号用以记事(数),简称“刻痕记数”。“结绳”和“书契”是文字出现前常用的原始记数法。《通史》称“伏羲始画八卦,造书契,以代结绳之”。因此从“结绳”到“书契”是数的概念的一个抽象过程。

1.1.2 形的概念的起源

远古人类对周围环境的各种物体形状的长期观察中形成几何图形的概念,如对太阳、月亮的观察,产生了圆和弓形的概念,

① 如美国纽约的自然史博物馆中就保存着古代南印加部落当年使用的“结绳记数”的藏品“基普”。转引自李文林:数学史概论(第二版)[M],北京:高等教育出版社,2002,12。

从拉紧的绳子中产生了直线的概念,……然后人们制造生活必需品(房屋、陶器、生产工具等)时,努力模仿自然界的各种形状,而且产生了确定这些形状大小的要求,这样就出现了初步的长度、面积和体积的量。

例如我国西安半坡村发现六七千年前村落遗址,房屋有圆形、方形,每间面积有10多平方米,可见当时必然存在某些确定方圆的简单方法。半坡遗址中发现的陶器类型很多,反映出六千多年前的半坡人已具有圆、球、圆柱、圆台等几何概念。特别是彩陶上的花纹大体提供了由物体具体形象到抽象几何图形的演变过程的线索。除"半坡文化"外,"仰韶文化"和"龙山文化"出土的陶器也证明我国在六七千年前已有了不少的几何图形,反映了我国古代对几何图形就有了深刻的认识。

美索不达米亚、古埃及等一些民族也有不少几何图形的概念。

1.2 美索不达米亚数学

美索不达米亚(希腊文,指两河流域)平原在亚洲西部,位于底格里斯河和幼发拉底河之间,即现今伊拉克南部一带。这里自然条件丰富多样:它濒临大海,有河谷与山地,有肥沃的平原与干旱的沙漠,有沼泽和草地。这一地区曾居住过苏美尔人、巴比伦人等。早在公元前三千年,苏美尔人就发明了楔形文字,现能找到的文字是由削尖的芦苇秆斜刻划在小泥板(约公元前2500年)上的。当泥板松软时刻上去,再烘干或晒干,成为坚硬如石的泥板书,形状像楔子,所以叫楔形文字(如图1-3)。

图1-3 美国耶鲁大学收藏的一块巴比伦泥板书

考古学家们在美索不达米亚到处都发现了苏美尔人时期宏伟华丽的石像和浮雕。苏美尔人创造了图案精美的陶器,还发展了熔炼金属的技术,从而开辟了一个“青铜时代”。他们修筑运河,将干旱的土地变成了肥沃的良田。这些运河不仅为农田供水,而且也是贸易的通道,使各种产品通过船只从一个城市流向另一个城市。

公元前2007年,苏美尔人的最后一个王朝衰亡以后,巴比伦王国就继承并发展了这份遗产。

公元前18世纪,巴比伦王国国王汉谟拉比统一了两河流域,建立起中央集权的奴隶制国家。一般称公元前19世纪—前6世纪该地区文化为巴比伦文化,相应的数学为巴比伦数学(也称为美索不达米亚数学)。他们创造了文化,也创造了具有本民族特色的数学。

巴比伦王朝的统治者,非常关心灌溉系统的发展,并向邻国输出农产品,同时也带来了高利贷的发展,这些都是数学得以发展的社会因素。促使巴比伦数学产生发展的另一因素是建立了货币制度,这使巴比伦成为西亚贸易的中心。由于农牧业,尤其是商业的需要促进了巴比伦的数学知识大量地积累起来。尽管美索不达米亚的统治者变动频繁,但数学知识的传播和使用始终连绵不断。我们可以从现今保留下来的泥板考察到当时的数学知识的发展情况。

19世纪初发掘出的巴比伦时期楔形文字泥板,有约300块是纯数学内容的,这些泥板书记载两类数学:一是“表格课本”,它是古代的“应用数学”,如数字乘法表、倒数表、平方根表和立方表等;二是“问题课本”,亦即“理论数学”,今称数学题目。

巴比伦的记数,对于小于60的整数,使用1()和10()两种记号来表示,如25=;对大于60的数,以60为基数,如:$524551=2\times60^3+25\times60^2+42\times60+31=$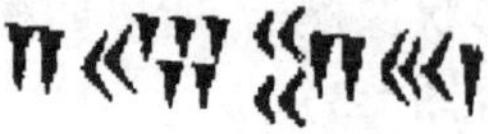。位置

的区分是靠在不同的楔形记号组之间留空。遇到不明确的时候，数字的意义只有从上下文的内容来确定，从未采用一个记号来表明最右端的一位上没有数。

由此看出巴比伦的记数体系，采用 60 与 10 的混合进位制，具有有位值制的观念。但在数学和天文学上，他们一般用 60 进制。这一计数方法现在反映在人们对时间和角度的表示上。不过巴比伦的位值制是不完善的，因为泥板上数字的真正数值仍要靠智力来推测。公元前 2 世纪，有一块泥板上表示空位，相当于零号。

巴比伦也有分数，常使用以 60 为分母的分数，而$=\frac{1}{2}$，$=\frac{1}{3}$，$=\frac{2}{3}$是少数几个分数的特定记号。

在运算方面，加法没有特殊的记号，用数字连写表“加”。减法用记号，如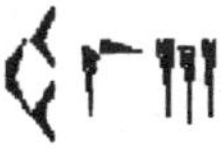表示 30－3。乘法记号很复杂，用楔形文字的“去”字 。除法是用被除数乘除数的倒数来进行的。平方与开方，立方与开立方是利用预先作好的数表进行计算的（如上提到的数表）。开不尽的开方数用近似数表示。在一块约公元前 1600 年的泥板上，记有$\sqrt{2}$的近似值。没有无理数的概念。

开方表的制作方法不得而知，只是从一个求矩形对角线的问题可看出他们使用过近似公式：

$$\sqrt{a^2+b}\approx a+\frac{b}{2a} \qquad (a>b\text{ 时}, b\text{ 甚小})$$

在代数方面，巴比伦人的代数知识比埃及人高超得多。主要用文字表示，有时用长、宽、面积等术语表未知量，所求未知量并不一定就是这些几何量。例如，一块泥板书上载有“长乘宽得面积 10，长自乘得面积，长大于（多于）宽的量自乘再把这个结果乘以 9，这个面积等于长自乘所得的面积，问长、宽各是多少？”用现今的符号相当于解方程组$\begin{cases}xy=10\\9(x-y)^2=x^2\end{cases}$（注：这里 x 表示长，y 表示宽）。

他们在解代数问题时只指出求解的步骤,并没有说明每步的理由。

巴比伦人用特殊方法解出了某些一次、二次方程,还讨论了某些三次方程和可化为二次方程的四次方程。在求复利问题时,还碰到过某些指数方程。在某些具体问题里他们还算出了算术数列和几何数列之和,例如:

$$1+2+4+\cdots\cdots+2^9=2^{10}-1$$

在几何方面,巴比伦的几何属实用性质的几何,多采用代数方法求解。他们知道三角形和梯形面积、棱柱和圆柱体积的求法,甚至还知道相似三角形的对应边成比例,也知道某些勾、股、弦的关系。在一块泥板①上人们破译出了15组今天称为勾股数的数表。这些数组大都是满足 $a^2+b^2=c^2$ 的勾股数。在圆的知识方面,他们非常熟悉等分圆的方法,这或许可以解释他们使用的60进制和分母为60的分数,但对于圆周率 π 没有用过比3更好的数。

1.3 古埃及数学

埃及人称自己的故土为黑土地,那里是活着的国王何露斯和他的神圣母亲伊希斯的住所;把包围着尼罗河流域的浩瀚的沙漠称为红土地,是危险和不幸的领域,受极为强大的混乱之神塞特的统治。在埃及,早期的统治者不是雨的保证者,而是一年一度赐予生机的尼罗河洪水祭礼的主持者。自太古以来,洪水便定期供给黑土地灌溉水和肥沃的黑淤泥,清洗土壤中天然聚积的盐分,给田地补充宝贵的养分。尼罗河河水一年一度的周期性泛滥给沿河两岸留下了沃土,农业因此能很早发展起来。正是由于每年的这种神奇造化才使得黑土地成为四周荒芜不毛之地当中的避风港。

这种周期性泛滥不仅使埃及人研究天文、历法,以便确定河水开始泛滥的日子,并免受其害;而且促使他们在泛滥后重新丈

① 这块泥板叫"普林顿322",因被一位叫"普林顿"的人收藏而得名,322是其编号,现存美国哥伦比亚大学图书馆。

量土地。这样,他们积累了许多的数学知识。

埃及人创造了灿烂的文明,这种文明以古老的象形文字和巨大的金字塔为象征。

公元前2500年左右埃及就已经建造了至今蔚为奇观的金字塔。金字塔是埃及文化的象征,也是埃及数学知识的象征。金字塔大多呈正四棱锥形。据对最大的胡夫金字塔的测算,发现它基底是正方形,各边的误差仅仅是1.6厘米,只是全长的1/14 600;基底直角的误差只有12″,是直角的1/27 000。让现代人惊奇的不只是这个大规模的杰出工程,更是它的组织和管理。

埃及的文字有好几套,其中一套是象形文字,而每个文字记号是某件东西的图形。书写文字的是一种纸草。它们是人们将一种尼罗河水生植物(形状像芦苇),从纵面剖成小条,拼排整齐,连接成片,压榨晒干后做成。现存莫斯科美术博物馆和英国博物馆的两份用僧侣文写成的纸草书是我们考察古埃及数学的两份重要文物(如图1-4和图1-5)。

两部纸草书是3700多年前的作品。莫斯科纸草由格列尼切夫(Golenischev)于1893年发现,有25个题;英国纸草书(又称莱茵特纸草书),由英国人莱茵特(A. H. Rhind)于1858年发现,有85道题。纸草书中讲述了埃及的乘法和除法、单位分数的用法、试位法、求圆面积问题和一些数学应用方面的问题,是两部实用数学问题集。

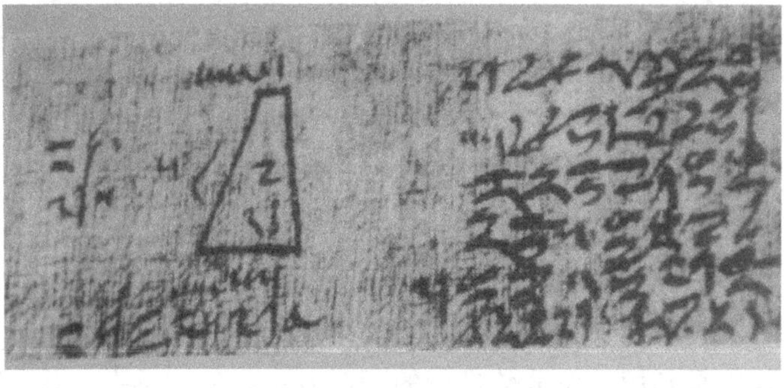

图1-4 莫斯科纸草书

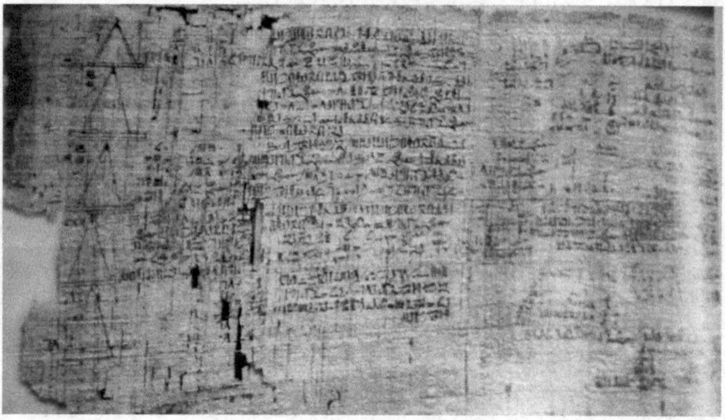

图1-5 莱茵特纸草书

埃及人所创建的数系与罗马数系有很多相似之处，具有简单而又淳朴的风格，用十进记数法，但不是位值制。数的概念用象形文字表示为：| 表1，∩ 表10，及表一百，表千，表万，表百万(好像是一个受惊的人)，其他数用这些符号累加起来表示。书写方式是从右往左的。埃及的分数的表示是用单位分数($\frac{1}{m}$型的分数)累加表示，$\frac{2}{3}$例外，如表$\frac{1}{5}$。古埃及人已经知道加、减法和乘法、除法运算。表加，表减(来、去的腿形)。乘法用倍乘来实现，例如71乘19(用今天的方式)：

$$2\times71=142$$
$$2\times142=284=4\times71$$
$$2\times284=568=8\times71$$
$$2\times568=1136=16\times71$$
$$1136+142+71=1349$$

除法是利用单位分数进行的，例如：$\frac{7}{8}=\frac{1}{2}+\frac{1}{4}+\frac{1}{8}$。莱茵特纸

草记载了$\frac{2}{2n+1}$(n 为 2 到 50 的自然数)型的分数分解成单位分数的结果。其实埃及人很早就认识到除法是乘法的逆运算。他们对分数的记法和计算都比现在复杂得多,这也妨碍了埃及数学的进一步发展。

在莱茵特纸草书中有简单的一次方程,例如,"有一堆其$\frac{2}{3}$,其$\frac{1}{2}$,其$\frac{1}{7}$,及其全体共为 33",即解方程$\frac{2}{3}x+\frac{x}{2}+\frac{x}{7}+x=33$,这里"堆"表示未知数。

在莫斯科纸草书上有一个土地面积问题:"把一个面积为 100 的正方形分为两个小正方形,使其中一个的边长是另一个的四分之三。"即求解二次方程组:$\begin{cases}x^2+y^2=100\\ x:y=1:\frac{3}{4}\end{cases}$。

解方程的方法采用"试位法":首先取边长为 1 的正方形,则另一个正方形的边长为$\frac{3}{4}$,自乘得$\frac{9}{16}$,两个正方形面积和为$1+\frac{9}{16}$,其平方根为$1+\frac{1}{4}$,又 100 的平方根为 10,而 10 是$1+\frac{1}{4}$的 8 倍。原文残缺不全,推测其结果是:1×8,$8\times\frac{3}{4}=6$,即两个正方形的边长分别是 8 和 6。

纸草书中还出现了与算术级数及几何级数(有限项)有关的问题。例如第 79 题在五个数字旁边注有图,不知其意,近代德国数学史家 M.康托尔(M. B., Cantor,1829—1920)给出一种解释说:"有 7 个人,每人有 7 只猫,每只猫吃了 7 只耗子,每只耗子吃了 7 棵麦穗,每棵麦穗可以长出 7 升麦子。"这是一个几何级数的问题。

在几何方面,埃及人创建的几何以实用为特征,以求面积和体积为具体内容,这包括有计算矩形、三角形和梯形面积的方法。但从纸草书中还看不出这些方法是否正确。例如计算三角形的面积用一数乘另一数的一半来做,但从所画出的图中不能肯定一数是否表示一边的长度,另一数表示此边上的高。计算圆面积的公式为:$A=\left(\frac{8}{9}d\right)^2$($d$ 表示直径),这相当于 π 取 3.160 5,这个公式给出了圆面积很好的近似,但是不知道他们是否有明确的圆周率的概念。古埃及人给出了平截头方锥体(两底是正方形的截棱锥)的体积公式:$V=\frac{h}{3}(a^2+ab+b^2)$,其中 h 表高,a、b 分别表上、下底边长。上、下底应为正方形,纸草书中的图很潦草,不容易看出来。

总之,埃及人的几何知识是比较丰富的,算术知识也往往和几何问题发生关系。所谓方程不过是算术问题的另一种提法。由于没有专门的术语表示未知数,方程的概念实际上是不存在的。总之,古代埃及和巴比伦数学只是一种经验的积累,并没有上升为一般性的法则,更没有证明。这些都说明关于数和形的知识积累离不开生产的发展和社会的进步。

1.4 中国算筹和古书中的早期数学

1.4.1 中国算筹

算筹产生于何时,没有可靠的记载,据《老子》(今传之书是战国作品,即公元前 475—前 221)说:"善数不用筹策"(会计算的人可以不用筹,用心算即可)。这说明在春秋末年以前,筹(策)就是人们的计算工具。算筹是几寸长的小竹棍,也有用木、骨、铁材料制成的(如图 1-6)。不用时,装在专门的"算袋"里,使用时,摆在平面上进行计算。

图 1-6 中国算筹

算筹记数有纵横两种方式(如图 1-7)。怎样用筹记数,

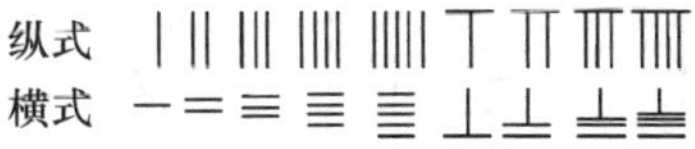

图 1-7

《孙子算经》(约公元3世纪—4世纪)中记载:“凡算之法,先识其位。一纵十横,百立千僵,千十相望,万千相当。”即个位用纵式,十位用横式,如此类推的“纵横相间”。遇到零时,留个空位。如4 368记作𝍫𝍢𝍮𝍧,43 068记作𝍣𝍫 𝍮𝍧。显然,任何自然数都可用算筹表示出来,而且这是一种十进位值记数法,即“逢十进一”,又按位置表示不同的数值,也是世界上最简便的计算工具。比巴比伦的六十进位制方便,比古希腊、罗马十进非位值制先进①。有学者认为“印度—阿拉伯数字的制造,借鉴于中国古代的十进位值制记数法”②。马克思(Marx,1818—883)称中国的十进位值制是“最妙的发明之一”③。

把算筹表示的数与甲骨文表示的数(见后)作比较,可以看出二者的排列有许多相似之处,尤其是1,2,3,4。这种天然的联系也许可以解释中国数码的由来。

用算筹进行计算,便是筹算。我国在春秋末年以后,筹算四则运算已经成熟,有一套方便的算法。

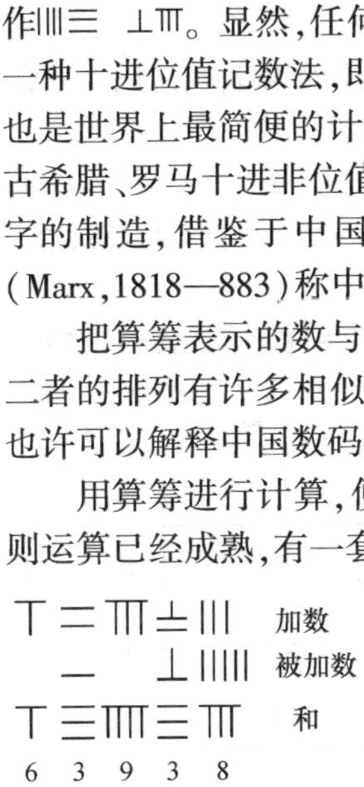

图 1-8

筹算加减法很简单,“由高位数算起”,即由左及右计算,这和现代笔算相反。摆在两行算筹,按加或减变成一行,就是结果,似现今的加减法竖式。例如,计算今式62 873+1 065的筹式(如图1-8)。

筹算乘除法,步骤稍微复杂一些。乘除都用口诀。由高位数算起,与今笔算相反。乘积分三层:上位、中位和下位,相当于被乘数、积和乘数。先由乘数的最大一位去乘被乘数,乘完后去掉

① 徐品方,张红:数学符号史[M],北京:科学出版社,2006。

② 郭书春:中国古代数学[M],北京:商务印书馆,1997,32。

③ 马克思:数学手稿[M],北京:人民教育出版社,1975,205。

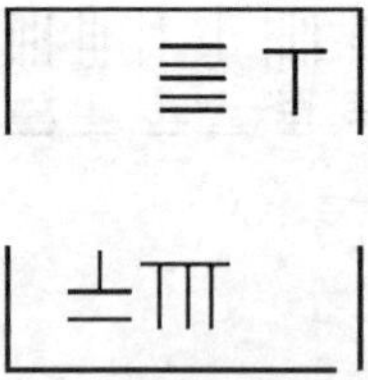

图 1-9

这位的算筹,再用第二位数去乘。两次之积对应位上的数相加,乘完为止。例如,用算筹计算 78×56。

首先将乘数与被乘数分别置于上位与下位(如图 1-9),然后以下顺序进行运算:

(1) 用上数 50 乘下数 70,呼“五七三十五”,即 3 500 于中位。

(2) 用上数 50 乘下数 8,呼“五八四十”即 400,并入前已得的 3 500 得 3 900,上数“5”用完了,将去掉。

(3) 再用上数 6 乘下数各位,先得“六七四十二”,并入中间已得数,得 4 320,次得“六八四十八”,并入已得数,得 4 368,“6”已用完了,去掉,得积 4 368(如图 1-10)。

除法算筹演算步骤与乘法相反,也分三层:上位是商,中位是被除数(古称“实”),下位是除数(古称“法”),筹式布列如图 1-11,方法与例略。

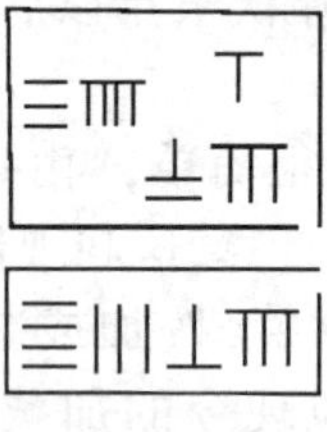

图 1-10

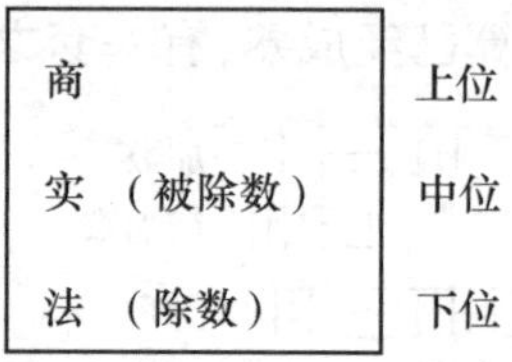

图 1-11

公元 13 世纪,我国数学家开始用笔写在纸上进行筹算。

中国古代的筹算不单是简单的数值计算,而是一整套的内容十分丰富的“筹式”演算,即用筹得各种相对位置表达比例、线性方程组、高次方程组筹,这是中国独有。它形成了一套演算的“程序语言”。有时,利用对称性、循环性将演算程序设计得十分简捷而巧妙。

1.4.2　中国古算书中的早期数学

中华文化是一个悠久的古老文明，追溯其历史，它由许多不同的地域文明所构成，但是我们往往以黄河、长江流域作为华夏民族远古文明的代表。因为这片广袤的沃土是中华祖先最古老的繁衍生息地之一，也是中华文明诞生的源头之一。中国数学在人类文化发展的初期，处于领先地位。

一、甲骨文中的数学

中国早在五六千年前，就有了数学符号。到三千多年前的商朝甲骨文的使用已经非常普遍。甲骨文(图1-12)作为殷商时期的文化特征，它是中华文明中最古老的有记录的文字。

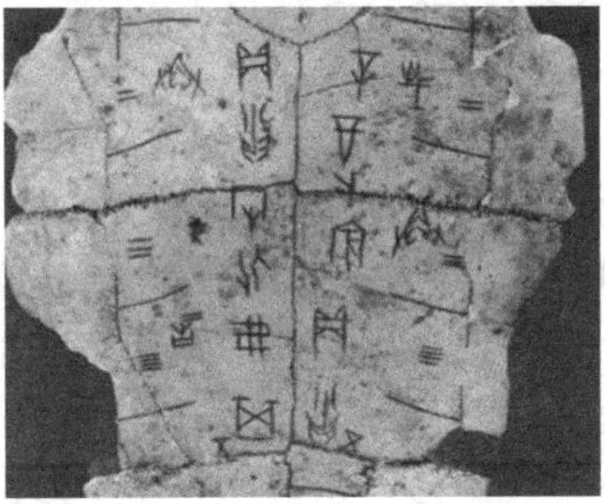

图1-12　甲骨文图片

19世纪末的一天，河南省安阳市西北郊的小屯村的一位农民在耕作时，偶然从地下挖掘出数片龟甲和兽骨，发现上面刻有文字，但是不知道是什么东西。在后来的多次发掘中，获得有文字的甲骨几万片。这就是震惊世界的甲骨文的发现。这里是商代晚期都城遗址——殷墟，距今已有3300多年历史。我们可将这种特殊的甲骨看成是中国最古老的文献。

商代已有观测并记录日食这一天文现象，而且其数学水平也发展到了相当高的程度。

甲骨文中有许多有关计量猎获野兽数量的记录：

“……鹿二十二，豕二，虎二，兔二十三，雉二十七”。

商代人已将年月旬日组成一套完整的历法，反映出当时的一种天文学的理论，更是一种统计学的原理和方法。

甲骨文中数字的排列都有一定的规律。根据这些规律可以窥见商代人已经有了有关序数的概念，把自然数按由小到大或由大到小的次序排列已是相当普遍的。

从对河南安阳殷墟甲骨文等考证,看出殷商时(公元前16世纪至前11世纪)人们用一至十、百、千、万这13个单字记10万以内的任何自然数。而记数法是按照十进制的方法来记数的,并且已采用了位值制记数法。现在能证实当时最大的数是三万,还有奇数、偶数、倍数等概念。这在世界数学史上有重大意义。正如著名的英国科学史学家李约瑟(J. Needham,1900—1995)博士所指出的那样:

"如果没有这种十进制,就几乎不可能出现我们现在这个统一化的世界了。"

"总的来说,商代的数字系统比同一时代的古巴比伦和古埃及更为先进、更为科学。"

二、《易经》与数学

《周易》即《易经》。书中所反映的思想属于西周到春秋战国时期。主要内容是讲卜卦问题,还包含有天文、数学等方面知识。我们可以从以下几个方面来认识。

(1)《周易》和纵横图。河洛文化是我们今天认识中国古代文化的一个重要部分,这一文化最主要的标志就是河图、洛书。

《周易·系辞上》有:"河出图,洛出书,圣人则之"。意思是说,黄河里出现了龙图,洛水里出现了龟书,于是圣人行事便以它为准则。但《周易》中并没有描绘河图和洛书是什么样子,也没有图形。今天人们看到的河图、洛书出自宋代。河图中一至十的排列,洛书一至九的排列既不重复也不缺少某一基本数字,秩序井然,这表明了古代华夏文明中人类对有序性的基本认识。河图洛书中数字排列的位置上下左右交叉安排,大数小数调配适当,隐含着一种内在的规律,尤其是洛书中横行竖列、对角线上的每一组数字相加之和都为15,这充分反映出了一种数学观念,一种中国古代文化思想。

最早把图(河图、洛书)和数联系起来的是庄子(活动年代为公元前369—前386年)。洛书是一个方阵,古称"纵横图"(如图

1-13)，西方叫幻方。幻方理论是数论的组成部分。即在边为 n 的正方形方格中填充数字，使其横行、竖列和对角线上各组数之和都相等。中国古代对幻方的认识比西方国家早一千多年，它反映了以数论为起点的数学成就。近代发现，纵横图和组合分析有密切关系，它在对策论、图论、人工智能、程序设计等中有一定用途。

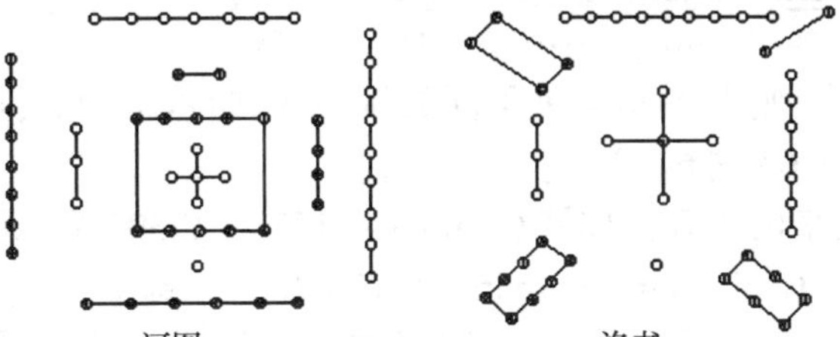

河图　　洛书

4	9	2
3	5	7
8	1	6

纵横图

图 1-13

(2)《周易》与阴阳八卦。《周易》作为我国古代当政者积累观天测算经验而成的关于天象和人变易的经典，书中包括着一些重要的数学思想。书中所载八卦可从各种角度研究其意义：全书基本上通过卦爻的变化进行占卜。从中可看出已有了组合数学的萌芽，反映出了二进制的思想。

它被公认为世界上第一本讨论排列组合的书。卦爻有两种基本符号：阳爻“—”和阴爻“--”，合称“两仪”。每次取两个，共有四种不同的排列法，叫做“四象”：

“⚌”（太阳）；“⚍”（少阴）；“⚎”（少阳）；“⚏”（太阴）。

每次取 3 个，得到 $2^3=8$ 种不同的排列法，叫做“八卦”。八卦常用来代表八种不同的事物。例如表八个方位或八种自然物：天、地、风、雷、水、火、山、泽。

《易·系辞传》说：“易有太极，是生两仪，两仪生四象，四象生八卦”。这实质上是探求宇宙生成辩证法的一段论述。在今天，人们会自然地认为这既是哲学的，又是数学的内容。人们可以理解为:$2^0, 2^1, 2^2, 2^3, 2^4, \cdots\cdots$。也可用 n^r 表示,$n=2, r=2$、3、6 等。这种形式,从数学意义上来认识,它不只是具有排列组合上的意义,更重要的是,它与今天人们熟知的二进制有着惊人的一致。从记数法的角度进行研究,若将阳爻看作 1,阴爻看作 0,则八卦可与二进制的八个数对应:

☷	☶	☵	……	☰	
000	001	010	……	111	(二进制)

若每次取 6 个,则得 $2^6=64$ 种不同的排列法,叫六十四卦,可表示二进制的 0 到 63 这 64 个数。

清朝时,在北京的传教士白晋(J. Bouvet,1656—1730)给德国数学家莱布尼茨(G. W. Leibniz,1646—1717)寄去一部《易经》。莱布尼茨于 1672—1676 创立了二进制记数法并发明了计算器。他看到中国的八卦后感到非常惊奇,认为二进制与八卦相吻合;他还用二进制记数来解释八卦。

观看八卦图,可以发现,八卦是有方位的,它是古代中国的坐标系,已沿用了几千年,流传至今。

从哲学思想来看阴阳八卦,一有(阳爻表 1)、一无(阴爻表 0)可以生万物(一切数可用二进制表出)。正所谓阴阳合而万物生。或者说八卦里体现出来的哲学思想早已把握住了"万物皆 1 和 0"。因此中国老子有"天下万物生于有,有生于无。"

三、《墨经》①中的几何知识

战国时期的百家争鸣对数学的发展起了极大的促进作用。《墨经》是墨家学派的著作。

《墨经》涉及数学、力学、光学、逻辑学等多方面内容。其中《经上》、《经下》涉及一些数学定义或定理。《经说上》、《经说下》作出了解释和补充。书中对点、线、面、体、圆等概念分别作了说明,我们可把它看作是我国理论几何学的一些萌芽。例如:

---

① 墨子(约公元前 468—前 376)(图 1-14)创立了墨家学派。儒墨两家的相互驳难,揭开了先秦"百家争鸣"的序幕。《墨经》中记载了有关力学、几何学、光学知识。

图 1-14 墨子

"端,体之无厚而最前者也"(类似于"点是没有部分的,是线段的两端"的说法)

"平,同高也"(平行直线或平行平面的定义)

"中,同长也"(线段中点,圆心、球心的性质)

"心,中,自是往相若也。"即:关于中心成对称的点,到中心的距离相等。

"圜,一中同长也。"(圆、球的定义),即"圆,它有一个中心,从这个中心引到圆周上任何一点的距离都相等。"

"体,分于兼也","体,若二之一,尺之端也。"(体指图形,分是部分,兼是全体。即:图形由部分组成。将图形细分下去,最后得一个点。类似区间套原理。)一是二的体,端是尺的体。有"由一组成二,由点组成线"的意思。

"一少于二而多于五,说在建位。";"一,五有一焉;一,有五焉。十,二焉。"即"一比二少而比五多,要看这枚算筹立在哪个位置上。个位上的五中是有一的,十位上的一中却有两个五,这里说明了筹算的十进位值制。"

关于必要条件和充分条件有下面的论述:

"小故,有之不必然,无之必不然。体也,若有端。大故,有之必然,若见之成见也。"(小故相当于必要条件,大故相当于充分条件。即:必要条件,有它不一定有结果,无它则一定没有结果。例如,只有点不成为线,无点一定不能成线。充分条件,有它必有结果。例如:"看"是"看见"的充分条件。)

此外,分数在战国时期已应用到各个领域,中国是世界上较早对分数进行研究的国家。

公元前 5 世纪的《考工记》有"十分寸之一为一枚",即$\frac{1}{10}$寸等于一分。

《墨经》中有关于食盐的分配的问题："……升食食五升，参食食三升，四食食二升半，五食食二升(少半)，六食食一升大半"。其中的"半"、"少半"、"大半"指$\frac{1}{2}$，$\frac{1}{3}$，$\frac{2}{3}$。

《管子·地员篇》："蓄殖果木，不若三土以十分之二，……，以十分之三，……"。

1.4.3 我国极限、运筹学思想的萌芽

春秋战国时期，人们已经对"无限"有了初步认识，出现了极限思想萌芽。《墨经》认为："穷，或不容尺，有穷；莫不容尺，无穷也。"("或"是古文的"域"。"莫"是"暮"字。穷，是能够量尽的区域，也叫有穷。如果永远都量不尽，必定是无穷。)

战国时期的宋国人惠施，是名家的代表人物。在《庄子·天下篇》中有：

"至大无外，谓之大一；至小无内，谓之小一。"即至大是无边界的，叫做无穷大；至小是没有内部的，叫做无穷小。

"飞鸟之景，未尝动也"，即飞鸟的影子，没有动。

"镞矢之疾，而有不行不止之时"，飞箭有不动不静的时候。这反映了古代中国人对时间和运动曲线的无限可分性的认识。

《庄子·天下平篇》中还有："一尺之棰，日取其半，万世不竭。"包含着极限概念的萌芽，它表达了古代无限可分性的思想。但墨家不同意这个观点，提出了一个"非半"的命题来进行反驳：把一线段按一半一半地无限制地分割下去，就必将出现一个不能再分的"非半"就是点。名家的观点论述了有限长度可分割成一个无穷序列，墨家的命题则指出了这种无限分割的变化和结果，名家和墨家对数学定义和数学命题的讨论，对中国古代数学理论的发展是很有意义的。可见，战国时期的百家争鸣对数学的发展具有促进作用。

运筹学是一门现代科学。"运筹"二字是借用的《史记》"运筹

策于帷幄之中,决胜于千里之外”。即在帷幕里运用筹划,克敌制胜。这表明运筹学思想在我国早已萌芽。有关运筹的事例,在春秋战国时代的典籍中已经有所反映,主要是由战争、游戏或其他需要产生的。

著名的一例是“田忌赛马”的故事。战国时,齐王与田忌赛马,双方都有上、中、下三个等级的马,每次双方出四马驾车进行比赛,共进行三次。虽然田忌的马都比齐王同一等级的马差,但是由于田忌的谋士孙膑是著名的军事家,他为田忌设计了如下的对策:用上马对齐王的中马;用中马对齐王的下马,田忌反而以2∶1取胜。在这一问题中反映了争取总体最优的数学思想。

此外,春秋时的《孙子兵法》十三篇,就是一部有名的运筹学早期著作。

阅读材料　九九歌的故事

春秋时代的霸主之一齐桓公招聘贤才,但无人应聘。一天,有一个人前来求见,齐桓公说:“你有什么本事?”来者说:“我会九九歌。”齐桓公嘲笑他:“会背九九歌也算本领吗?”那人回答:“背九九歌确实算不上什么大本领。但是如果您对我也能以礼相待,还怕比我高明的贤士不来应聘吗?”齐桓公觉得有理,就款待了他,后来果然招到很多能人。

思考与研究问题

1. 试述早期的记数方法。

2. 试述中国古代早期数学成就。

3. 在中国春秋战国时期产生了哪些重要的、可与古希腊媲美的数学思想?

2 古希腊数学

内容提要

本章主要介绍希腊的初等数学怎样从论证数学开始到兴盛和衰落三个时期的数学产生、发展史。主要内容有算术(含代数)、几何、三角和圆锥曲线等,同时也介绍了希腊著名数学家及其著作。

通常说的古希腊地理范围很广,包括希腊半岛、爱琴海群岛和小亚细亚西岸一带。希腊文明大约可以追溯到公元前2800年,一直延续到公元600年。它对现代西方文化的影响极大。

古希腊一直没有形成一个统一的国家,长期以来,它由许多大小奴隶制城邦国家组成。公元前5世纪为全盛时期,公元前4世纪开始渐衰,被马其顿帝国征服。公元前146年沦为罗马帝国的一个省。公元395年并入拜占庭帝国。公元415年,女数学家希帕蒂娅(Hypatia,约公元370—415)被野蛮杀害,她的死标志着希腊文明的衰落。公元641年,亚历山大城被阿拉伯人攻陷,从此战争频繁,过去创作气魂滂沛的亚历山大消失了。

古希腊数学指公元前700年到公元400年,前后不超过1100年。

希腊数学的内容包括算术(含代数)、几何学和三角学。算术、几何这两个名称来自希腊。

“算术”一词出自希腊文 *αρτθμητικη*,这一词由数数和技术变来,原来的意义是“数和数数的技术(或学问)”。算术研究自然数、分数、小数等四则运算和数的性质的科目。

“几何学”一词最早出现在希腊,原文是 *γεϖμετρια*,是由 *λεα*(土地)、*με πρειγ*(测量)二词合成,原意是土地测量,即“测地术”。可见几何学直接起源于农业生产的需要。曾有书说“三角学”一词源自希腊是错误的,它源自拉丁文 trigonometria(意为“三角形”和“测量”两字合并而成），古希腊文没有这个字。但希腊数学有三角学知识，它依附于天文学。

希腊数学发展的历史可分为三个阶段，第一阶段从公元前700年到公元前323年，又称为古典时期或雅典时期，即从泰勒斯（Thales，约公元前625—前547）的伊奥尼亚学派到柏拉图学派为止；第二阶段是亚历山大前期，从公元前323年起到公元前30年；第三阶段从公元前30年到公元600年，又称为亚历山大后期，即罗马人统治下的时期。

2.1　雅典时期

公元前700年到公元前323年，出现了以雅典为中心的第一个欧洲文化高峰（即希腊雅典时期或古典时期）。由于雅典城邦实行奴隶主民主政治（与皇帝君王独裁不同），由男性奴隶主民主政治统治，他们往往需要用理由说服对方，于是学术上的辩论风气较浓。为了坚持的是真理，就需要证明。于是希腊学术研究不仅要解决真理“是什么”，还要回答“为什么”。唯理论的学术风气很盛；另一方面，由于信奉多种宗教，人们思想自由，充分发挥了想像力，有助于科学和数学（属哲学）从宗教的神学中分离出来。

古希腊人的治学，讲求学派，一时学派林立，百花齐放。这时期出现了泰勒斯为代表的伊奥尼亚学派，以及毕达哥拉斯学派和其他学派。

古希腊人在这一时期的数学研究上，他们从初始概念和公理出发（亦称公理化体系表达数学真理的方法），诞生了演绎体系的论证数学（或几何）。故从研究数学思想方法来看，希腊人重于理论，善于使用形式逻辑，后来的《几何原本》为典型代表。

2.1.1　论证数学开创者泰勒斯

泰勒斯是伊奥尼亚学派（又称泰勒斯学派）的创始人，尊称为古希腊“七贤之首”。这个学派主张从大自然现象中寻求真理，认识到水对万物生存的重要性,于是提出"水是万物之本原,万物终归于水"。"水为万物之本"否认神是世界的创造者,在当时神统治下是一种朴素的哲学思想,马克思称他是"第一个哲学家"。

泰勒斯生于伊奥尼亚的米利都,出身奴隶主贵族家庭,政治地位显贵,生活富足。他本人可以做官出人头地,可他却把金钱、时间和精力全部倾注于哲学与科学,被誉为"科学之父"和"希腊数学鼻祖"。他献身于科学,也招来饶舌者的非议,说他是有福不享、不务正业的败家子。为此他写了一首诗回答这些人:

多说话并不表示有才智,
去找出一件唯一智慧的东西吧,
去选择一件唯一美好的东西吧,
这样就箝住许多饶舌汉的嘴。

泰勒斯早年是一位商人,以后游访过巴比伦、埃及等古代文明国家,饱学了东方的璀璨文化,自称"东方的学生",回来以后,从事哲学、数学、天文学等研究。在几何学、天文学上的主要贡献有以下两点:

(1) 论证数学的开创者。据古希腊欧德莫斯(Eudemus,约公元前4世纪)《几何学史》(公元前330年)一书记载:公元前6世纪,泰勒斯去埃及,第一个将埃及人的几何学带回到希腊。据说他本人发现了许多几何命题,并创立了对几何命题的逻辑推理。泰勒斯发现了如下几何命题:

① 圆被任一直径平分。

② 等腰三角形的两底角相等。

③ 两直线相交,对顶角相等。

④ 在两个三角形中,有两角一夹边对应相等,则这两个三角形完全相等。

⑤ 半圆周角是直角。

⑥ 相似三角形的对应边成比例。

⑦ 三角形内角和等于两直角。

泰勒斯用演绎方法证明了命题①—⑤,因此泰勒斯是论证数学发端第一位代表人物。

(2) 天文、测量学。泰勒斯是一位著名的天文学家。据古希腊历史学家希罗多德(Herodotus,约公元前484—前424)在《历史》一书记载,他曾预言过一次日全食(有史学家表示怀疑)而结束过一场战争。当时在希腊地区有两个国家发生激烈的、连续的五年战争,不分胜负。战争给人民带来巨大的灾难。他预测公元前585年5月28日有日全食。于是他宣传说上天反对战争。这一天,日食来临,夜幕如磐,双方将士大为恐惧,偃旗息鼓,停止战争,两国通婚和好。

泰勒斯观测天象十分专心,柏拉图(Plato,公元前1427—前347)曾介绍说,有一次他只顾观察星空,不小心掉入沟里,他的狼狈相引起人的好笑,说"他只想知道天上发生的事情,却看不见自己脚边的东西。"二千年后,哲学家黑格尔说了一句深刻的话:"只有那些永远躺在坑里,从不仰望高空的人,才不会掉进坑里。"

泰勒斯是一位最早的测量学家,据说他应用三角形相似知识,利用金字塔影长、杆与杆影长测算出塔高,如图2-1,$\because\ \triangle ABE \backsim \triangle CDE$　$\therefore\ \dfrac{AB}{CD}=\dfrac{BE}{DE}$　$\therefore$ 塔高 $AB=\dfrac{BE\cdot CD}{DE}$。

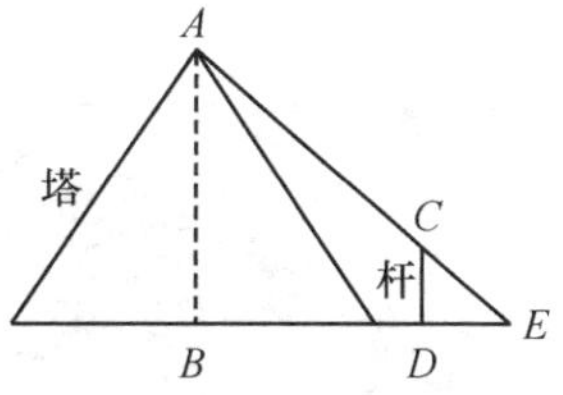

图2-1

(3) 奇闻轶事。泰勒斯是一个腰缠万贯的贵族,不坐享其福,把自己的一生奉献给科学,当时流传着他许多奇闻轶事,例如:

科学经商。希腊亚里士多德在《政治学》中说:早年泰勒斯曾一度很贫穷,遭到人们的讥笑,说他研究数学无用,不能当吃当喝,到头来还是穷困潦倒。听到这些话,他不气馁。一年冬天,他用天文知识预测到来年的橄榄必定大丰收,于是在头年的冬天租下了本地所有榨油机,由于没有竞争对手,又不是榨油季节,租金极低。来年橄榄果然大丰收,榨油机租金暴涨,他高价租出,大赚其钱。

泰勒斯终身未婚,一生致力于研究数学、天文学。一次,别人问他,你对自己的发现拿多少报酬?他答:“当你把它告诉别人时,不说是别人发现的,而说我发现的,这就是对我最大的酬谢。”人们问他:“曾见过的最稀奇的东西是什么?”他答道:“是寿命长的暴君。”

泰勒斯约活了77岁,人们为了纪念他的成就在坟墓上雕像,并立碑传颂这位距今2500年的科学家:

这位天文学家始祖之墓虽然不甚宏伟,
但在日月星辰的王国里,
他顶天立地,
万古流芳。

2.1.2 毕达哥拉斯学派

继泰勒斯之后而拾起学术事业火炬的是毕达哥拉斯及其学派。

图2-2 毕达哥拉斯

毕达哥拉斯(Phthagoras,约公元前560—前480)(图2-2)出生在萨摩斯岛,他在克罗托内(意大利半岛)组织了一个政治、科学、宗教三位一体的团体。该团体有300多名男女成员,组织严密,带有浓厚的宗教色彩,如相信数学可使灵魂升华,与上帝融为一体;门徒的著作不得留名,全归学派所有;他们的创造发明不准外传,必须守口如瓶,永保秘密;吃素食、爱护庄稼、男女平等;谁违反了“教规”,要受到惩罚……这就是历史上闻名的希腊毕达哥拉斯学派。

公元前480年,因派系斗争,毕氏被人追杀,最后被害。他死后这个学派继续活跃了100多年，后来人们才知道他们在纯粹数学的演绎方法贡献。

一、几何学方面

(1) 勾股定理与勾股数。中国的勾股定理在西方被人称为毕达哥拉斯定理，它是几何学里一颗绚丽的珍宝。据说公元前6世纪毕氏发现了勾股定理，但至今没有直接的确凿证据。又传说，为庆祝发现学派惊喜若狂，宰杀百头牛举行大祭，以谢智慧神缪斯(Muses)的默示。这是希腊学者阿波罗多罗斯(Apollodorus，公元前140年前后)，在《希腊编年史》(公元前2世纪)说的。但后人指出宰牛之说与毕氏学派奉行素食相悖，故此传说不是真的。

关于毕氏学派发现勾股数组(又称三元数组)，在中外数学史书上有以下两种说法：

第一种说法：若 $m>1$ 奇数，则 $m, \frac{1}{2}(m^2-1), \frac{1}{2}(m^2+1)$ 构成直角三角形三边。此公式叫毕达哥拉斯数组(或勾股数组)。

第二种说法：不定方程 $x^2+y^2=z^2 \cdots\cdots (1)$ 的一组解：$2n+1, 2n^2+2n$ 分别是二直角边，$2n^2+2n+1$ 是斜边。满足(1)的正整数，叫毕氏勾股数组。

哪一种勾股数组公式是原著原文，无法考证。但毕氏两个数组公式并不是(1)的全部解。其实它只限于斜边与一直角边的差是1的情形(证略)。

公元3世纪，希腊数学家丢番图(Diophantus，公元250年前后)虽然已经知道(1)的一般解法公式：$x=2mn, y=m^2-n^2, z=m^2+n^2 \cdots\cdots (2)$ 其中 $m, n(m>n)$ 是互素且一奇一偶的任意正整数，但他没有明确地表达出来。

印度数学家婆罗摩笈多(Brahmagupta，公元598—665以后)的数学著作《婆罗摩修正体系》中明确提出勾股数公式(2)是方程(1)的通解。但他是针对等腰三角形分成两个直角三角形来说的，即 z 斜边(腰)直角边 x, y。

此外，毕氏还发现证明平面几何一些定理，如泰勒斯提出"三角形内角和等于两直角”，他推广并证明了多边形内角和定理；他开创了几何作图解代数二次方程的方法；发现了一个多边形相似与另一个已知多边形并和另一已知多边形的面积相等的作图技巧等等。

毕氏研究过正五边形和正十边形的作图，因此可推断他们已知与此有关的黄金分割问题，如正五边形（又称五角星形）最早起源于公元前3200年左右的巴比伦，后来毕氏学派曾使用五角星作为他们秘密组织的徽章或联络标志，称为“健康”。可以认为毕氏已熟知五角星形的作法。

在五角星形中（如图2-3），每边长短不等的线段有四种（如NM、BN、BM、BE），可以证明它们有这样一个特别有趣性质：$\frac{MN}{NB}=\frac{BN}{BM}=\frac{BM}{BE}=0.618\cdots$（黄金数）

正五角星与其外接正五边形（如图2-4），可组成20个大大小小的，顶角为36°等腰三角形，存在数十对比值为黄金分割的线段，真可谓一颗五彩缤纷的金星！

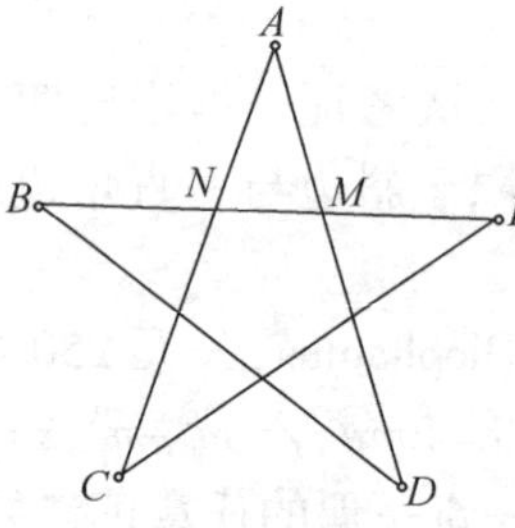

图2-3

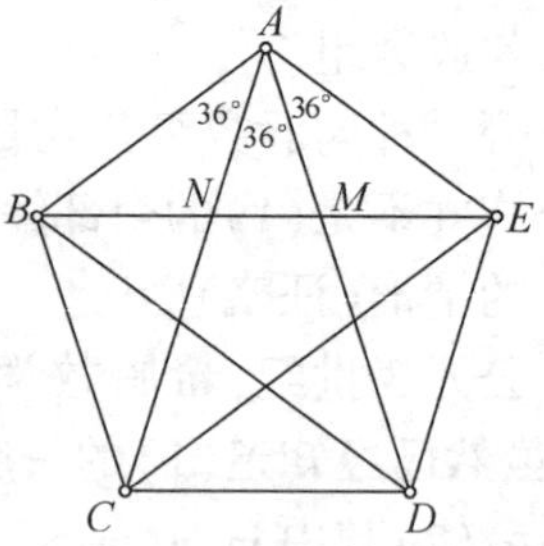

图2-4

(2) 立体几何。毕氏学派称正多面体为“宇宙体（形）”，今天已知三维空间正多面体只有五种：正四面体、正六面体、正八面体、正十二面体和正二十面体。据欧几里得《几何原本》第8卷附注记载：“其中三个（正四、六、八面体）归功于毕达哥拉斯学派”。

即在公元前5世纪初他们已知其存在和作图法，后面两种（有书说最后一种）是毕氏成员的学生泰特托斯（Theaetetus，约公元前415—约前369）发现的。

二、数的理论

（1）万物皆数。毕氏学派重视研究数的理论而称著。但他们所说的数仅指整数和分数，和现代不一样。他们研究数的目的不是为了实际应用，而是想通过揭露数的奥秘来探索宇宙的永恒真理。毕氏本人的原话不得而知，但其学派一位晚期成员费洛罗斯（Philolaus，？—约前390）明确说："人们所知道的一切事物都包含数。因此没有数就不可能表达也不可能理解任何事物。"这就是人称的"万物皆数"。他们把数看作是宇宙的来源，似乎把数看成万物的本质。毕氏学派发现数与几何图形、数与音乐、数与天体运动的密切关系，并且把数学分为四类：数的绝对理论——算术，数的应用——音乐，静止的量——几何和运动的量——天文。

毕氏学派把自然数分为奇数、偶数、质数、合数、完全数（一个数等于除它本身以外的全部因数之和，如6、28就是完全数）、亲和数（对于自然数 m 和 n，若 m 除本身外的全部因数之和等于 n，而 n 除本身外的全部因数之和又恰等于 m，则 m 和 n 是一对亲和数，如220与284是一对亲和数）。至今二千多年来，一些数学家对质数（素数）、完全数、亲和数等仍在不停息地研究，并且借助计算机和创新数学方法，开疆辟土，希望揭穿暗藏玄机，……，它已成为向人类智慧挑战的历史遗留难题①。

毕氏学派认为10是一个完美的数，用三角形数：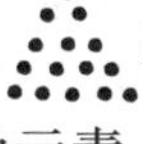来表示，认为1，2，3，4头四个自然数代表水、火、气、土四种元素；10=1+2+3+4自认为足够"包罗万象"了。最有趣的是把10作为宣誓

① 徐品方：数学趣话［M］，福州：福建人民出版社，2003（第二版），3—18。

的誓词(祷文);起源于深奥的"1"渐次到4,生出圣洁的10①。

(2) 形数。毕氏学派很注意数与形的结合。他们喜爱10的主要根源是他们发现了"形数"的奥秘。因为用10个点按照递增规律,恰好可以堆垒成一个三角形,如图2-5给出了前几个三角形数1,3,6,10,……。称为"完全三角形数"。

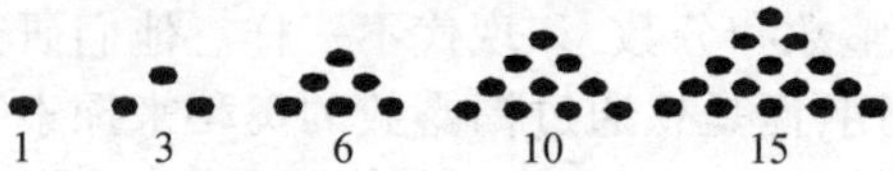

图2-5

毕氏利用图2-5的"形数"研究了一些数列,如图2-5它们相邻的两堆合并起来就构成1,4,9,16,……,它们为前1,2,3,4,……项奇数之和 $1+3+5+\cdots+(2n-1)=n^2$,毕氏称此"三角形数"为"平方数"。"形数"体现了数与形的结合,如前述毕氏发现的三元数组也是数形结合的产物,与勾股定理有关,此外还可以推出一些数列性质。

"形数"②是毕氏学派"数是万物之本"的重要组成部分,并用它去说明"一切形体都是由数派生出来的"这一哲理。虽然他们的观点存在不当之处,但从数学角度讲,毕氏却奉献出一颗璀璨的数学明珠——形数。

此外,毕氏学派是音乐理论的始祖,发现数是音乐和谐的基础。认为天体运动就是在演奏音乐。指出振动弦的长度可表示简单的整数比,其发出的音律是和谐的。如2∶3(五度和音)等,这可能是较早的数学物理定律。

(3) 无理数(或不可公度)。毕氏学派的"万物皆数",把宇宙

① "祷文"详见:徐品方.女数学家传奇[M],北京:科学出版社,2006(第二版),36。

② 除三角形数外,还有四角形数、五角形数和六角形数,它们的性质在此不介绍了。

万物全部归结为整数和分数,因此,“自然数”和“分数”构成了美妙无比的宇宙,成为他们“天经地义”的哲学,亦即学派神圣支柱。

毕氏学派有一个善于独立思考的青年希帕斯(Hippaus,约前470年),他发现若正方形边长为1时,他的对角线长不是一个整数,也非分数,而是一个新数——无理数(或不可公度)$\sqrt{2}$。

希帕斯这一发现犹如晴天霹雳,动摇了毕氏学派“万物皆数”的哲学基础。这一消息不胫而走,他“违反”了教规,结果被投入大海葬身鱼腹(又说被开除,当作死人,建一个假墓等几种说法)。这就是数学史上发现无理数的惨案,并且产生了第一次数学危机(后介绍)。

2.1.3 其他学派

学派是指同学科中由于学说、观点不同而形成的派别。古希腊人学术辩论风气较浓,都有一批学者在一、二位杰出人物的领导下开展学派组织活动。各学派有各自的风格,将哲学与自然科学融为一体,促进了各学科的发展,也促进了数学理论的建立。

一、希腊学派林立

除前面介绍泰勒斯为首的伊奥尼亚学派和毕达哥拉斯学派外,还有一些学派。

(1) 埃利亚学派。这个学派是以芝诺(Zeno,公元前490—前430)为代表人物。他研究了物质世界的连续性、运动性和无限性等性质。在《论自然》等著作中,巧妙构思提出关于运动的40多个悖论①,其中最著名的有四个(见后),千余年来给学术界极大震动。

芝诺是“辨证术”的创造者。他用揭露对方矛盾的方法责难论敌。希腊历史学家普鲁塔克(Plutarch,约公元46—约120)作诗赞道:

① “悖论”就是一个自相矛盾的命题,即如果承认这个命题,就可以推出它的否定,反之,如果承认这个命题的否定,又可以推出这个命题。

大哉芝诺,鼓舌如簧,

无论你说什么,他总认为荒唐。

芝诺“身材修长,极有风度”,是一个极为诚实、坚定、恪守信仰的人。他为了追随老师,不留恋雅典的繁华,不贪图安逸生活去艰苦地方。“他曾因反对一城邦的统治者,因图谋败露后被捕。在被审讯时,他临危不惧,泰然自若,拒不招认。他咬下这个统治者的一块耳朵,然后自己咬断舌头,吐到对方脸上,表示至死不降。最后被抛进臼里用杵捣死。其刚毅性格、可歌可泣的壮举,历来为世人所推崇称赞。”①

(2) 原子论学派。以德谟克利特(Democritus,约公元前460—前370)为代表的原子论学派,提出“物质世界是由大量不可分割的原子(即元素)所组成”的观点,并应用此观点计算出某些图形的面积和体积。

(3) 诡辩学派。希腊文“诡辩”原意指智慧,故又称为“智人学派”或“巧辩学派”或“哲人学派”。活跃于公元前5世纪雅典一带。主要代表人物有希比亚斯(Hippias,公元前5世纪)、安提丰(Antiphon,约公元前480—前411)等。该学派提出限制尺规为作图工具,主要研究了几何三大作图问题。

(4) 柏拉图学派。创始人是哲学家柏拉图。特别推崇几何,主要研究无理数理论、正多面体和圆锥曲线等。

(5) 亚里士多德学派。亚里士多德,与老师柏拉图相处20年之久,于公元前355年创立自己的学派,在雅典吕园讲学,有称为“吕园学派”或“逍遥学派”(指漫步学园。因他与学生散步时讨论问题而得名)。他是形式逻辑的奠基人。该学派讨论过数学的一些基本原理,成员(亚氏学生)欧德莫斯写过《算术史》、《几何学史》、《天文学史》,成为最早科学史的先驱。

二、各学派的数学贡献

希腊各学派主要研讨哲学,但在数学上也有贡献。如:

---

① 解延年,尹斌庸:数学家传[M],长沙:湖南教育出版社,1987,65。

(1) 几何三大作图问题。诡辩学派曾提出只准用尺(无刻度)和圆规为作图工具①,且研究过三大问题:

① 倍立方体。即求作一立方体,使其体积是一已知立方体体积的两倍。

② 化圆为方。即作一正方形,使其面积等于一已知圆。

③ 三等分角。即分任意角为三等分。

三大问题起源于古希腊的神话传说②,如倍立方体问题,埃拉托塞尼(Eratostheres,约公元前276—约前195)在他的《柏拉图》书中,讲述一个神话故事说:因鼠疫袭击一岛,天神谕示,必须将立方体的祭坛(又说坟)的体积加倍,且保持立方体的形状。人们将每边扩大一倍,这显然是错误的。神话不可信,但表明立方体起源于建筑的需要。

关于倍立方体问题,毕氏学派开奥斯的希波克拉底(Hippocrates of Chios,约前460年)首先指出可化归为求线段 a 与 $2a$ 间的两个等比中项,设 x,y 为这个比例中项:$a:x=x:y=y:2a$,求得:$x^3=2a^3$。

怎样求出倍立方体的解 x,若限制尺规作图是无法解出的。后来招引无数数学家研究,在尺规条件限制下个个败下阵来,以失败而告终。

化圆为方问题,许多人也试图解决,未果。但希波克拉底曾解决了化月形(圆的部分)为方的一种情形,称为"月牙形定理":"以直角三角形各边为直径所作的三个半圆,求证直角三角形边上两个阴影月形面积之和,等于直角三角形的面积。"如图2-6,证明很简单,设直角三角形两直角

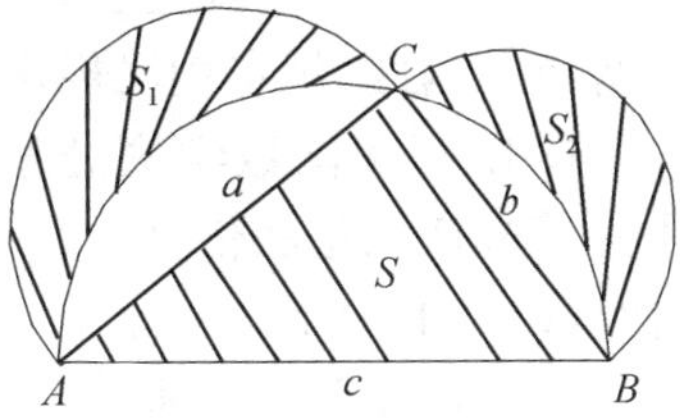

图 2-6

① 理由见徐品方:女数学家传奇[M],北京:科学出版社,2005,49—50。

② 梁宗巨:数学历史典故[M],沈阳:辽宁教育出版社,1992,187—191。

边为 a,b,斜边为 c,两个阴影月牙形面积为 s_1,s_2,三角形面积为 s,则 $s_1+s_2=\frac{1}{2}\pi\left(\frac{a}{2}\right)^2+\frac{1}{2}\pi\left(\frac{b}{2}\right)^2=\frac{1}{2}\pi\left(\frac{c}{2}\right)^2=s$,$\because\ a^2+b^2=c^2$,$\therefore\ s_1+s_2=s$。

将此月牙形定理应用于正方形,可得圆内接正方形边上两个月形面积之和等于该正方形面积之半。这是圆(月形)化为方的特例。当时人们错误认为化圆为方十分容易,想当然地将此性质推广到圆内接"正六边形三边上月形面积之和等于正六边形的面积之半"(错误的。证明略),进而应用这个错误引出"圆可化为方"的错误结论。

希波克拉底出生于希腊俄斯,活动于雅典。他在研究"化圆为方"问题时,提出定理的推广虽然是错误的,但解决月形问题中所使用的方法和表现出的几何证法技巧,为人称道,并将此题流传在中学几何课内外读物中,成为世界名题之一。

希氏早年经商,经历一场浩劫,不幸落入海盗之手,财产丧失殆尽。为了破案,他为诉讼和查访,在雅典度过漫长时间。他是一位勤奋好学者,常到学校听课,自学成才,在几何学、天文学上有所贡献。

至于三等分角问题,也让许多人痴迷而浪费了青春,一直没有解决。因此,规定用尺规作图是不能解决几何三大作图问题的。

1837 年法国数学家旺策尔(P. L. Wantzel,1814—1848)证明了三等分任意角和倍立方体不可能用尺规作图;1882 年,德国的林德曼(C. L. F. Lindemann,1852—1939)证明了数 π 的超越性,化圆为方尺规作图不可能。

值得一提的是人们在研究几何三大作图问题的过程中,开创或发展了许多数学分支,如公元前 5 世纪安提丰在研究化圆为方时,诞生了"穷竭法"(今称无限逼近的极限方法),具有划时代的意义。该方法成为阿基米德(Archimedes,公元前 287—前 212)计算圆周率方法的先导,与我国刘徽的"割圆术"不谋而合,它是近代极限理论的雏形。

又如希比亚斯在研究三等分角时,创立了数学分支割圆曲线论。此时还产生圆锥曲线论及三次、四次代数曲线等数学分支。

(2) 早期的无限概念。数学是无限的科学,而无限成了数学家的迷宫。早期的无限概念生于古希腊。他们接触到了无限性、连续性等概念,如芝诺著名的四个悖论,就是所碰到的无限概念。这四个悖论是:

① 两分法:是说运动不存在。理由是“运动中的物体在达到目的地前必须到达半路上的点。”即先到达其 1/2 处,又必须到达 1/4 处,……依此类推可至无穷。简言之,芝诺认为物体所走的道路是全程的 1/2、1/4、1/8、……无穷下去。

② 阿基里斯(Achilles)[①]追不上乌龟:设阿氏速度是乌龟的 10 倍,且先让乌龟在阿氏前 100 米。当阿氏追到 100 米时,乌龟前进了 10 米;阿氏追上 10 米,乌龟又前进了 1 米;阿氏又追上 1 米,乌龟又前进 0.1 米。如此直至无穷,阿氏追不上乌龟。

③ 飞箭不动说:“飞箭在每一个瞬间都占有一个特定位置,它在这一个瞬间是不动的,每个瞬间都不动,无限个不动的瞬间总和还是不动,所以飞箭不动。”

④ 运动场问题(又称竞走问题):设运动场跑道上三条线段 A,B,C,令 C 不动,A 向左,B 向右移动,A 对于 C 移动一个小段用的时间与 A 对于 B 移动两段用的时间相等。简言之,一半的时间可以等于全体的时间。

芝诺前两个悖论,是讲事物无限可分的思想,而后两个意思指不可分无限小量的观点。芝诺悖论涉及无穷小、无穷大、连续、离散和极限等抽象概念,但在当时没有这些观念,因此,当时不可能给出清晰的解答。

(3) 数学中逻辑演绎化的发展。泰勒斯和毕氏开创了论证数学后,它的进一步逻辑演绎化发展,应归功于柏拉图和亚里士多德。

---

① 阿基里斯是荷马(公元前 1000 年)的史诗《伊里亚特》中善跑英雄。

柏拉图大力提倡几何研究和逻辑证明，传说在他创办的学园（院）门口写着“不懂几何者不得入内。”从他的《理想国》（又译为《共和国》）一书中，可知他是最早把推理法则系统化的人。在数学的抽象化和逻辑化方面功不可没，如他强调准确定义、清楚的假设和严格的推理，重视演绎结构。人们把分析法和归谬法归功于他。可以说柏拉图把演绎推理作为数学中求证的唯一方法的。

亚里士多德尽管没有系统数学著作，但从他的哲学著作《工具论》等中，可知他研究过数学的本质，探讨过定义和数学证明及其方法等。他在数学上的重大贡献是将前人使用的数学推理，较完整地把它的逻辑规律规范化和系统化，并把形式逻辑中的矛盾律、排中律作为数学中间接证法的核心。他的形式逻辑被后人誉为演绎推理的圣经，为欧几里得演绎几何体系的形成打下了方法的基础，如著名的三段论法等。

2.1.4　第一次数学危机

公元前 5 世纪，数学基础发生了第一次危机。危机的起因是毕氏学派门徒希帕斯证明了正方形的对角线和边是不可公度（无理数），否定了毕氏学派长期信奉的只有整数和整数比之数的信条，整数的尊崇地位受到挑战。因此，不可公度的发现，引起了数学基础问题的第一次危机，由此激起了许多数学家研究解决这一危机。

第一次数学基础危机并没有轻易地很快解决，约从公元前的 470 年—前 370 年的一个世纪之后，才由柏拉图的学生欧多克索斯（Eudoxus，约公元前 400—前 347）初步解决了，他用公理化方法修改了量度和比例理论，微妙地处理与初步解决了可公度和不可公度。他处理的不可公度的方法，被欧氏《几何原本》（约前 300 年）第二卷《比例论》收录。这个问题直到 19 世纪被两位德国数学家戴德金（J. W. R. Dcdekind，1831—1916）与康托尔（G. Cantor，1845—1918）等人建立了现代实数理论后，才算彻底解决。

第一次数学危机告诉我们，直觉和经验不一定靠得住，而推理证明才是可靠的。从此希腊开始由"自明的"公理出发,经过演绎推理,由此建立了几何体系,这不能不说是数学思想上的一次巨大革命。这也是第一次数学危机的自然产物。

2.2 亚历山大时期——全盛时期

公元前323年—前30年,称为亚历山大时期,是古希腊数学全盛时期。

公元前338年希腊人被罗马的马其顿所战败,雅典数学一蹶不振。马其顿的领袖亚历山大建都于埃及的亚历山大城,精心扶植艺术和科学,建立著名的博物馆和宏伟的图书馆,为知识分子提供良好的工作条件和生活保障,采取各种措施招揽人才,致使希腊各地学者云集亚历山大。亚历山大城为新的希腊文化盛地,称为"智慧之都"。几何学最初萌芽于埃及,以后移植到伊奥尼亚,以后繁荣于意大利和雅典。现在以富丽的姿态回到了发源地,且在此结出丰硕果。

亚历山大时期的特点是:几何脱离哲学而独立成为真正的演绎科学。公理化方法在几何中取得相当不错的成就。代数也取得一些成就。希腊数学至此达到全盛时期,数学达到高峰。此期杰出数学家有欧几里得、阿基米德、阿波罗尼奥斯(Apollonlius,公元前262—前190)。

2.2.1 欧几里得的《几何原本》

欧几里得(Euclid,公元前330—前275)(图2-7)生于雅典,在雅典的柏拉图学院受过教育,毕业后应埃及托勒密国王邀请客居埃及亚历山大,从事教学工作,他是亚历山大前期第一位大数学家、教育家。

欧几里得是一位思想极有条理、才华出众的人。他熟知希腊的数学知识,他把当时古希腊数学家挖掘出非常丰富、十分复杂的几何知识一点一滴地搜集起来,并进行整理,用一条逻辑的锁

图 2-7 欧几里得

链把它们串了起来，就好像把许多破碎的拼图拼起来，形成一幅美丽的图画，又经过他在埃及亚历山大博物园等地教学实践，使欧氏几何更加完整灿烂辉煌。

欧几里得学习勤奋，治学严谨，目前只留下两则轶事：一则说，托勒密国王学习几何困难时，问他："学习几何有没有捷径"，他答道"几何无王者之道"。二则说，有一学生开始学习第一个命题，就问学了几何学后将得到什么利益？欧氏对家奴说："给他三个钱币，因为他想在学习中获取实利。"可知欧氏主张循序渐进、刻苦学习，求知无坦途，投机取巧都不行；他反对急功近利的狭隘观点。详细趣轶略①。欧氏的成就有数学、力学、光学和音乐等方面，其著作现存的有《数据》、《论剖析》、《现象》、《光学》和《镜面反射》等；失传的如《圆锥曲线》、《曲面轨迹》、《辩伪术》等，但都不及《几何原本》出众。

一、《几何原本》的内容

《几何原本》成书于公元前 300 年前后，首先列出 23 条定义，以 5 条公设和 5 条公理为基础，然后演绎证明了 465 条定理。内容包括直线及圆的性质、比例论、相似形、数论、不可公度量的分类、立体几何及穷竭法等共 13 卷。每卷内容是：

第一卷，点、线、三角形、正方形、平行四边形等（48 个定理，占全书定理 10.3%）。

第二卷，论面积变换、用几何的语言叙述代数公式，如 $(a+b)^2 = a^2+2ab+b^2$，黄金分割，相当于余弦定理等（14 个定理，

① 徐品方：数学趣话[M]，福州：福建人民出版社，2003（第二版）：165—175。

占3.0%)。

第三卷,论述圆、圆的相交与相切、弦、圆周角等。本卷还有沿用至今的两个著名定理“相交弦定理”和“切割定理”(37个定理,占7.4%)。

第四卷,讨论多边形与圆、正多边形(五边形、六边形、十边形)的作图法(16个定理,占3.4%)。

第五卷,比例理论(25个定理,占5.4%)。

第六卷,将比例理论用于相似形的研究(33个定理,占7.1%)。

第七至九卷,算术(数论)内容,(分别有39、27、36个定理,各占8.4%、5.8%、7.8%)。

第十卷,不可通约量的理论,试图将无公度线段进行分类(115个定理,占24.7%)。

第十一卷,立体几何。大量有关平行六面体(39个定理,占8.4%)。

第十二卷,穷竭法(18个定理,占3.9%)。

第十三卷,研究了五种正多面体(18个定理,占3.9%)。

显然,《几何原本》前六卷为平面几何,第七至九卷是算术(数论),第十卷是不可约量,最后三卷为立体几何。但也含有少量代数知识,如第二卷人称“几何代数学”,其中第5命题是独一无二的,用几何面积推出解二次方程 $x^2-ax+b^2=0$(a,b 为正数),并且得到求根公式 $x=\frac{a}{2}\pm\sqrt{\left(\frac{a}{2}\right)^2-b^2}$,它和现今求根公式是一致的。

二、《几何原本》的演绎

欧氏《几何原本》最早是用羊皮纸(羊皮上写字)写成。手稿共15卷早佚,大概是给学生写的课本。现在看到的主要源自亚历山大数学家塞翁(Theon,约公元4世纪)及其女儿希帕蒂娅,对原著作了校勘和补充的修订本①,成为后来所有流行的希腊本及译

① 席泽宗:李约瑟难题[J],科学(双月刊)48卷4期,32—34。

本基础来源①。

欧氏《几何原本》自1482年在西方第一次印刷术传到欧洲之前,它的手抄本统治了欧洲几何学1800年之久。从来没有一本科学书籍像她那样广泛流传,其影响之大,仅次于基督教《圣经》。

世界各个时期的中学几何学的蓝本就是根据《几何原本》编写成的,至今虽已删节许多,但其精神未变。因此,欧几里得《几何原本》是人类思维的一件艺术珍品。

欧几里得写过不少数学、物理著作,而影响最大的是《几何原本》。该书最大的贡献是在于他有史以来第一次总结了以往希腊的数学知识,构成一个标准化的演绎体系,把数学知识理论化、抽象化和系统化。这对数学乃至哲学、自然科学的影响一直延续到19世纪。牛顿的《自然哲学的数学原理》和斯宾诺莎的《伦理学》等,都采用欧几里得《几何原本》的体例。

图2-8　徐光启

传入我国最早的《几何原本》中译本是1607年意大利传教士利玛窦(Ricci Matteo,1552—1610)和徐光启(1562—1633年)(图2-8)合译的前六卷(根据克拉维乌斯15卷本译),在250年后的1857年才由英国伟烈亚力(Alexander Wylie,1815—1887)和清代翻译家、数学家李善兰(1811—1882)接着合译完。

三、《几何原本》的价值与不足

欧氏《几何原本》出版以来,像磁铁般地吸引着学习者,拨响了学习者逻辑思维的琴弦,从而激活人们对数学的兴趣。传说,有一个大哲学家翻看这本书,看到第一卷命题47和命题48时,大叫一声:“凭上帝发誓,这根本不可

① 徐品方:女数学家传奇(第二版)[M],北京:科学出版社,2006,47—53。

能！”接着他追根究底，倒回学习，一直追学到它前面的命题、公理和公设，一下子被该书优美的结构、严谨的逻辑推理折服，心悦诚服地承认命题正确。后来的数学家赞美其体系为“雄伟的建筑”、“壮丽的结构”、“巍峨的阶梯”、“神圣几何学小书”等。

传说不足为证，但表明《几何原本》成书后，在科学界产生巨大而深远的影响。有史载，数学家斯威克(J. Swick)说：“《几何原本》对于职业数学家来说，常常带有着不可逃避的迷惑力，而它的逻辑结构大概比世界上任何其他著作更大地影响了科学思想。”这类评价不胜枚举。

当然，《几何原本》也不是十全十美。一分为二地看待，它的缺点正如英国数学家、逻辑学家罗素批评说：“他的定义并不总是定义的，他的公理并不总是不可证明的，他的证明需要许多他还没有意识到的公理，一个正确的证明即使没有画出图形也仍保持其论证力量，但在这个考虑面前欧几里得的许多早期证明就站不住脚了。”尽管如此，《几何原本》仍为传世经典巨著，是数学史上一颗绚灿瑰宝。

四、《几何原本》争论

星移斗转，随着社会的发展进步和实际需要，出现了改革欧氏几何的呼声。

最早反对欧氏几何教育作用的是美国的一些教师，如1870年，他们成立了一个“几何讲授改良协会”，提出了“一个数学教师，越是远离欧几里得，就越会取得更大的成功。”

20世纪60年代美国与欧洲掀起了数学教育改革现代化运动(简称“新数运动”)，首先从欧氏几何开刀。有人提出抛开欧氏几何体系，用实验几何代替；有的编出新教材；有的对传统欧氏几何说：“智力已被耗尽了”，在中学数学中拒斥欧氏体系……

在反对欧氏几何的呼声中，也出现了相反意见，认为欧氏几何的功绩不可磨灭。如菲尔兹奖获得者法国的托姆(R. Thom，1923—)认为“几何思维可说是人类理性活动的正常发展中不能省略的阶段”，主张恢复欧氏几何体系的教育作用。

1959年在一个欧洲学术大会上,有位数学家公开提出“欧几里得滚蛋”的惊人口号,立刻遭到世界许多人的反对。

后来,由于“新数运动”受到挫折,反对欧氏体系失败了。实践证明不能全盘否认欧氏几何的教育作用。现在大家共识,可以对欧氏几何删繁就简,为现代数学教育所用。因此,今天世界上所见到的中学几何课本改来改去,欧氏几何早已面目全非,但欧氏几何的宗旨还是部分的保留着,因此各国中学几何课本里,已将欧氏几何改革为通俗化、大众化、推理简洁化,仍担负着培养人的逻辑思维的角色。

2.2.2 数学之神阿基米德

阿基米德(Archimedes,公元前287—前212)(图2-9)生于叙拉古城(今意大利西西里岛),父亲是天文学家、数学家,阿氏从小就有良好的家庭教育。青年时代便到了“智慧之都”的埃及亚历山大城就学于欧几里得。他的几何著作是古希腊的顶峰。

阿氏才智高超。数学著作有《论球和圆柱》、《论劈锥曲面体与椭圆体》、《圆的度量》、《沙数者》、《抛物弓形求积》、《论螺线》等,此外还有《论浮体》、《论平板的平衡》、《论杠杆》、《论重心》和《论制作球》等。英国数学史家希思(T. Heath,1860—1941)在评论中说:“这些论著无例外地都看作是数学论文的纪念碑。解题步骤的循循善诱,命题次序的巧妙安排,摒弃叙述的枝蔓,并对整体进行修饰润色。总之,给人的完美印象是如此之深,使读者油然而生敬畏的感情。”阿氏是一位伟大的数学家、力学家、机械师和爱国主义者。他一生发明了实用的机械共有40多种,被誉为“力

图2-9 阿基米德

学之父”。

阿基米德在数学上主要贡献有以下几个方面。

一、平面几何方面

(1) 开创计算 π 的古典方法。他应用安提丰的“穷竭法”思想,用圆的外切与内接正 96 边形逼近的方法,求得$3\frac{10}{71}<\pi<3\frac{1}{7}$,这一结果是世界上最早的。

(2) 证明圆面积等于以圆周长为底、半径为高的正三角形的面积。用今式表示 $s=\frac{1}{2}ch$(s 面积,c 周长,h 高),与今 $s=\pi r^2$ 一样。

(3) 证明任何直线所截抛物线所得弓形面积等于同底等高的三角形面积的4/3。又证明抛物线弓形面积可用一系列三角形的面积之和来逼近。(见本章阅读材料)

(4) 发现“阿基米德原理”①和定义了被誉为阿基米德螺线 $\rho=\alpha\theta$(均被收入现行中学数学、物理课本)。并证明螺线第一圆与初始线所围成的面积,等于半径为 $2\pi\alpha$ 的圆面积的 1/3。

(5) 椭圆与圆的面积之比等于椭圆长短轴之积与圆半径平方之比。

(6) 最早发现三角形面积公式 $S_{\triangle}=\sqrt{p(p-a)(p-b)(p-c)}$,其中,$p=\frac{1}{2}(a+b+c)$,一般称“海伦公式”。误认为是海伦最早发现。

(7) 阿氏还提出一个流传至今,在数学课内外书中的世界著名问题,即“鞋匠的刀形问题”:过半圆 $ABCD$ 的直径 AC 上一点 D 引 AC 的垂线交半圆于 B,再分别以 AD、DC 为直径作半圆 AFD 和

① 又名“阿基米德浮力原理”(载《论浮力》)指物体在流动中所受浮力等于其排去流体的重量。他曾用此检验金皇冠是否掺银之假。

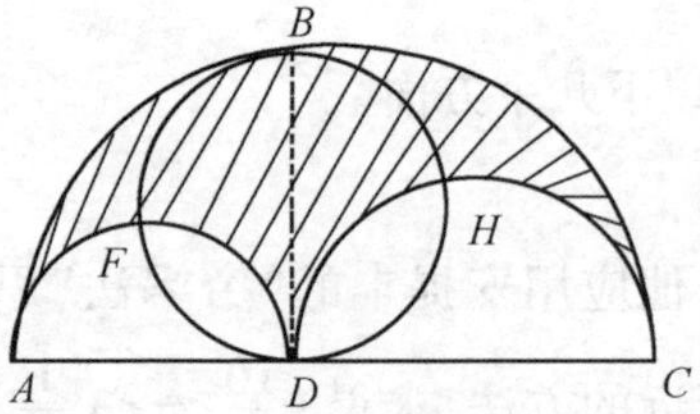

图 2-10

DHC,证明 S_{AFDHCB}(阴影部分)等于以 BD 为直径的圆的面积(如图 2-10)。

二、立体几何方面

(1) 任一正圆柱面积等于以圆柱高与底直径的比例中项为半径的圆面积。

(2) 任一圆锥的表面积等于以圆锥母线与底半径的比例中项的半径的圆面积。

(3) 球表面积等于大圆面积的四倍。

(4) (著名的圆柱容球)以球的大圆为底,以球的直径为高的圆柱体,其体积为球的体积的 3/2 或说成球的外切圆柱的体积是球体积的 3/2。其表面积(包括上下底)是球表面积的 3/2。

证明　设圆柱和球的体积分别为 $V_{圆柱}$、$V_{球}$,R 为半径,则

$$V_{圆柱}=\pi R^2\cdot 2R=2\pi R^3=\frac{3}{2}\left(\frac{4}{3}\pi R^3\right)=\frac{3}{2}V_{球}$$

又设圆柱和球的表面积分别为 $S_{圆柱表}$、$S_{球表}$,则

$$S_{圆柱表}=2\pi R\cdot 2R+2\pi R^2=6\pi R^2=\frac{3}{2}(4\pi R^2)=\frac{3}{2}S_{球表}。$$

此题选自阿氏《球和圆柱》一书。阿氏生前发明之中,特别珍视《球和圆柱》的科研成果。他死后,人们在他的墓碑上雕刻了“圆柱容球图”以示纪念。更有趣的是,当代人寻找阿氏墓地时,此图成为有力证据。

(5) 球冠侧面积等于以其大圆弧所对弦长为半径的圆面积。

(6) 椭圆、抛物线和双曲线绕轴旋转而生成的旋转体体积公式。

三、代数方面

(1) 前 n 个自然数的平方和公式。用今式表为:$1^2+2^2+3^2+\cdots+n^2=\frac{1}{6}n(n+1)(2n+1)$,阿氏当初是用几何方法求

出的。

(2) 无穷递缩等比数列。如求 $1+\left(\frac{1}{4}\right)+\left(\frac{1}{4}\right)^2+\left(\frac{1}{4}\right)^3+\cdots$ 的和。

这个问题出现在《抛物弓形求积》一书中，解法很繁，而若用今日无穷递缩等比数列求和公式 $s=\frac{a}{1-q}\left(q=\frac{1}{4}\right)$ 是可以轻而易举求得的。

阿氏在其他科学中，他以“阿基米德原理”、杠杆定律（他的名言：“给我一个立足点，我就可以移动这个地球！”）、平面图形重心求法、天文仪器和螺旋水泵的制作等成就彪炳史册，被誉为将熟练的计算技能和严格证明融为一体，他是将抽象理论和工程技术的具体应用紧密结合的典范，并有很多美丽传说。

阿氏用穷竭法和杠杆平衡原理得到所测面积或体积的结果，然后用归谬法给出严格证明（例见本章阅读材料），阿氏方法已经具有近代积分思想的雏形，对 17 世纪微积分的产生影响很大，故有人称他为“数学之神”或与牛顿、欧拉（Leonard Euler，1707—1783）、高斯（C. F. Gauss，1777—1855）并称为“数坛四杰”。

阿氏何以能取得如此伟大成就呢？古希腊历史学家普鲁塔克解释说：“在整个几何学中，再也找不到比阿基米德用最简单、最直观的方法所证明的更难和更深刻的定理了，有人认为这种明确性应该归功于他的天赋的智力。也有人认为这应该归功于他顽强的工作，有了这种顽强的精神最难的事也变得容易……仿佛他家中有一个绝色的仙女，与他形影不离，使他神魂颠倒，忘了吃，忘了喝，也忘了自己。有时，甚至在洗澡时，也用手指在炉灰上画几何图形，或者在涂满擦身油的身上画线条。他完全被神女缪斯的魅力征服。”

公元前 212 年秋天，围困二年多的叙拉古被罗马人攻下，当 75 岁的阿基米德正在沙盘上画数学图形时，一个刚攻进城的罗马士兵向他吆喝，据说（传说多种）他因出神地在证明数学问题，没听见士兵的喝问。在士兵刀剑之下,一个伟人倒在血泊之中。他死后,遵其生前遗嘱,墓碑上雕刻了“圆柱容球图”。

2.2.3 阿波罗尼奥斯的《圆锥曲线论》

阿波罗尼奥斯(Apollonlius,公元前262—前190)(图2-11),人称“大几何学家”而闻名于世。他生在希腊小亚细亚的别迦。青年时去亚历山大城,从欧几里得的门人那里学习数学,毕业后任亚历山大大学教授。

图2-11 阿波罗尼奥斯

他的传世著作为《圆锥曲线论》。在这一领域里,他站在欧几里得肩上,将圆锥曲线的性质网罗殆尽,达到光辉顶点,几乎使后人没有插足的余地。正如美国的克莱因(M. Klein,1908—1992)说:“按其成就来说,它是这样一个巍然屹立的丰碑,以致后代学者至少从几何上几乎不能再对这个问题有新的发言权,它确实可看成是古典希腊几何的登峰造极之作。”直到17世纪法国的帕斯卡(B. Pascal,1623—1662)和笛卡儿(R. Descartes,1596—1650)才使得这一领域有些本质上的改变。

《圆锥曲线论》共8卷,有487个命题。在他之前很早就有人研究圆锥曲线了,他去粗取精并使其系统化。在书中他只依据同一个圆锥曲线的截面,便得到三种形式的圆锥曲线,并给出抛物线、椭圆和双曲线等名称,讨论了三种曲线之间的许多依赖关系,成为第一个依同一圆锥的截面来研究圆锥曲线理论的人,首先发现了双曲线有两支。

他还以圆锥底面直径作为横坐标,过顶点的垂线作为纵坐标。这种坐标制的思想给笛卡儿解析几何的建立以很大启发。

并且他的圆锥曲线的切线问题成为微积分发展的推动力之一，因而对 17 世纪数学发展起了重要作用。

总之，该书综合、总结了前人的成就，包含有非常独到的材料，写得巧妙灵活，结构也很出色。

当代中学几何课本上有一个著名的“阿波罗尼奥斯定理”：三角形两边平方和，等于所夹中线及第三边之半的平方的和的两倍。如图 2-12，D 为 AB 中点，则 $AC^2+BC^2=2(CD^2+AD^2)$。

这个定理也可表述为：“平行四边形两条对角线的平方和等于各边的平方和。”这个定理又叫“广义勾股定理，”曾有书称为“帕普斯定理”。如图 2-13，已知平行四边形 $ABCD$，则 $AC^2+BD^2=2(AB^2+AD^2)$。

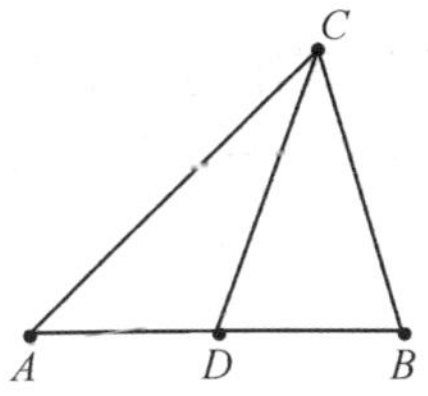

图 2-12

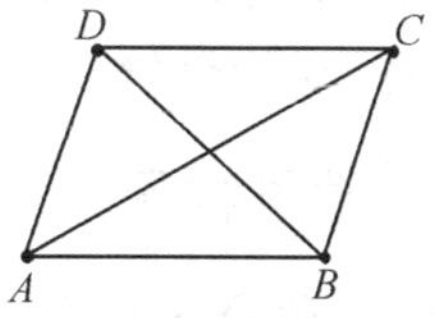

图 2-13

欧几里得、阿基米德和阿波罗尼奥斯的成就，标志希腊几何学的顶峰。事实上，他们凭着有限的技巧，已经得到使用这些技巧所得到的绝大多数成果，直到代数取得实质性进展之后，这些领域才有更多的进展，而解析几何与微积分就是在这个时候创立的。

阿氏纯理论研究圆锥曲线理论，除去在聚光镜应用外，几乎无应用。但在两千年后的 1604 年德国的天文学家开普勒(J. Kepler，1571—1630)根据圆锥曲线理论发现了行星运行轨道是椭圆，推翻托勒密提出的是“圆和周转圆”的理论，为牛顿万有引力理论奠定了主要基础。因此，数学理论是“前人种树，后人乘凉”，理论为后来人实际应用的先导，往往不能“立竿见影”。

2.3 亚历山大后期——衰落时期

公元前30到公元600年称为亚历山大后期,是古希腊数学衰落时期。

公元前146年罗马统治亚历山大,公元395年并入拜占庭帝国,到公元641年阿拉伯人攻占亚历山大,希腊数学日渐衰微,最终销声匿迹。

罗马人占领亚历山大后,特别是公元4世纪初定基督教为国教以后,政治上日趋反动、黑暗,科学技术的发展得不到新的动力,尤其是希帕蒂娅惨死,确令科学家惧怕。尽管希腊数学传统仍被保持,但不过是强弩之末。

这时期,几何学主要是在《几何原本》等著作的基础上做增添修补工作,在代数与三角学方面成就要大一些,著名数学家不少。

2.3.1 数学群星

一、海伦公式与海伦定理

(1) 海伦公式。活跃于公元62年左右的希腊数学家海伦(Heron)主要贡献在《度量论》,他在该书中给出了三角形面积公式 $S_{\triangle}=\sqrt{p(p-a)(p-b)(p-c)}$,其中 $p=(a+b+c)/2$。现已公认这个公式是阿基米德首先最早发现的,但因名称已成为习惯用法而无法改名了。

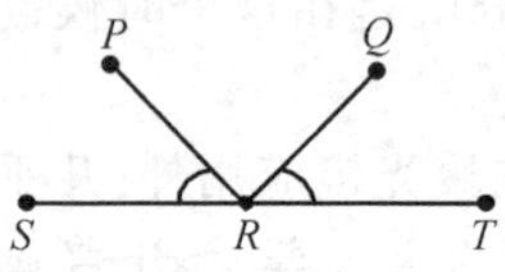

图 2-14

(2) 光反射定理(又称海伦定理)。海伦在《镜面反射》一书中发现"光反射定理":若 P、Q 是直线 ST 同侧任意两点,则从 P 到直线再到点 Q 的一切路径中,以通过直线上点 R,使 PR 及 QR 与 ST 的夹角相等的那个路径最短(如图2-14)。

海伦还有一些著作,如《气体力学》、《几何》、《测体积学》、《测量仪器》(内有描述现代经纬仪的仪器、用法等);此外,他还发明各种精巧器械，主要有气转球（被誉为世界上第一个蒸汽机）、自动售货机、灭火器、水风琴和水钟等。

二、托勒密定理

托勒密定理：圆内接四边形的两组对边乘积之和等于两对角线的乘积。

这是以托勒密（Ptolem，约公元100—170）的名字命名的定理，记载在他的天文学巨著《天文学大成》（又称《数学（天文学）汇编》共13卷）中，但经查证，这个定理最早出现在希腊希帕霍斯（Hipparchus，公元前180—前125）的著作中，托勒密是从他的书中摘出的，被后人误称为“托勒密定理”。但因历史沿用久远，至今无法改正了。这个定理常选编在古今几何学课内外书中，用法甚广。

托勒密出生于埃及，是宫廷里的天文学家、地理学家，也是三角学奠基者。他创立的“地心说”（太阳系是以地球为中心）的错误理论，在西方统治了约1400年，后被哥白尼的“日心说”（以太阳为中心）的真理推翻。他对三角学研究贡献大，他制造出世界上第一张三角函数表，此表就是以上述定理为基础获得的。

托勒密是第一个怀疑欧几里得“平行线公设”，认为不是公设，是可以证明的定理。错误地引导后世数学家，为寻找证明而走向歧途，人类却花了2000年左右的时间代价未能成功，直到“非欧几何”诞生才证明与纠正了这一错误。

三、梅内劳斯定理与塞瓦定理

梅内劳斯定理：一直线分别截$\triangle ABC$三边BC、CA、AB所在直线于D、E、F，则$\frac{AF}{FB}\cdot\frac{BD}{DC}\cdot\frac{CE}{EA}=1$。

希腊数学家、天文学家梅内劳斯（Menelaus，公元98年前后），著有许多几何学和天文学的书籍。上述定理成为中学几何课内外世界名题之一。

这一定理可以推广，如将三角形推广到凸多边形、空间图形和球面三角形等。

梅氏在三角学方面被称为希腊三角术顶峰，又是世界上首次明确定义球面三角形表达者。

著名的梅氏定理及其证明，曾被历史沉沙掩盖。600 多年后才被意大利几何学家兼水利工程师塞瓦(G. Ceva，1648—1734)重新发现，连同他的“塞瓦定理”一并发表而流传于世，至今成为许多人学习、寻找多种证法以及应用的乐园。梅氏定理常用来证明线段、角的相等；证线段二次等式、三点共线、定值问题、线段的和差倍分等。梅氏定理与塞瓦定理是一对孪生姊妹。

附：塞瓦定理：设 D、E、F 分别为 $\triangle ABC$ 三边 BC、CA、AB 或延长线上的点，且 AD、BE、CF 平行或共点，则 $\frac{AF}{FB}\cdot\frac{BD}{DC}\cdot\frac{CE}{EA}=1$。

塞瓦是意大利几何学家、经济学家。1678 年出版《论相交直线》一书，内有塞瓦定理，并附有力学证法及几何证法。这个定理是证明共点线问题的有力工具，如应用它很快可证明“三角形中的巧合点”，如证三角形中：①三中线共点；②三高共点；③三内角平分线共点等。

图 2-15　丢番图

四、代数学鼻祖丢番图

希腊数学家丢番图(图 2-15)生平不详。只从一则收入《希腊诗文选》墓志铭中知其经历与年龄：“丢番图的一生，幼年占 $\frac{1}{6}$，青年占 $\frac{1}{12}$，又过了 $\frac{1}{7}$ 才结婚。五年后生子，子先父 4 年而卒，寿为其父之半。”可推算丢番图活了 84 岁①。

丢番图是希腊代数学的鼻祖，他

① 徐品芳：数学诗歌题解[M]，北京：中国青年出版社，1997，63。

一生写了三部书:《算术》、《推论集》和《分数算法》,后两本失传。《算术》共十三卷,现存六卷希拉文本和四卷阿拉文本。其内容大部分是代数知识,包含189个问题,每题有不同的解法。其特点是完全脱离了几何形式。

丢番图《算术》主要讲数的理论,讨论了一次、二次以及个别的三次方程和大量的不定方程,其特点已脱离几何模式。

丢番图是不定方程的创始人,在处理 $Ax^2+C=y^2$ 等类型的不定方程时有惊人的巧思,独树一帜。但各题都有特殊解法,没有一般解法,故有人曾说:"近代数学家研究丢番图100题的解后,而去解101题,解之就觉困难。"举例说明:

例1(丢番图方程) 求二平方数,使其积与二数中每一个数的和都是平方数。

丢氏解法:用今式表示,设二数为 x^2,y^2,则 $x^2y^2+x^2$ 和 $x^2y^2+y^2$ 均为平方数。

当 x^2+1 为平方数时,$x^2y^2+y^2$ 也是平方数,可设 $x^2+1=(x-2)^2$,从而得 $x=\frac{3}{4}$。

又 $x^2y^2+x^2=\frac{9}{16}(y^2+1)$,故必为平方数,令 $9y^2+9=(3y-4)^2$,从而得 $y=\frac{7}{24}$。

故所求二数为9/16和49/576。

例2(丢番图方程) 今有四数,取其每三个而相加,则其和分别为22,24,27和20。求此四数各几何?

丢氏解法巧妙,他设四数之和为 x,则四数为 $x-22$,$x-24$,$x-27$ 和 $x-20$,

$\therefore$ $x=(x-22)+(x-24)+(x-27)+(x-20)$,解之,得 $x=31$,

$\therefore$ 四个数分别为:9,7,4,11。

丢番图的另一重大成就是在代数中创用一套数学符号,称为"缩号代数",即用符号列算式,与过去用文字叙述算式不同,是近代符号代数的嚆矢①。他把未知数称为“题中之数”，未知数平方用 Δ^{γ}（即 x^2）表示，立方用 k^{γ}（即 x^3），平方的自乘用 $\Delta^{\gamma}\Delta$（即 x^4），x^5 是 Δk^{γ}，x^6 是 $k^{\gamma}k$ 等，用 $\overline{\alpha}=1$，$\overline{\beta}=2$，$\overline{\gamma}=3$……，代数式 x 表示为 s，$2x$ 表示为 $s\,\overline{\beta}$ 等，用 $\overset{0}{m}$ 表示常数。例如 $\Delta^{\gamma}s\,\overline{\beta}\overset{0}{m}\,\overline{\chi}$ 表示今式 x^2+2x+3。

在运算符号方面用 ψ（或 ↑）表示减号，加、乘和除号没有创造符号，并且用词“$\tau\delta o \varsigma$”头一个字母 τ 表示等号。

丢番图已经知道正负数运算法则，他曾说：“减法与减法相乘则生加法”（均晚于我国）。但他在解二次方程中，只取正根，凡是负数都认为无解。

五、帕普斯

帕普斯（Pappus，活动于公元 300—350 年左右），是古希腊晚期亚历山大学派最后一位杰出的几何学家。他的巨著《数学汇编》（约 320 年写成）共八卷，现存六卷。书中有许多古希腊珍贵史料，他本人也发现了许多定理。下举一个例子：

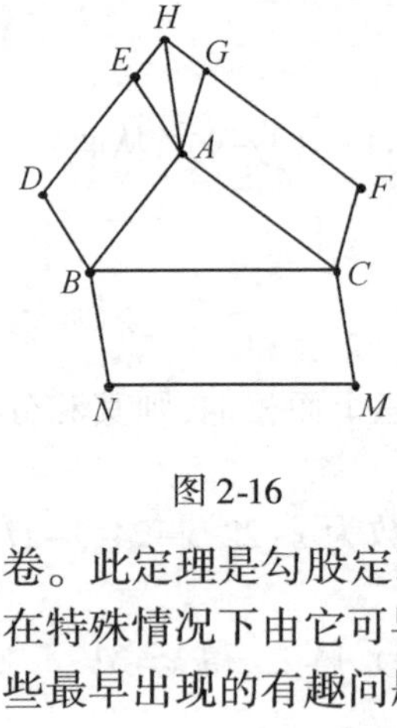

图 2-16

推广勾股定理（用今式叙述）　如图 2-16，设 $\triangle ABC$ 为任意三角形，以 AB、AC 为一边分别向外作一个平行四边形：$\square ABDE$ 和 $\square ACFG$，设 DE 和 FG 延长相交于 H，再以 BC 为一边，另一邻边和 HA 平行且相等作平行四边形 $BCMN$。求证：$S_{\square BCMN}=S_{\square ABDE}+S_{\square ACFG}$。

这个定理在欧氏《几何原本》中没有，它首次出现在帕氏《数学汇编》第四卷。此定理是勾股定理的一般情况，当 $\triangle ABC$ 为直角三角形时，在特殊情况下由它可导出勾股定理。此外，《数学汇编》中还有一些最早出现的有趣问题的发现，如蜜蜂是天才的建筑师——蜂房

① 徐品方，张红：数学符号史[M]，北京：科学出版社，2006。

建筑问题[1]等。

大约从公元1世纪起，希腊几何开始衰落，处在此时的希腊亚历山大几何的水平虽比鼎盛时期较低，但《数学汇编》重新燃起了希腊学者的火种，因为这是一部名副其实的几何宝典，它引用和参考了三十多位古代数学家的著作，引用原文之准确、精辟，成为后人了解希腊几何大部分知识的宝贵真实史料，它可以称为是希腊几何的安魂曲。

2.3.2 第一个女数学家的惨案

希帕蒂娅（图2-17）是世界上第一位女数学家[2]，生于埃及亚历山大。父亲塞翁（Theon）精通数学、天文学，是数学教授，后来为亚历山大研究院院长。希帕蒂娅从小受到父亲良好教养，是父亲的掌上明珠。她从10岁就知道用相似三角形的方法测量金字塔的高。父亲为了从小培养女儿的思维能力和雄辩的口才，让她参加父亲主持的学术研讨会。父亲常用一句话教导她："每个人要珍惜自己思考的权利，即使思考错了也比根本不去思考强！"这句话成了女儿终生座右铭。

图2-17 希帕蒂娅

女儿从小在父亲指导下，得到哲学、文学、艺术、科学知识熏陶与训练，业余喜欢游泳、划船、骑马、登山等体育运动，培养了她的意志坚强和毅力，博学多思，独立能力。因此，少年时小有名气。

大约在20岁时，她去雅典学习，人未到雅典，名声早到了，人

① 徐品方：数学趣话（第二版）[M]，福州：福建人民出版社，2003，176—183。

② 徐品方：女数学家传奇[M]，北京：科学出版社，2005，第一章。

称她是“大数学家”。

学成立即归国，在亚历山大博学园教授数学和哲学。她教学有方，如讲代数就从丢番图墓碑诗文开始，一下子把学生吸引着。她帮助父亲完成欧氏《几何原本》的修订和注释工作，从中学会怎样进行科学研究。她自己注释了丢番图的《算术》、阿波罗尼奥斯的《圆锥曲线论》（可惜失传），还撰写过一些论文，因亚历山大图书馆被焚烧，只留下残片。

由于希帕蒂娅学识渊博（已超过父亲），教学循循善诱，擅长辩论，当时被人誉为“圣人”，据说，凡信封上写着给亚历山大“艺神”或“哲学家”的信，毫无疑问会送到她家里。

希氏在学习与工作期间，由于她的才华和美貌，吸引了不少男性，从王子到贵族子弟，从英俊少年到哲学家，向她求婚。她不中意求婚者，没有一人能以真才实学赢得她的芳心，为了不伤害爱慕之人，她常用一句美妙得体、婉转的话拒绝所有求婚者：“我已献身给真理了。”

当时，基督教成了罗马帝国的国教，希腊大主教西里耳（Cyril）一上台，推行一教制，拆除神庙，禁止信奉异教，激起人民反对。希氏站在人民一边，反对西里耳的一教制。她的观点与当时地方城市长官奥瑞茨（Orestes）一致，奥氏一向仰慕希氏的品德和学识，常向她请教学术与政务问题。因大主教与奥氏存在严重矛盾，企图推翻他，但一时不敢下手，便采取“杀鸡给猴看”，于是策划了一场震惊世界的惨案。

因为平民希帕蒂娅是位年轻科学家，精通数学、医学、哲学，唯独不信奉基督教，而且还用科学指责教会的虚伪性。教会受到威胁，加上她与地方长官观点一致，大主教便视她为眼中钉肉中刺，到处散布她的学说是“异端邪说”……

公元415年3月的“四旬斋节”那天，正当她坐着马车到研究院去讲课，途径教堂门前，一群暴徒奉大主教授意，以莫须有的“危害城市长官安全”的罪名为借口，突然把她拖进教堂空地，剥光她的衣服，拔光她的头发，然后用锋利的牡蛎壳把她身上的肉一片片刮下来。最后,把她还在颤动着的手脚砍下,投入熊熊烈火之中。……

世界上第一位女数学家,就这样被惨绝人寰地杀害了,闻之令人发指!她刚40岁出头。残酷谋杀案震惊整个亚历山大及其邻近地区,虽然惩办了拦车杀人的凶手,但幕后策划者却逍遥法外,最后不了了之。

台湾的一部辞典评价说:“她(希帕蒂娅)的女才女貌,而多招几分旁人的怨妒。以至于她的一生虽然多彩多姿,但并不是一支柔歌。”

希帕蒂娅的惨死,标志着希腊数学的衰落。

2.3.3 古希腊的数学成就

综上本章所述,总括古希腊的数学成就,小结如下:

(1) 使数学成为一门抽象性的科学;

(2) 建立了演绎证明体系,希腊成为论证数学发祥地;

(3) 创立了几何学、三角学,奠定了数论基础等;

(4) 萌芽了一些高等数学成果,如数论、极限等;

(5) 希腊人发现定理及证明,逻辑结构严密,论证认真细致,为后世树立了样板等。

当然,由于历史局限也存在不足,如重几何轻代数,认为几何方法是数学证明唯一方法;畏于无理数的存在,而不将算术应用于几何;几何作图严格限制规尺等。

2.4 古希腊的数学方法论

古希腊数学家泰勒斯最先提出数学方法论:数学命题要加以演绎证明,在数学中要建立一般的原理和规则,数学命题的证明,就是借助一些公理或真实性业经确定的命题来论证某一命题真实性的思想过程。演绎证明的方法即演绎推理的方法,指从一般到特殊的推理方法,其核心是亚里士多德提出的三段论法,即由两个已知判断,推出第三个判断,如平行四边形的对角线互相平分(称为“大前提”),矩形是平行四边形(称为“小前提”),则矩形的对角线互相平分(即结论)。用演绎法证明命题使几何由实验阶段,过渡到一门抽象的理论科学,使人类对自然的认识由感性(或经验)认识上升到理性认识,因此这是一个划时代的贡献。

后来亚里士多德提出逻辑方法论,创建公理方法和数学证明原理,使演绎推理方法系统化,建立了逻辑学。欧几里得则在数学中实现了公理化,他的《几何原本》奠定了古希腊数学方法论的基础:采用公理法构建数学理论体系并以演绎体系表述出来,数学的主要内容是抽象的命题及其证明,逻辑证明是数学的基本方法。

因此,数学中的发现、发明与创新表现为提出新命题,证明未证的命题,改进已证命题的证明,由命题构成新的公理体系等。

阅读材料　穷竭法

希腊数学家安提丰在研究“化圆为方”时,从一个圆内接正方形,将边数逐步加倍,分别得到正八边形、正十六边形、……依此无限继续下去,认为正多边形的面积与圆面积之差总会“穷竭”(消失的意思),这就是“穷竭法”的滥觞。

这是一个粗糙的极限论思想,因为这种加倍的过程可以无限制地进行,不会终结,因而“差”被“穷竭”之说不合适。后来由于希腊数学家欧多克索斯、欧几里得、阿基米德等的继承和发展,使这一方法更加完善。

例如,阿基米德出色的应用力学方法和穷竭法,用有限方法处理无限序列,解决了大量的面积和体积计算问题。如他在《抛物弓形求积》中,用穷竭法严格论证了他利用力学原理得到的结论:$S_{\text{抛物形}ABC}=\frac{4}{3}S_{\triangle ABC}$。

如图2-18,过弦BC中点M作抛物线对称轴的平行线,交抛物线于点A,过A作$B'C'/\!/BC$,连AM,又过B、C分别作$BB'/\!/AM/\!/CC'$,若用S表示$\triangle ABC$面积,则S是平行四边形$BB'C'C$面积的一半。

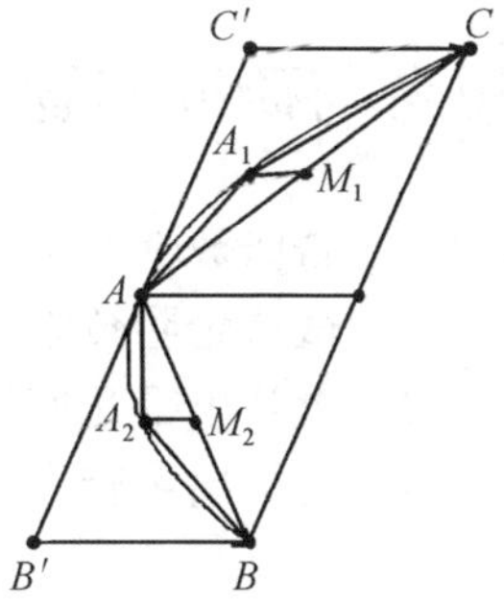

图2-18

仿上,过弦AC、AB的中点M_1、M_2作平行线,交于A_1、A_2。阿基米德同时利用已知命题,证明了:$S_{\triangle AA_1C}+S_{\triangle AA_2B}=\frac{1}{4}S$。

在新弦CA_1、A_1A、AA_2、A_2B上可作更小的三角形,它们的面积为$\frac{1}{16}$S,如此继续,便得到一个无限序列之和:

$$S+\frac{1}{4}S+\frac{1}{4^2}S+\cdots+\frac{1}{4^n}S+\cdots$$

阿氏证明,对于公比为$\frac{1}{4}$的等比数列,和式$A_1+A_2+\cdots+A_n+\cdots$可以引入一个余项$\frac{1}{3}A_n$,使得

$$A_1+A_2+\cdots+A_n+\frac{1}{3}A_n=\frac{4}{3}A_1$$

最后他用归谬法证明抛物弓形面积A既不能大于$\frac{4}{3}A_1$,也不能小于$\frac{4}{3}A_1$。这里$A_1=S_{\triangle ABC}=S$,从而论证$S_{抛物弓形ABC}=\frac{4}{3}S_{\triangle ABC}=\frac{4}{3}S$。

由上可知,阿氏用有限项之和来逼近弓形面积,因当时没有无限过程的极限的概念,他巧妙而精彩地用任意有限项来代替,严格地证明了这一问题,发展和完善阿提丰的穷竭法,这与我国刘徽(263年左右)独创"割圆术"的思想方法是一致的。

思考与研究问题

1. 希腊数学的兴衰原因何在？
2. 试谈希腊数学的特色和局限性。
3. 欧几里得几何可否取消？联系当代谈谈你的看法？
4. 再举出希腊人用穷竭法计算面积或体积的实例。

3　中国古代数学

内容提要

本章主要介绍《算数书》、《算经十书》与《数书九章》等数学典籍的基本内容和独特的数学思想方法，简述了刘徽、祖冲之父子、宋元四大家、刘益、贾宪、沈括等数学名家的生平事迹及其所取得的数学成就。

中国社会进入秦汉以后，随着封建社会制度的建立和不断完善，各种技术的逐步提高，社会生产力取得了长足的发展。社会对数学的需求，范围越来越大，要求也越来越高，已从原来的占卜算命和简单的计算，开始向社会的各个方面渗透，如天文观测、历法编制、生产分配、消费流通、军事劳役等。从公元前2世纪左右到公元14世纪，经过秦汉时期、魏晋南北朝时期以及宋元时期的三次发展高峰，中国数学经历了由建树独立的学科到创立理论体系的过程，逐步形成了独具特色的中国古代数学知识体系，取得了多项领先世界数学水平的研究成果。

3.1　《算数书》与官学教科书“算经十书”简介

中国古代数学思想方法属于中国传统文化的一部分，其主要特点既受制于中国古代传统的思维方式，同时又决定着中国古代数学的基本思维方式和发展趋势。与西方数学相比，中国古代数学思想方法有如下主要特点：

(1) 实用主义思想。源于生活、高于生活、用于生活，是中国古代数学中最突出的特色之一。从成书最早的《算数书》，到唐代的官学教科书《算经十书》，再到代表中国古代数学最高水平的、宋元时期的《数书九章》和《四元玉鉴》，其中所讨论的问题，无一不与“实际”相联系。选择具有实际背景的题材，从中归纳总结出解题用的“术”，以解决社会生活的实际问题为最终归宿。可以说每解一道数学题，就相当于解决了一种或一类生活问题。

(2) 算法化的思想。中国古代数学著作的核心就是各种各样的"术","术"就是给出某类实际问题的一般解法。因此"术"就是一种算法,并且它能编程应用计算机实现计算。同时,古算算法思想符合现代算法思想的一般特性,体现了一般算法的可行性、确定性、无穷性、有效性和普遍性等特征。因此,算法化的思想成了中国古算最鲜明的特色。

(3) 模式化的思想。中国古代数学著作大都以《九章算术》为范本,在内容结构上是以类设章,以题给"术",而"术"实际上就是解决某一类问题的数学模式。"数学模式指的就是,按照某种理想化的要求(或实际可应用的标准)来反映(或概括地表现)一类或一种事物关系结构的数学形式"。"术"中的"数学形式"虽然是以用文字表达的,但它具有数学模式所要求的"一义性、精确性,一定条件下的普适性"。如《九章算术》中所给出的"盈不足术"、"阳马术"、"勾股术"等,不但本身具有非常广泛的应用,而且还作为一种基本的数学模式,对相近或相关问题的解决起到了引导和奠基性的作用。

此外,中国古代数学思想方法还具有归纳体系、离散化的倾向和神秘主义色彩等特点,可参见文献①。

中国数学思想方法的上述特点在以下的数学著作之中得到了充分的体现。

3.1.1 《算数书》

1983 年 12 月至 1984 年 1 月,在湖北江陵张家山 247 号墓出土了一批竹简,除法律文书、兵书、医方书、日书、历谱和遣册等外,还有一批竹简,在一支简背面有"算数书"三字,因此被定名为《算数书》。考古学家推定该墓下葬于公元前 186 年或稍晚(约为西汉吕后时代至汉文帝初期),但《算数书》的编成年代应更早一些,可能在秦代或略早。《算数书》是目前已知最早的中国数学著

---

① 王鸿钧,孙宏安:中国古代数学思想方法[M],南京:江苏教育出版社,1989。

作,其内容非常丰富,采用问题集的形式进行编排,共有 69 个标题①题名。

这 69 个标题统领着《算数书》的各部分内容,涉及今天的整数和分数四则运算、各种比例、面积、体积、负数、双设法的内容。第 1—3、5—9 条为数字计算(主要针对分数)问题或方法;第 4 条讨论分数值与分子、分母的变化关系;第 10—53 条主要是采用分数四则运算、各种比例和双设法等的应用问题或解决方法,也有少数条文中不包括计算问题和计算方法,而只是换算标准,如 35、41 条;第 54—60 条为体积问题;第 61—68 条是几何问题。

分数运算作为中国传统数学的重要内容和重要方法,在《算数书》中有着非常突出的体现。在 69 个条目中,有 60 个都用到分数或为分数运算设置的术。《算数书》中对几个特殊分数的表示法,如"半"表示 1/2,"少半"表示 1/3,"大半"(或"太半"、"泰半")表示 2/3,都与《九章算术》(公元前 1 世纪)和中国传统数学的其他著作相同。特别值得一提的是,在《算数书》"启从(纵)"题记载了关于分数除法的颠倒相乘的法则。"启从(纵)"中有一题为:"广七分步之三,求田四分步之二,其从一步六分步之一。"这道题是说:"已知一块田的面积是$\frac{2}{4}$平方步,田广边长$\frac{3}{7}$步,求田的纵边长,答曰 $1\frac{1}{6}$步"。启从术曰:"广分子乘积分母为法,积分子乘广分母为实,实如法一步。"这里术文中的"积分母"和"积分子"是表示面积的分母和分子;"广分母"和"广分子"是表示边长的分母和分子。故本题依术计算为②:

$$\text{纵边长}=\frac{2}{4}\div\frac{3}{7}=\frac{2}{4}\times\frac{7}{3}=\frac{14}{12}=1\frac{1}{6}(\text{步})$$

这是迄今为止知道的关于分数除法颠倒相乘法则的最早

① 邹大海:出土《算术书》初探[A],自然科学史研究,2001,20(3),193—205。

② 徐品方:我国最早的数学著作《算术书》[J],中学数学杂志(初中),2005,(3),63—65。

记载。

在《算数书》中模式(型)化的数学思想已有比较充分的体现。在所提出的70多条术文中,大都具有较高的抽象性和广泛的普适性,有些术实际上就是相应数学对象或数学概念的性质,如在“增减分”条中给出的术文是“增减分:增分者,增其子;减分者,增其母。”这是一条关于“分数”的运算性质,译为白话文就是,当分母不变时,分数的值随着分子的增大而增大;当分子不变时,分数的值随着分母的增大而减小。显然,在这条术中蕴涵有变量的数学思想,这是非常难能可贵的。

3.1.2 算经十书

隋唐时期我国在生产、科技文化上都有高度的发展,这些发展对数学产生了新的需求,从而促进了数学的发展;同时也使得当时的统治者格外重视数学,据称唐代官吏上朝要带算筹,在朝议时常用算筹决事①。特别是,隋代开始正式兴办数学专科学校,在国子寺里设立了明算学(国子寺相当于现今的国立大学,明算学相当于现今的数学系),这是世界上最早的数学专科学校。唐代继续扩大开办数学专科,在唐初的最高学府——国子监里增设了明算科,使数学成为当时的科举考试科目,考试及第者授予“从九品下”(唐朝最低官阶)的官职。为此,唐高宗李世民曾诏令议大夫行太史令上轻车督尉李淳风(约公元604—约672)与算学博士梁述、太学助教王真儒等

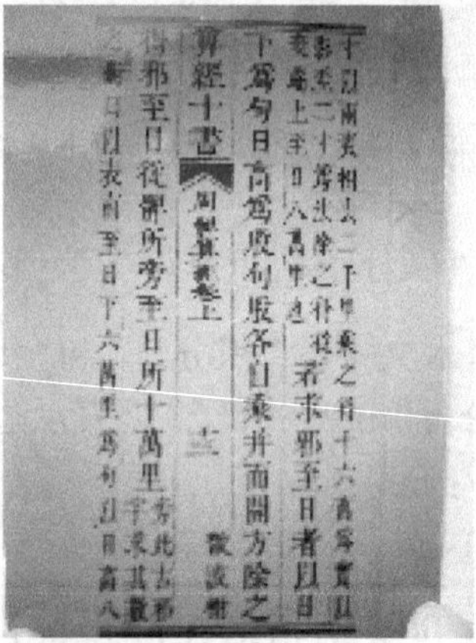
算經十書
周髀算經卷上

图3-1 《周髀算经》卷中一页

① 毛礼锐:中国教育通史(二)[M],济南:山东教育出版社,1987,527。

注释《周髀算经》(图 3-1)、《九章算术》、《孙子算经》、《五曹算经》、《夏侯阳算经》、《张邱建算经》、《海岛算经》、《五经算术》、《缀术》、《缉古算经》,于公元 656 年编辑完成,"书成,高宗令国学行用"(《旧唐书·李淳风传》)。这是世界上第一次由皇帝钦典、由国家颁行数学教科书。这 10 部数学著作合称为《算经十书》,成为我国后世数学教育的经典教材。在国外,《算经十书》曾流传于朝鲜、日本等。以下对《算经十书》中除《九章算术》外的九部著作作以简要的介绍,《九章算术》见本章第二节。

一、《周髀算经》

《周髀①算经》是一部以"盖天说"为核心的天文学著作,作者不详,成书年代据考证应不晚于公元前 2 世纪的西汉初期。作者是把我国早期传下来的一些天文历法及有关的数学问题和当时的相关研究汇集在了一起,有些内容可以追溯到西周(公元前 11 世纪—前 8 世纪)。其中所用到的数学知识有分数运算、等差数列、勾股定理及其在天文测量中的应用,尤以勾股定理的论述最为突出。

《周髀算经》现传本分上下两卷,卷上一开头有"昔者周公问于商高曰:……请问数安从出?商高曰:数之法出于圆方。圆出于方,方出于矩,矩出于九九八十一。故折矩,以为勾广三,股修四,径隅五。……故禹之所以治天下者,此数之所生也"。这段话的中心思想是阐述"数"的来源,"数之法出于圆方",便引出了$3^2+4^2=5^2$。又说这结果来自"禹之所以治天下",但此说未必可信,只能说明来源较早。所以,这是我国关于勾股定理特例的最早的记载,说明至少在公元前 11 世纪我国人民就已经知道"勾三股四弦五"这一勾股定理的特例。

在本书卷上的另一处叙述周公后人荣方与陈子(约公元前

① "周"不是周朝,而是地名。"髀"音闭(bì),原意大腿或大腿骨,此指测量的标杆(古称表)。

7—前 6 世纪）的对话中，提出了勾股定理的一般形式："若求邪①至日者，以日下为勾，日高为股。勾、股各自乘，并而开方除之，得邪至日。"即 $a^2+b^2=c^2$。

图 3-2　赵爽

在中国数学史上最先完成勾股定理证明的数学家，是公元 3 世纪初三国时期的吴国人赵爽（图 3-2）。赵爽，又名婴，字君卿，生平不详，虽然是一平民数学家，但却通晓当时中国已相当发达的多方面的数学知识，其数学贡献主要体现在他为《周髀算经》所做的注中，其中最值得国人骄傲的是，在"勾股圆方图"中，为证明勾股定理所做的"弦图"，"案弦图又可以勾、股相乘为朱实二，倍之为朱实四；以勾、股之差自相乘为黄实。如差实亦成弦实"。据注文，有 4×朱实+黄实=弦实，即 $4\times\frac{1}{2}ab+(b-a)^2=c^2$，化简得 $a^2+b^2=c^2$ 获证。如图 3-3 和图 3-4。赵爽所用的证明方法是中国传统的出入相补原理：一个几何图形分割成若干部分后，面积或体积的总和保持不变。其证法不但简洁明了，直达其义，而且意义重大，至少说明，在中国古代数学中也是有"逻辑证明"的。为了纪念赵爽的这一伟大贡献、昭示博大的中国数学文化，以赵爽的弦图为原型制作了 2002 年北京第 24 届世界数学家大会会标，如图 3-5，并且高悬在金碧辉煌的人民大会堂的主会场上。

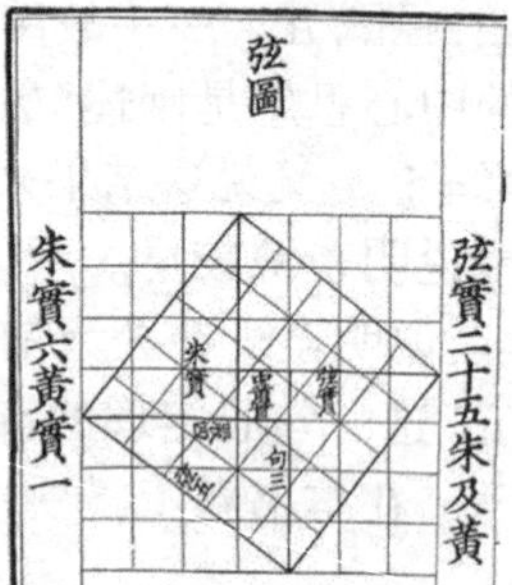

图 3-3　赵爽弦图

① 古代"邪"与"斜"通用。

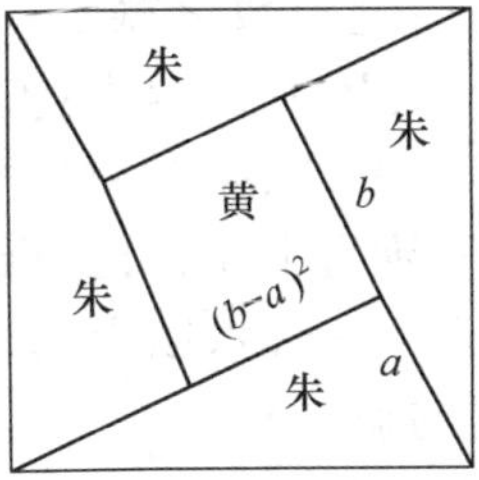

图 3-4　弦图

图 3-5　2002 年北京世界数学家大会会标

二、《孙子算经》

《孙子算经》的作者与编纂年代没有确切的历史记载，据考证大约是公元 4 世纪（南北朝时期）成书的。此书传本分上、中、下三卷，卷上叙述度量衡制度、进位制及筹算记数、九九口诀及四则运算等；卷中举例说明筹算分数算法和筹算开平方法，以及简单的面积、体积的计算问题；卷下是各种应用问题。中、下卷共列有市易、田域、仓窖、兽禽、营建、赋役、测望、军旅等各类算题 64 道。书中大多数是属于日常生活的应用题，可以说是一本算术普及读物。

《孙子算经》中有许多趣味性很强的历史名题。例如"雉兔同笼"题："今有雉、兔同笼，上有三十五头，下有九十四足。问雉、兔个各几何。"此题在中国民间流传甚广，至今在某些地方（如敦煌）的老百姓中间还传递着这样的问题："鸡兔四十九，一百个爪儿往前走，鸡兔各有几只头？"显然，这是"雉兔同笼"的变体。又如"荡杯"题："今有妇人河上荡杯。津吏问曰：'杯何以多？'妇人曰：'家有客'。津吏曰：'客几何？'妇人曰：'二人共饭，三人共羹，四人共肉，凡用杯六十五，不知客几何？'""望堤"题："今有出门望见九堤，堤有九木，木有九枝，枝有九巢，巢有九禽，禽有九雏，雏有九毛,毛有九色。问各几何。"这种故事性的题目非常容易引起人们学习数学的兴趣,也非常有利于数学的普及和传播。

《孙子算经》中最有名的是卷下的"物不知数"题:"今有物,不知其数。三三数之剩二;五五数是之剩三;七七数之剩二。问物几何?答曰:二十三。术曰:三三数之剩二,置一百四十;五五数之剩三,置六十三;七七数之剩二,置三十。并之,得二百三十三。以二百一十减之,即得。凡三三数之剩一,则置七十;五五数之剩一,则置二十一;七七数之剩一,则置十五。一百六以上,以一百五减之,即得。"术文的前半段给出了本题的解:

$$N=70\times2+21\times3+15\times2-105\times2=23$$

而术文的后半段,则给出了这类一次同余式组

$$N\equiv R_1(\mathrm{mod}3)\equiv R_2(\mathrm{mod}5)\equiv R_3(\mathrm{mod}7)$$

的一般解:

$$R=70R_1+21R_2+15R_3-105P,(P\text{ 为正整数})$$

"物不知数"题的解法与高斯所著《算术研究》(1801 年)中关于一次同余式组的解法是一致的。此解法于公元 1852 年经英国传教士伟烈亚力传到欧洲以后,引起了世界数学界的注意,被称之为"中国剩余定理"。

"物不知数"题的解法在国内也引起了人们极大的兴趣,流传甚广。宋朝周密把它编成歌诀。明代数学家程大位(1533—1606)在《算法统宗》中,又把它编成通俗美妙的歌诀:"三人同行七十稀,五树梅花廿一枝,七子团圆半正月,除百零五便得知。"

三、《张邱建算经》

《张邱建算经》共有三卷,大约成书于公元 466—485 年间,作者张邱建是北魏时人。书中大部分内容是社会上有关测量、纺织、交换、纳税、冶炼、土木工程、利息等方面的实际计算问题,其中关于最大公约数与最小公倍数、等差数列、不定方程等方面超过了《九章算术》的水平。

该书卷上第十题的术中给出了最小公倍数与最大公约数之间的关系,用现在的符号可表示为:

$$\left[\frac{M}{a},\frac{M}{b},\frac{M}{c}\right]=\frac{M}{d}=\frac{M}{(a,b,c)}$$

其中 a、b、c、d 都是正整数。这是一个非常好的结果，同时也说明，我国古代数学中的最小公倍数的概念不限于整数，且求法也与整数的情形有差距。

关于等差数列问题，《张邱建算经》给出了相当于下列形式的计算公式：

$$S_n=na_1+\frac{n(n-1)}{2}d;d=\frac{2\frac{S_n}{n}-2a_1}{n-1};S_n=\frac{n(a_1+a_n)}{2};n=2(m-a_1)+$$

1，m 为 n 项平均值。

《张邱建算经》中最著名的问题是卷下第三十八题——“百鸡问题”：“今有鸡翁一直钱五；鸡母一直钱三；鸡雏三直钱一。凡百钱买鸡百只。问鸡翁、母、雏各几何？”

此题相当于解不定方程组：

$$\begin{cases}x+y+z=100\\5x+3y+\frac{1}{3}z=100\end{cases}$$

书中给出了 3 组答案：(4，18，78)，(8，11，81)，(12，4，81)。

术文说：“鸡翁每增四，鸡母每减七，鸡雏每益三，即得。”这相当于给出了这个不定方程的整数解是 $(4t,25-3t,75+3t)$，其中 t 取 1，2，3。不定方程在《九章算术》中已有记载，但一题数答则始于《张邱建算经》。

四、《缉古算经》

《缉古算经》的作者是唐代最大的数学家王孝通，生卒年代不详，约 7 世纪初人，出身平民，少小学算，曾在隋朝为官，唐初为历算博士，后来升为太史丞。据考《缉古算经》成书的时间可能在公元 629 年以前。全书共一卷，有 20 道实际问题，主要是几何问题（有些可归化为方程求解）。

《缉古算经》是世界上最早讨论三次方程代数解法的著作。

书中提出的关于三次方程的数值解法——“开带从立方法”，是一项具有世界历史意义的成就。古希腊门奈赫莫(Menaechmus，约公元前375—前326)遇到过三次方程 $x^3=2a^3$，他是用圆锥曲线求解的。公元10世纪阿拉伯人发展了三次方程的几何解法。13世纪意大利数学家斐波那契(L. Fibonacci，约1170—约1250)才提出了一个三次方程的数值解。至于一般三次方程的代数解法(求根公式)直到16世纪才出现在意大利数学家的著作中。

五、《海岛算经》

《海岛算经》是刘徽在魏陈留王四年(公元263年)做《九章算术注》时所著，附录在《九章注》之末，后来在唐初形成单行本。此书共有“测望海岛”等九个算题，故称《海岛算经》。刘徽的生平不详，主要生活在三国时代，可能死于晋初。后来，宋徽宗大观三年(1109年)礼部太常寺追封古代数学家爵位时，刘徽被封为“淄乡侯”，由此可认为他可能是今山东淄川或临淄一带人。

刘徽一生潜心研究《九章算术》，写成了传世一千多年的数学名著《九章算术注》，是中国古代数学集大成者。《海岛算经》将《九章算术》原有的两次测望术，发展为三次、四次测望术，推广了《周髀算经》中的陈子的测日法，并使原已失传的“重差术”复原且予以发展。在刘徽《九章算术注·原序》中指出：“凡望极高，测绝深而兼知其远者必用重差，勾股则必以重差为率，故曰重差也。……度高者重表，测深者累矩，孤离者三望，离而又旁求者四望。触类而长之，则虽幽遐诡伏，靡所不入。”“重差”指标杆或矩尺进行两次测望的测量方法。刘徽的主要数学成就见本章第二节。

六、《五曹算经》

《五曹算经》约为五六世纪的著作，作者甄鸾(约6世纪)，字叔遵，生卒年与籍贯不详，北周人。曾在北周王朝为官，任司隶大夫、汉中郡守等。甄鸾信佛教，曾撰《笑道论》三卷，精通天文历法。

《五曹算经》共有五卷，是按所涉及问题的归属而不是数学本身的体系分类的，并且是从各“曹”（“曹”是古代分科办事的官署）官员的需要出发来编录问题的。数学内容比较浅显，数字计算不需要分数的概念，可以说是供办事人员使用的关于管理方面的数学实用手册。各卷内容的构成为：

第一卷“田曹”包括19个关于田亩计算的应用题。

第二卷“兵曹”包括12个关于抽丁、军事供应、战列布阵等问题，其解法对十进位小数的概念有进一步的发展。

第三卷“集曹”包括14个关于贸易交换的计算问题。

第四卷“仓曹”包括收租、运输、仓窖体积等12个问题。

第五卷“金曹”包括有关税收、丝绢贸易等方面的10个问题。

七、《五经算术》

《五经算术》作者甄鸾。此书共二卷，其内容对“周易”、《诗》、《书》、《周礼》、《仪礼》、《礼记》、《论语》、《左传》等经典及古人对它们的注解中有关数字或数学的地方加以计算或解读。

《五经算术》中的一系列的注解同《九章算术》类似，也是以算法为主要内容的。例如“求十九年七闰法”即计算19年7个闰月的算法。

八、《夏侯阳算经》

《夏侯阳算经》的成书年代大约与《孙子算法》差不多同时，原著失传。大约是唐代以来的事。现在所知原书内容为：概括地叙述了筹算的乘除法则，解释了“法除”、“步除”、“约除”、“开平方除”、“开立方除”等五个名词的意义，其余内容，现已无法考证。

九、《缀术》

《缀术》是祖冲之数十篇论文“缀述”改成的书名。《缀术》已失传，据考证，其内容可能是在《九章算术》基础上形成的著作。此书深刻难懂，连隋朝的“学官”（大约是国家级教授数学官员）都看不懂，故“学官莫能究其深奥，是故废而不理。”到了唐初，《缀术》被国子监列为算学的必读教材，且要学4年，是当时“算经十书”中学习期限最长的。日本和朝鲜都也曾引进《缀术》。后来，因《缀术》失传,用《数术记遗》来代替它。其主要内容有河图、珠算、大数进位和记数法。《数术记遗》的作者至今争论不休,是个历史悬案,认为是依托徐岳(公元168—226年)伪造之作。

3.2　闪光的古算瑰宝"双九章"之一——《九章算术》与刘徽

《九章算术》是中国传统数学的代表作,是中国古代数学文献的典范。它奠定了中国古代数学思想方法的基础,规范了中国古代数学的知识体系;体现和反映了我国古代人民的智慧水平和特有的理性精神。从世界数学发展史的角度来看,《九章算术》与古希腊欧几里得的《几何原本》并称为现代数学思想的两大源泉。

3.2.1　《九章算术》的成书年代与作者

《九章算术》成书的确切年代尚无法确定。它不是一个人的作品,也不是在一个时代里完成的,是从先秦至西汉中叶的长时期里,经过古代众多算学名家的编纂、增补、修改和整理而成的数学名著。在三国时刘徽《九章算术注·原序》中指出:"往者暴秦焚书,经术散坏。自时厥后,汉北平侯张苍,大司农中丞耿寿昌皆以善算命世。苍等因旧文之遗残,名称删补,故校其目则与古或异,而所论者多近语也"。由此可以肯定张苍(约公元前250—前152年)与耿寿昌(公元前1世纪)是整理、加工、增补《九章算术》的数学家其中的两位。并且有人认为耿寿昌是历史上删补的最后一人。现在传世的《九章算术》是刘徽于公元263年的注本(图3-6)。

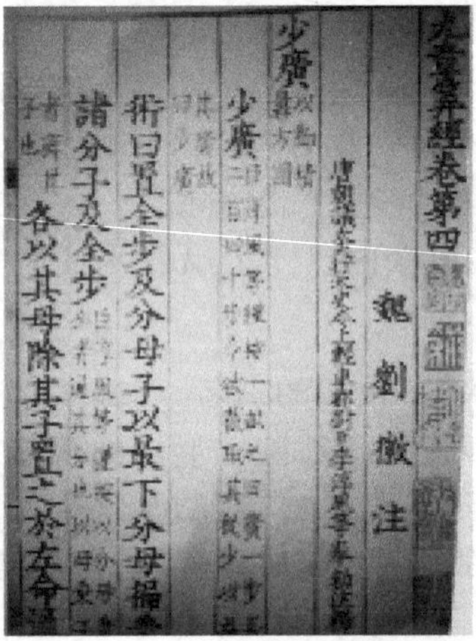

图3-6　《九章算术》卷四中一页

3.2.2 《九章算术》的基本内容

《九章算术》是以应用问题集的形式表述的,一共收录了246个问题,按所应用的领域将这些问题分为九章。每个问题均采用“问、答、术”的形式进行编排,共介绍了202个“术”。“术”是介绍定义、公式和解题步骤。书中所选问题涉及社会生活和经济领域的许多方面,包括土地面积计算、谷物贸易、高程测量、货物运输、土方工程、徭役赋税等应用问题,其中许多题目记述的事物与数据直接反映了我国从春秋末年到西汉中期的社会生活与经济状况,具有很高的史料价值,从而也是研究我国这一时期社会经济生活、典章制度、器物建筑等问题的珍贵资料。它所涉及的数学内容包括了数的运算、数论初步、方程、测量、面积、体积、勾股等算术、代数、几何等绝大部分初等数学知识。

第一章 “方田”,共38题21术,主要论述了两个方面的内容:一是土地(几何图形)面积的算法,给出了长方形、三角形、梯形、圆形、圆环形、弓形与球冠形的面积公式,除弓形与球冠形的面积公式是近似的以外,其他公式都是准确的;二是分数的四则运算法则、如有约分、最大公约数的求法、分数加减法法则、分数大小的比较,在刘徽的注中还给出了分数的定义,通分、分数的基本性质以及分数乘除法法则等。本章重要的术有均分术、割圆术。

第二章 “粟米”,共46题33术,主要论述了比例的算法,包括先秦时期20种谷物或米、饭按比率兑换问题以及与砖、竹、漆、丝、布有关的买卖问题。本章也反映了当时“重农抑商”的政策。本章中重要的术是今有术、经率术。

第三章 “衰(音崔cui)分”,共20题22术,主要讨论按比例分配问题,内容涉及按等级制分配物品、税收、罚款、计工、贷款利息、粮食买卖等方面。其中还用本章所提出的术巧妙地解决了有关等差数列与等比数列的计算问题。重要的术有衰分术、反衰术。

第四章 “少广”,共24题16术,主要讨论了由图形面积或体积求长度(边长、直径等)的五类计算问题,即已知长方形的面积及一边,求另一边;已知正方形面积,求边长;已知圆面积,求周长;已知立方体体积,求棱长;已知球的体积,求直径。重要的术有少广术、开平方术、开立方术,其中开平方术与立方术显得尤为重要,它标志着我国古代求一元高次方程数值解的开始,它也是现代笔算开平方或开立方的根源。

第五章 “商功”,共28题24术,主要介绍了各种土木工程中所提出的数学问题,其中包括筑城、修堤、挖沟、开渠、开运河、建粮仓等土方体积的计算以及劳动人数的计算等应用问题。共提出了立方体、棱锥、棱台、圆柱、圆锥、圆台、羡除(楔形体)等14种立体图形的体积计算公式,除圆柱、圆锥、圆台因取 $\pi=3$ 是近似公式外,其余都是准确的。重要的术有委粟术、阳马术和刍童术①。

第六章 “均输”,共28题28术,主要讨论了按当时各地区人口多少、路途远近、生产粮食的种类,交纳实物或摊派徭役的计算方法。问题所涉及的数学知识有正比例、反比例、按比例分配,复比例、连比例以及等差数列等。从比例的角度讲,本章理论是“粟米章”与“衰分章”比例理论的进一步发展。重要的术是均输术。

第七章 “盈不足”,共20题17术,主要论述了盈亏类问题的解法,相当于用“双设法”解决各种与商业有关的应用问题。本章的最大特色是:将“盈不足术”作为基本模型,充分运用“化归”这一数学思想方法,将非盈亏类问题转化为盈亏类问题来解决,体现了我国古代数学对数学思想方法的重视。

第八章 “方程②”,共18题19术,主要是讲多元一次方程组(即线性方程组)的解法,其中所给出的“方程术”(又叫直除法)

---

① 阳马:底面为矩形而有一棱与底面垂直的棱锥;刍童:上、下底面都是矩形的棱台。

② “方程”在中国古代数学中并不是指“未知数的等式”,而是指用“算筹”布列成的一种方形表达式,相当于现今《高等代数》中的“增广矩阵”。

是现代代数中的“加减消元法”的历史渊源,与现今《高等代数》中所介绍的“高斯消元法”本质上是完全相同的。在“正负术”中还提出了正负数的概念以及正负数加减法运算法则,这在世界数学史上具有里程碑式的意义。此外,本章最后给出的“五家共井”不定方程问题的解法思想,也具有重要的历史价值。

第九章 “勾股①”,共24题22术,主要叙述了勾股定理以及利用勾股定理来求解各种应用问题的方法,介绍了勾股测量问题,提出了用直角三角形相似法进行测量计算的方法,解决了关于各种距离测量的计算问题,其中给出了包括(3,4,5)在内的八组勾股数组。由于在“勾股测量”上的巨大成功,使得中国古代数学中避免了“角”的概念的使用。此外,还讨论了一元二次方程的解法,给出了 $x^2+px=q$ 类型的求根公式。

3.2.3 《九章算术》的主要数学成就及其算法举例

一、数的概念及其运算法则

大约在3000多年前我国就形成了自然数的概念,随后便掌握了自然数的四则运算,在《九章算术》中对此虽然没有系统的记载,但对分数、正负数和无理数的概念却有明确而完整的描述,并且比较系统地讨论了相应的运算性质和方法。

(1) 分数的概念与运算。在“方田”章中对分数进行了系统而完整的论述,包括分数的定义、约分、四则运算以及求分数的平均数等。

在中国古代,原始的分数概念来源于对一件东西的分割,或者说是在物体数量的比较中产生。而在《九章算术》中则是借助整数的除法来定义分数的。合分术曰:“母互乘子,并以为实,母相乘为法,实如法而一。不满法者,以法命之。其母同者,直相从之”。“合分术”即分数加法法则,其中的“实”是指被除数,“法”

---

① “勾股”:刘徽在《九章算术注》中说“短面曰勾,长面曰股,相与结角曰弦”,意思是直角三角形的短直角边叫勾,长直角边叫股,斜边叫弦。

是指除数,“不满法者,以法命之”就是除不尽的余数部分以“法”为标准命名一个分数来表示。

约分术曰:“可半者半之,不可半者,副置分母、子之数,以少减多,更相减损,求其等也。以等数约之。”这是分数的约分法则,其中的“副置分母、子之数,以少减多,更相减损,求其等也”描述的是求最大公约数(即所谓的“等数”)的方法。例如用“更相减损”法求91与49两数的最大公约数,其步骤为:先将91与49分列左右两行,由91减49,余42,再由49减42,余7,再由42减7,连续五次,最后余7。7就是所求得的“等数”,即91与49的最大公约数。更相减损法与辗转相除法在理论上是一致的。

(2) 正负数的概念与运算。在《九章算术》中,由于解线性方程组的需要而引入了“正负数”的概念,明确提出了正负数的加减法法则。在“方程”章给出的正负术曰:“同名相除,异名相益,正无入负之,负无入正之。其异名相除,同名相益,正无入正之,负无入负之。”其中“同名”与“异名”分别是指“同号”与“异号”,“相除”与“相益”分别指两数绝对值的相加和相减,“无入”是指没有对方(刘徽注说:“无入,为无对也。”)。这样,前四句为“减法法则”,后四句为“加法法则”,若用现代符号,“正负术”可表示为:设$a>b>0$。

减法法则:

$(\pm a)-(\pm b)=\pm(a-b)$,$(\pm a)-(\mp b)=\pm(a+b)$,
$0-(+)a=-a$,$0-(-a)=+a$.

加法法则:

$(\pm a)+(\mp b)=\pm(a-b)$,$(\pm a)+(\pm b)=\pm(a+b)$,
$0+(+)a=+a$,$0+(-a)=-a$.

正负数的确切定义是刘徽在“正负术”注中给出的,即为“两算得失相反,要令正负以名之”,并提出了正负数的算筹表示方法:“正算赤,负算黑,否则以邪(斜)正为异”。也就是说用红色的筹或正放的筹表示正数,而用黑色的筹或斜放的筹表示负数。

《九章算术》所给出的“正负术”在世界数学史上写下了浓重

的一笔。世界各民族对负数的认识和运用,在时间上的差异是很大的。印度数学家在公元7世纪开始使用负数,而在西方数学中对负数的认识和使用却非常的艰难,甚至到16世纪韦达(F. Vieta,1540—1603)的著作还回避负数的使用,直到19世纪才完全确立了负数在数学中的地位。

(3) 无理数的概念。在西方数学中,人们对无理数的认识也是非常缓慢的,甚至是痛苦的,无理数的出现曾引起了“第一次数学危机”。但在中国,和负数一样,人们对无理数的接纳却显得那样的心安理得,在无理数的运用上又是那样的得心应手。在“少广”章的“开方术”中说“若开之不尽者,为不可开,当以面命之。”在中国古代数学中,“面”是指平面图形的边,在“开方术”中应该是指正方形的一边。“以面命之”的意思是将这个开不尽方的数借助“面”来表示。这里的“面”相当于现代用根号表示无理数中的被开方数。关于无理数的无限性,在刘徽的注中给予了深刻的揭示,在开方术注中说:“不以面命之,加定法如前,求其微数(指小数部分)。微数无名者以为分子,其一退以十为母,其再退以百为母。退之弥下,其分弥细。”实际上,刘徽提出了用十进制分数来表示这个开不尽方的数,并且运用了极限的思想,这在本质上与现代的十进制小数(无限不循环小数)来表示无理数是一致的。

二、比率算法与比例理论

关于比率算法与比例的理论可以说是《九章算术》讨论最详尽、应用最广泛的一项知识,它作为《九章算术》的基础知识理论,提纲挈领地贯通全书,“中国古代数学长于计算。要计算错综复杂的数学问题,首先必须找到一种量作标准,进而求出各种量之间的关系。数学概率‘率’承担了这个职责”(郭书春《古代世界数学泰斗刘徽》)。

率的本意是标准、法度、准则。刘徽把率的应用拓展到《九章算术》的大部分算法,并对比率算法视为“算之纲举”、“甚足珍贵”,而且刘徽在方田章“经分术”注中给出“率”的定义:“凡数相与者谓之率”,就是凡是一组有着比例变化的相依关系的量都叫做“率”。粗糙地说,凡是两数相比的结果都叫做“率”。例如圆的周长与直径是一对“相与”之数,故称为周率与径率。接着刘徽说“率者,自相与通。有分则散,分重叠则约也。等除法实,相与率也”。就是说,所有的率之间均是相通的(即可以互化)。率是可以进行约简的。约简之后的率(即最简比)称为“相与率”。可见,我国古代,“率”的概念一开始就同分数、除法相联系。

《九章算术》中直接讨论“率算法”的内容主要集中在“粟米”、“衰分”、“均输”三章,(其他章也有),共约200个题。大部分“术”,作为基础或明或暗地被应用到其他各章的术当中,例如“今有术”主要是比率算法,它具有普遍性,而率更广,还有“少广”中的“少广术”所解的诸题,现举一例如下:

“少广”章第五题:今有田广一步半、三分步之一、四分步之一、五分步之一、六分步之一。求田一亩①,问从几何。

答曰:九十七步四十九分步之四十七。

术曰:下有六分,以一为一百二十,半为六十,三分之一为四十,四分之一为三十,五分之一为二十四,六分之一为二十,并之得二百九十四,以为法。置田二百四十步,亦以一百二十乘之,为实。实如法得从步。

这是一道已知矩形面积和宽,求矩形长的分数除法题,其中宽为$\left(1\frac{1}{2}+\frac{1}{3}+\frac{1}{4}+\frac{1}{5}+\frac{1}{6}\right)$步。术文所给的方法实际上是,用诸分母的公倍数120分别乘以矩形的面积与宽,将宽化为整数,然后以面积除以宽可得矩形的长。稍经分析便可发现,这里应用了“衰分术”(即按比例分配)的思想。若设矩形的长为x,则可得如下的方程:

$$x\left(1\frac{1}{2}+\frac{1}{3}+\frac{1}{4}+\frac{1}{5}+\frac{1}{6}\right)=240$$

若令x取120份,则240所对应的份数是249,那么平均每一

① 中国古代,1亩=240平方步。

份就是 240÷249,因此,$x=120\times240\div249=97\frac{47}{49}$(步)。

有趣的是,这种思想与 3000 多年前古埃及"莱茵特纸草书"上所记载的、用来解一元一次方程的"假位法"[①]竟如出一辙,本质上是完全相同的。

三、盈不足术

盈不足术是《九章算术》给出的特别灵巧而又具有一般性的解决实际问题的方法。它把假设实验与推理论证有机地结合起来,通过两次试算,将一般应用问题转化为特定的盈亏类数学模型,从而用固定的演算程序来求解。

《九章算术》中的盈不足问题可表示为下面的数学模型:

"今有共买物,人出 x_1(钱),盈 y_1;人出 x_2,不足 y_2。问人物各几何。"

盈不足术曰:"置所出率,盈、不足各居其下。令维乘[②]所出率,并以为实。并盈、不足为法。实如法而一。有分者,通之。盈不足相与同其买物者,置所出率,以少减多,余,以约法、实。实为物价,法为人数。"

若设每人实际应出钱数为 x_0,人数为 A,物价为 B,则盈不足术可用表示成如下三个公式:

$$x_0=\frac{x_1y_2+x_2y_1}{y_1+y_2},A=\frac{x_1y_2+x_2y_1}{x_1-x_2},B=\frac{y_1+y_2}{x_1-x_2}。$$

通过两次假设试算,几乎可以将所有的算术问题,转化为盈亏类问题来求解。在"盈不足"章中用这种方法解决了许多妙趣横生的实际问题,概括起来有相遇问题、追击问题、物价问题、本息问题等,还涉及等差数列与等比数列等数学知识。盈不足术实质上是一种线性插值法,这不论是在实际应用上,还是在数学理论上都有很高的价值。

---

① 李文林:数学史概论(第二版)[M],北京:高等教育出版社,2002,20。

② 维乘,即交叉相乘。

盈不足术在世界数学史上流传甚广，在中世纪的阿拉伯数学著作中称其为“契丹算法”，即中国算法。13世纪意大利数学家斐波那契名作《算经》（又译作《算盘书》（公元202年））一书中，有一章专门介绍“契丹算法”。

四、开方术

中国的开方运算起源于对长度的推算。“开”有分开之意，开平方是指：已知正方形的面积，求其一边的长；开立方是指：已知立方体的体积，求其一棱的长。《九章算术》少广章第十二题是：

“今有积五万五千二百二十五（平方）步。问为方几何。”

用现代符号来表示，本题所给出的开方术①相当于解方程

$$x^2=55225。$$

具体步骤为：首先作倍根变换，令 $x=10^2x_1$，方程变为：

$$(100x_1)^2=55225。$$

估计得 x_1 的整数部分为2，作减根变换，令 $x_1=2+10^{-1}x_2$，则方程变为：

$$(10x_2)^2+400(10x_2)=15225,$$

略去平方项，估计得 x_2 的整数部分为3，再次作减根变换，令 $x_2=3+10^{-1}x_3$，则方程变为：

$$x_3^2+460x_3=2325,$$

又略去平方项，估计得 x_3 的整数部分为5，令 $x_3=5+10^{-1}x_4$，代入方程可得：

$$x_4=0,$$

由此得出，$x=235$。

从以上变换过程很容易看出，筹算开平方法与现代笔算开平方法的原理是一样的。

关于开方运算以及由此而引出的“无理数”，是古代世界各国数

① 开方术的内容及筹算开平方法请详见徐品方：白话九章算术，成都：成都时代出版社，2002，136—142.

学界均感兴趣的一个课题。巴比伦采用的是用一种逐次求平均值的方法来进行开方运算的,具体做法为:设 $x=\sqrt{a}$ 是所求的平方根,首先估计 x 的第一次近似值 a_1,令 $b_1=\frac{a}{a_1}$(也是 x 的一个近似值),则取算术平均值 $a_2=\frac{1}{2}(a_1+b_1)$ 为 x 的第二次近似值;再令 $b_2=\frac{a}{a_2}$,取算术平均值 $a_3=\frac{1}{2}(a_2+b_2)$ 便是第三次近似值,再继续重复这一程序,就可以得到越来越好的近似值。这种方法操作起来非常简单,然而对每一次近似值的精确度的判断却不是显而易见的,不像中国筹算开平方法那样,每次求得的数字都是有效数字。

因此,东、西方数学家在对无理数的认识与心理体验上的巨大差异是不难理解的。

五、方程术

《九章算术》中的"方程术"是我国最早记载的关于线性方程组的解法,其理论基础是比率算法。对此,刘徽在方程术的注释中指出:其中的每一个方程,就是一组比率关系,对之施行"遍乘"、"直除"等变换时,仍能保持"不失本率"。"遍乘"是指用某一个数去乘一个方程的每一项,"直除"是指用一个方程连续的减去另一个方程,"不失本率"的含义就是施行"遍乘"、"直除"等变换后,方程组的解是不会改变的,由此可见,"方程术"(又叫直除法),不论是理论上,还是所施行的变换上,与现代代数中的加减消元法都是完全一致的。"方程术"是《九章算术》中的一项非常了不起的成就,"是世界数学史上的一颗明珠",西方数学中采用类似的方法求解线性方程组已是近代的事,被称为"高斯消元法",这比《九章算术》要晚近 2000 年。

在"方程术"中还有两点很值得我们注意:一是"正负术"的给出,在方程术中,当用遍乘直除法进行消元时,可能出现"减不开"的情形,不引入负数就不可能保障"直除"程序的进行。因此,中国古代数学中的"正负数"的概念是因解方程的需要而产生的。

二是用算筹布列方程时“未知数”的表示。众所周知,在中国古代数学中是没有符号系统的,在“方程术”中“未知数”是用算筹布列的特定位置来表示的。在方程组的一行(古代数学中方程采用的是竖式)不同位置的算筹既表示不同的“未知数”,也表示相应“未知数”的系数。

六、勾股定理

勾股定理自古至今都是最富活力的数学产物,对勾股定理的认识与应用的程度,可以说是一个民族数学理性水平的标志。《九章算术》的“勾股”章是中国古代最早的系统的勾股理论,包括勾股定理与勾股术、整数勾股弦、勾股容方与勾股容圆,以及勾股测量等问题,其中所给出的例题,既充满趣味性,又具有启发性。这里仅介绍“整数勾股弦”方面的成果。

整数勾股弦,简称“勾股数”,就是指方程 $x^2+y^2=z^2$ 的非零正整数解。在“勾股”章的第十四题与第二十一题中,虽然使用“东行率”、“南行率”、“邪行率”等名称,但实际上给出了求“勾股数”的一般公式。

第十四题:“今有二人同行所立。甲行率七,乙行率三。乙东行;甲南行十步而邪东北,与乙会。问甲乙行各几何。”

答曰:“乙东行一十步半;甲邪行一十四步及之。”

术曰:“令七自乘,三亦自乘,并而半之,以为甲邪行率。邪行率减于七自乘,余为南行率。以三乘七为乙东行率。置南行十步,以甲邪行率乘之。副置十步,以乙东行率剩之,各自为实。实如南行率而一,各得行数。”

设南行步数为勾 a,东行为股步数 b,邪(斜)行步数为弦 c;又设甲行率为 m,乙行率为 n,则依“术文”有:

$$\text{邪行率}=\frac{m^2+n^2}{2},\text{南行率}=m^2-\frac{m^2+n^2}{2},\text{东行率}=mn。$$

由此可得到如下比例关系:

$$a:b:c=\left(m^2-\frac{m^2+n^2}{2}\right):nm:\frac{m^2+n^2}{2},$$

或 $m^2-n^2, 2nm, m^2+n^2$。

这是求勾股弦数的一般公式，当公式右端的三个率是正整数时，就成为求“勾股数”的公式。将本题中的 $m=7, n=3$ 代入此公式便很容易得出“答曰”中的结果。

在“勾股”章中，共给出了八组“勾股数”：(3,4,5)；(5,12,13)；(7,24,25)；(8,15,17)；(20,21,29)；(20,99,101)；(48,55,73)；(60,91,109)。

一般认为，在数学史上，最早给出上述求“勾股数”公式(1)的是巴比伦人，其中 m、n 互素，$m>n$，且不同为奇数。公元6世纪，印度数学家婆罗摩笈多也给出(1)的勾股数表达式(m、n 为任意整数)。

3.2.4 刘徽的数学成就

刘徽(图3-7)是中国古代最卓越的数学家之一，在世界数学史上，占有杰出的地位，正如我国学者李迪先生所说：“在刘徽的时代，很难在世界范围内找到一个能够和刘徽相比的数学家。”他不仅是中国传统数学知识和成果的继承者和创造者，同时也是中国传统数学理论的奠基者。他一方面搜集前人和同代人研究《九章算术》的成果，采其所长；一方面深入研究，“探赜之暇，遂悟其意”，写下了自己伟大的数学发现与创造，他的杰作《九章算术注》与《海岛算经》成为我国乃至世界的宝贵数学遗产，它标志着中国传统数学完成了由感性向理性、由或然性向必然性的升华。

图3-7 刘徽

刘徽在数学上的建树颇丰，几乎涉及中国古代数学的各个方面。他是世界上最早提出十进小数概念的人，并用十进小数来表示无理数。

在代数方面，他正确地提出了正负数的概念及其加减运算的法则；改进了线性方程组的解法；在中国第一次提出不定方程问题；建立了等差级数前 n 项和的公式；在几何方面，提出了“割圆术”，即用内接或外切正多边形逐步逼近圆，其要旨是用来证明圆面积公式 $s=\frac{1}{2}cr$（c 周长，r 半径）。“割之弥细，所失弥少，割之又割以至于不可割，则与圆合体而无所失矣”，其极限过程是为证明圆面积公式服务的。而求出圆周率 $\pi=3.14$ 是它的副产物和必要补充。指出了《九章算术》中球体积公式的错误，并为推导准确的球体积公式，天才地设计了具有历史价值的“牟合方盖”（直径相同的两个正交圆柱的公共部分），为日后祖暅球体积公式的推导奠定了基础等。

刘徽可以说是中国古代系统研究数学思想方法的第一人，以下将简要介绍他在这方面所取得的成果。

一、化归的思想

刘徽《九章算术注原序》中说：“事类相推，各有攸归。故枝条虽分而同本干者，知发其一端而已。”认为数学对象总可以归并为若干类型，掌握了某些基本的关系与方法后，就可引而伸之，触类旁通。因此，各种数学方法和理论，虽然形式多样，但它们之间是有联系的，犹如一株枝繁叶茂的大树，尽管分成不同的枝条，却有着同一的主干，发生于同一个根源。这种将问题归结为基本的数量关系或图形结构的思想和方法，在刘徽的注文中是非常普遍的。如《九章算术》粟米、衰分和均输三章都是关于比例和比例分配的问题，内容交错、重复。刘徽用“率”统一了这三章的方法，不仅把比例、比例分配归结为“今有术”，而且将分数、追及、行程、程功、利息、均输等一般算术问题都化为今有术问题，指出：今有术，“此都术也。”刘徽又推而广之，将“率”应用于面积、体积、解勾股形、盈不足、方程等问题，使“率”成为计算问题的纲纪，强调说：

“乘以散之，约以聚之，齐同以通之①，此其算之纲纪乎。”即将“率”作为计算问题的基础。

化归思想体现最为突出的是在所谓的“棊②验法”中。关于方亭（平截头方锥）、方锥、刍甍（上底为一线段，下底为矩形的拟柱体）与刍童的体积公式，刘徽是通过将它们分解为立方、堑堵（底面为直角三角形的直三棱台）、阳马三种标准“棊”来推证的，他称这三种“棊”为“三品棊”，如图 3-8 所示。并指出：“此章有堑堵、阳马，皆合而成立方。盖说算者乃立棊三品，以效高深之积。”

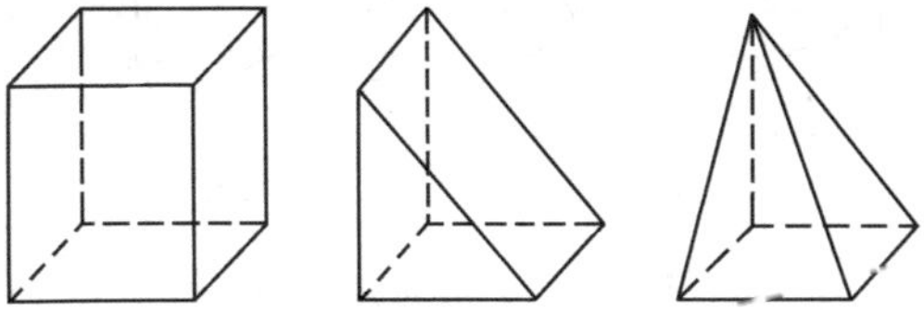

图 3-8 三品棊

二、出入相补原理与图形证明的思想

刘徽说：“又所析理以辞，解体以图，庶亦约而能周，通而不黩，贤之者思之过半矣。”他将逻辑推理与图形分析有机地结合起来，使得他的证明简洁明了。尤其是他对图形的分、合、移、补即所谓的“以盈补虚”，其技法可以说达到了炉火纯青的地步。他用“出入相补原理”不但给出了三角形、梯形等面积公式的证明，而且还巧妙地对勾股定理、勾股容方公式以及勾股容圆公式进行了证明。

刘徽在《九章算术》的“勾股术”注中说：“勾自乘为朱方，股自乘为青方，今出入相补，各从其类，因就其余不移动也。合成弦方

① 乘以散之：用一（不为零的）的数同乘比率中的各数；约以聚之：用一（不为零的）的数同除比率中的各数；齐同以通之：在两组比率中，每组各以一适当的数遍乘，使得两组中某一同名之率具有相同的值。

② 棊：是指基本的几何图形。

之幂，开方除之，即弦也。”这就是刘徽给出的勾股定理的“以盈补虚”的图形证明。据说刘徽当时绘有图形，但所绘之图早已散失。图3-9的两种方法，分别将Ⅰ、Ⅱ、Ⅲ移到Ⅰ′、Ⅱ′、Ⅲ′，是比较常见的两种推测。

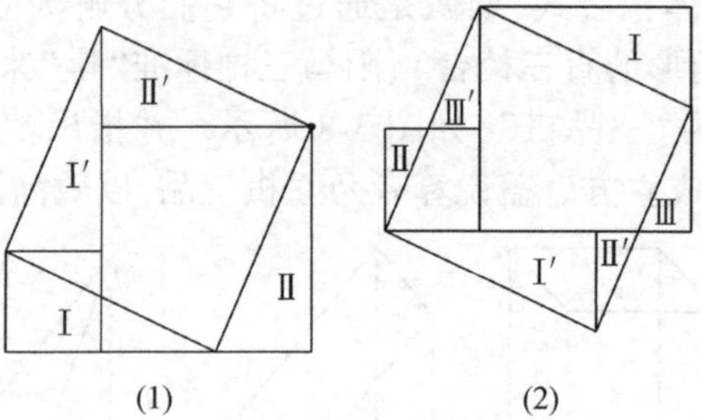

图3-9　勾股定理证明

刘徽还将出入相补原理应用在多面体体积公式的推导之中，得出了所谓的“刘徽体积原理”。在《九章算术》“商功”章的“阳马术”的注中说：“邪解立方得两堑堵，邪解堑堵，其一为阳马，一为鳖臑（各面均为直角三角形的四面体），阳马居二，鳖臑居一，不易之率也。合两鳖臑成一阳马，合三阳马而成一立方，故三而一。”其中的“$V_{\text{阳马}}:V_{\text{鳖臑}}=2:1$”被称为“刘徽体积原理”，它是刘徽推导《九章算术》中，各种直线型立体体积公式的基础。

三、“分割术”与极限思想

刘徽是我国最早运用极限思想进行数学研究的数学家。与现代的“极限”知识相比，刘徽的极限概念具有直观性强的特点（有很丰富的几何背景），在方法上具有很强的可操作性；而且，在实际的应用上，刘徽可以说是运用自如，游刃有余。他给出了用内接多边形面积无限逼近弓形面积的具体计算方法；采用无限分割的方法证明了前面所叙述的“刘徽体积原理”；历史性地给出用十进制小数来表示“开不尽方”者（无理数）的操作方法，其中蕴涵着用无限小数逼近无理数的现代数学思想；而极限思想运用最为成功的,在数学史上具有光辉地位的是,他应用自己所创造的以极限思想为基础的“割圆术”,证明了《九章算术》中的圆面积公式,建立了推算圆周率的科学方法。

刘徽是在《九章算术》方田章“圆田术”注中提出“割圆术”的,其要旨是证明圆面积公式等。在刘徽的注文中包含具有以下形式的关系式:

(1) $S_{2n}=\frac{1}{2}L_n r$;

(2) $S_{圆}=\lim S_n=\frac{1}{2}cr$;

(3) $S_{2n}<S_{圆}<S_{2n}+(S_{2n}-S_n)$。

其中,r,c,$S_{圆}$分别是圆的半径、周长和面积;L_n,S_n 分别是圆内接正多边形的周长和面积。

刘徽取圆的半径(也是内接正六边形的边长)r 为 1 尺,一直计算到圆内接 192 边形,得出了圆周率的近似值 $\pi=3.14$,化成分数为$\frac{157}{50}$,这便是有名的“徽率”,刘徽进一步指出:“此率尚微少”,据说他继续求得内接正 3072 边形的面积,从而推得圆周率为:

$$\pi=\frac{3927}{1250}\approx 3.1416。$$

四、截面原理与“牟合方盖”

刘徽在推证圆柱、圆锥、圆台等体积公式时,应用了如下方法:首先分别作其外切正四棱柱、锥、台,然后作与底面平行的截面,则分别截得一圆及其外切正方形。刘徽指出,它们的面积之比恒等于 $\pi:4$,并且相应的两个立体体积之比也应为 $\pi:4$。他由此很方便地推证了圆柱、圆锥、圆台的体积公式。其中的关系式:

$$V_{圆柱(锥、台)}:V_{外切正四棱柱(锥、台)}=S_{截面圆}:S_{圆外切正方形}=\pi:4$$

被称为“截面原理”。这实际上是“祖暅原理”或“卡瓦列里原理”的特殊情形。

刘徽在为《九章算术》“少广”章“立圆术”做注时指出,书中

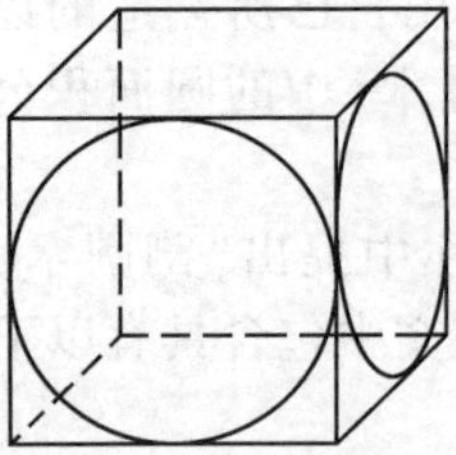

图 3-10　两正交圆柱公共部分

的球体积公式：$V\frac{16}{9}D^3$（D 是球的直径）是不正确的，他很想用“截面原理”来推导球体积的准确公式，由此，他设计了精美奇妙的“牟合方盖①”——两个直径相等的成正交的圆柱的公共部分，形似上下相合的两把伞；刘徽另外又用全等的皆似阳马的“八棋”构造成“牟合方盖”。如图 3-10、图 3-11、图 3-12 所示。

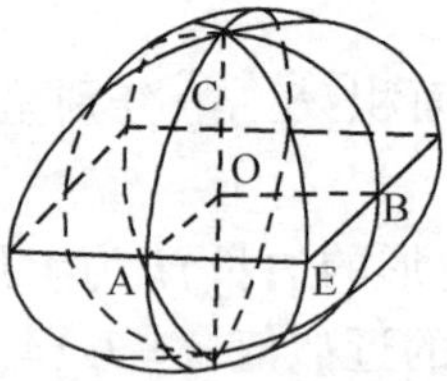

图 3-11　牟合方盖

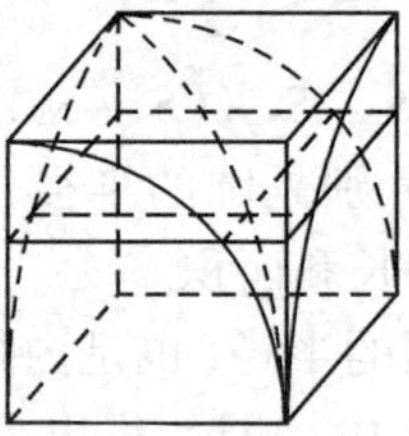

图 3-12　立方体、球、牟合方盖的八分之一

显然，“牟合方盖”恰好可以外切一球，水平截面为正方形，由“截面原理”则可得出如下关系：$V_{球} : V_{牟} = \pi : 4$。

这样只要求得“牟合方盖”的体积，即可获得球的体积。可惜他对这个“判合总结，方圆相缠，浓纤诡互，不可等正”的图形的求积问题未能予以解决，只能“敢不厥疑，以俟能言者”！然而，正是在这个基础上，200 多年后的祖冲之父子才最终获得了球体积的精确公式。

3.3　“双九章”之二——《数书九章》与秦九韶

宋元时代（公元 960—1368），手工业如冶炼、纺织、陶瓷等都

---

① 牟：与“侔”相通，有相等之意；盖：指伞。

已初具规模,土木工程和水利工程达到了较高的水平,商业和外贸比较兴旺,科学技术也很繁荣。古代四大发明中的三项——火药、指南针和活字印刷术均产生于这一时期。尤其活字印刷术的普遍使用为中国数学的发展、保存和传播注入了无限的活力。正是在这样的社会背景下,使得中国传统数学的发展在宋元时代达到了高峰,一时间,数学人才辈出,名家云集,其中代表人物是"宋元四大家":秦九韶、杨辉、李冶、朱世杰,此外还有贾宪、刘益、沈括、王恂(1235—1281)和郭守敬(1231—1316)等。同时涌现出了大量的数学著作,据不完全统计,仅两宋约300年间,部分书目有95种,其中著名的数学著作就有54种之多①。

3.3.1 秦九韶的生平

秦九韶(1202—1261年以后)(图3-13),字道古。普州安岳(今四川省安岳县)人,是南宋著名的数学家。其父秦季槱,字宏父,绍熙四年(1193)进士,后任巴州(今四川巴中)守。嘉定十二年(1219)三月,兴元(今陕西汉中)军士张福、莫简等发动兵变,入川后攻取利州(今广元)、阆州(今阆中)、果州(今南充)、遂宁(今遂宁)、普州(今安岳)等地。在哗变军队进占巴州时,秦季槱弃城逃走,携全家辗转抵达南宋都城临安(今杭州)。在临安,秦季槱曾任工部郎(1222)中,后升任秘书少监(1224)。宝庆元年(1225)六月,被任命为潼川知府,返回四川,但秦季槱生卒年代不详。

秦九韶自幼随父母一起生活,其父非常重视他的成长和对他的教育,在任职工部郎中和秘书少监期间,为他的学习与知识的积累提供了有利的条件。工部郎中掌管营建,而秘书省则掌管图书,其下属机构设有太史局,因此,秦九韶有机会阅读大量典籍,并拜访天文历法和建筑等方面的专家。秦九韶在其《数书九章》(图3-14)自序中称:"早岁侍亲中都(今杭州),因得访习于太史,又尝从隐君子受数学。"他还向著名词人李刘学习骈俪诗词,并且

① 李迪:中国数学史简编[M],沈阳:辽宁人民出版社,1984,149—151。

达到了较高的水平。通过这样广纳博取，勤奋好学的秦九韶逐渐成长为文理兼通、博学多艺的一代名家。当时的“填词小说之才”周密说他“性极机巧，星象、音律、算术，以至营造等事，无不精究……游戏、毬、马、弓、剑，莫不能知。”

图 3-13　安岳秦九韶纪念馆中秦九韶雕像

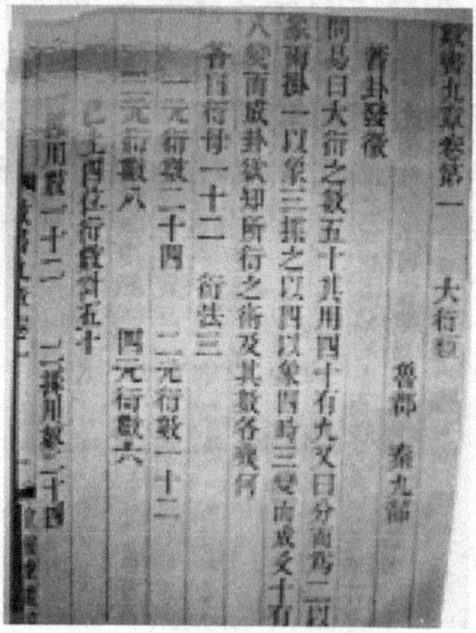

數書九章卷第一　大衍類

魯郡　秦九韶

蓍卦發微

問易曰大衍之數五十其用四十有九又曰分而為二以象兩掛一以象三揲之以四以象四時三變而成爻十有八變而成卦欲知所衍之術及其數各幾何

答曰衍母一十二　衍法三

一元衍數二十四　二元衍數一十二

三元衍數八　四元衍數六

已上四位衍數計五十

用數一十二　二揲用數二十四

图 3-14　《数书九章》卷一中一页

1225 年，秦九韶随父亲至潼川；“年十八在乡里义兵[①]首”；1226 年正月陪父亲到涪州（今浮陵）与涪州守太守同游，观长江中的“石鱼”并刻石题名；“绍定二年（1229）十月秦九韶擢县尉”，即潼川府县县尉（相当于现今的公安局长）；数年后，李刘曾邀请他到南宋国史院校勘书籍文献，但未成行；1235 元兵攻入四川，他在《数书九章》的自序中写道：“际时狄患，历岁遥塞，不自意全于矢石间，尝险罹忧，荏苒十祀，心槁气落。”由于战祸连年，潼川已难以安居，他只得离乡避难；出川后，曾先后担任过蕲州（今湖北蕲春）通判（相当于现今的督察）及和州（今安徽和县）守，最后定居

① 据《宋史》记载，“义兵”是一种地方武装的一部分。“义兵首”不入朝廷官阶。

湖州(今浙江吴兴)。

1244年8月,秦九韶以通直郎为建康府(今江苏南京)通判,11月因母丧离任,回湖州守孝。在此期间,他专心致志研究数学,于1247年完成数学名著《数书九章》。阐述自己的见解,并呈有奏稿和“数学大略”(即《数书九章》)。

1254年出任沿江制置使参议官,不久去职。此后,他依附当朝权贵贾似道,得于1258年任琼州(今广东雷州半岛)代理知州,3个月后被免职。从琼州回到湖州后,投靠吴潜,得到吴潜赏识,两人关系甚密,吴潜在1259年任命他为司农寺丞。在这段时间里,秦九韶热衷于谋求官职,追逐功名利禄,在科学上没有显著成绩。在南宋统治集团内部的激烈斗争中,由于吴潜被罢官贬谪,以及刘克庄奏状等原因,秦九韶受到牵连。约在景定三年(1262),他被贬至梅州做地方官,“在梅治政不辍”,不久便死于任所。

然而,与秦九韶伟大的数学成就相比,他的人品遭到当朝的刘克庄和周密等人的状告和指责。封建社会的许多官员,在为官过程中做了不少不光彩的事情,可能秦九韶也不例外。不过,秦九韶提出的治国主张却给我们是另一个形象,如:主张施仁政;关心国计民生;合理赋税;反对投降;主张抗敌;反对贪官污吏;……总之,“惟武图功,惟俭昭德”(用武力抵御外患,只有开源节流的勤俭,才能生财积德)。

3.3.2 《数书九章》的基本内容

《数书九章》是秦九韶1244—1247年为母亲守孝时完成的数学名著,原名可能为《数术大略》或《数学大略》,明代《永乐大典》和清代的《四库全书》引作《数学九章》;1615年道士赵琦美抄本录作《数书九章》,1842年收入宜稼堂丛书之中,由此而流传至今。

《数书九章》共十八卷,可以说是中世纪世界数学史上的鸿篇巨著;全书共收入81题,分为九大类,每类9题,其中九类的名称为:大衍、天时、田域、测望、赋役、钱谷、营建、军旅和市易。《九章算术》与《数书九章》在内容上的异同如下表①所示。

《九章算术》与《数书九章》的比较

《九章算术》		《数书九章》	
题目	内容	题目	内容
第一　方田	田地面积计算问题	第一　大衍	一次同余式组问题
第二　粟米	谷米等比例计算问题	第二　天时	天文、历法、气象等问题
第三　衰分	按一定比例分配问题	第三　田域	田地面积计算问题
第四　少广	由面积、体积求边长问题	第四　测望	勾股、重差、测量问题
第五　商功	推算各种工程问题	第五　赋役	田赋、税收问题
第六　均输	赋税、徭役摊派问题	第六　钱谷	粮谷转运和仓库问题
第七　盈不足	应用假设、推理解问题	第七　营建	建筑施工问题
第八　方程	解一次方程组问题	第八　军旅	兵营布置及供应问题
第九　勾股	解直角三角形问题	第九　市易	商品交易和利息问题

在问题的表述形式上,《九章算术》的顺序是:问—答—术;《数书九章》的顺序是:问—答—术—草—图。其中“术”主要说明解题步骤,具有一般性;“草”是根据“术”所写的具体演算过程(相当于现今教材中例题的解题过程);“图”是算筹具体摆法的图示。显然,与《九章算术》相比,《数书九章》对问题的解答更具有示范性和实用性;从问题的复杂程度、抽象程度与解题水平上,后者均高于前者,例如营建类“计定城筑”题的已知数有 88 个,赋役类“复邑修赋”题的答案竟有 180 条之多,测望类“遥度圆城”题是通过解一个十次方程来解答的。

3.3.3 《数书九章》的主要数学成就

一、大衍求一术

(1) 演变。“大衍求一术”是关于《孙子算经》中“物不知数”问题(也即一次同余式组)的一般性的解法,同时也是中国古代数

① 查有梁,吴永娣,周步骏,陈更生:杰出数学家秦九韶[M],北京:科学出版社,2003,40。

学中最著名的数学成就之一,而且也是秦九韶最为得意的数学作品,他把此问题的解法列为《数书九章》卷一的第一题的“术”,称为“大衍求一术”,由此可见秦九韶对“大衍求一术”是非常看重的。何为“大衍”,是因为秦九韶把此问题与我国古代的“八卦占卜”联系在一起,他从《周易·系辞传》上的“大衍之数五十,其用四十九”这句话中,摘取了“大衍”二字来为此术命名的。大衍者,大演也,具有演化、演变的意思。虽然此名有借用古人之意、附会“占卜算命”之嫌,但从此法的运演程序来看,用“大衍”为名还是比较合适的。

(2) 中国剩余定理。已知正整数 N 被 A_1 除余 R_1,被 A_2 除余 R_2,…,被 A_n 除余 R_n,即满足一次同余式组:

$$N \equiv R_i \pmod{A_i}, i=1,2,\cdots,n$$

若将 $\{A_1,A_2,\cdots,A_n\}$ 化约为一组两两互素的 $\{a_1,a_2,\cdots,a_n\}$,则满足条件的最小正整数解为:

$$N=\sum_{i=1}^{n} k_i R_i \frac{M}{a_i}-pM$$

其中 $M=\prod_{i=1}^{n} a_i$,p 使 N 为正数的最大正整数,而 k_i 则满足如下关系:

$$k_i \frac{M}{a_i} \equiv 1 \pmod{a_i}, i=1,2,\cdots,n$$

秦九韶在“大衍总数术”中对其中的每一个数都规定了一个专门的术语。如 $A_i(i=1,2,\cdots,n)$ 称为问数;$a_i(i=1,2,\cdots,n)$ 称为定数;M 称为衍母;$M_i\ \frac{M}{a_i}(i=1,2,\cdots,n)$ 称为衍数;满足 $M_i \equiv g_i \pmod{a_i}, 0<g_i<a_i(i=1,2,\cdots,n)$ 的正整数 g_i 称为奇数;$k_i(i=1,2,\cdots,n)$ 称为乘数等。

应用中国剩余定理的关键是求出各乘数 $k_i(i=1,2,\cdots,n)$,对此秦九韶给出了“大衍求一术”算法。

(3) 大衍求一术(秦九韶算法)。“置奇右上,定居右下。立天元一于左上,先以右上除右下,所得商数,与左上一相生(相乘),入左下。然后乃以右行上下,以少除多,递互除之。所得商数,随即递互累乘,归左行上下,须使右上末后奇一而止。乃验左上所得,以为乘率,或奇数已具单一者,便为乘率。"若用现代的符号,秦九韶算法可表示为如下程序:

$$
\begin{array}{ll}
a_i = g_i q_1 + r_1, 0<r_1<g_1 & c_1 = q_1 \times 1 = q_1 \\
g_i = r_1 q_2 + r_2, 0<r_2<r_1 & c_2 = q_2 \times c_1 + 1 \\
r_1 = r_2 q_3 + r_3, 0<r_3<r_2 & c_3 = q_3 \times c_2 + c_1 \\
r_2 = r_3 q_4 + r_4, 0<r_4<r_3 & c_4 = q_4 \times c_3 + c_2 \\
\cdots\cdots & \cdots\cdots \\
r_{n-2} = r_{n-1} q_n + r_n, 0<r_n<r_{n-1} & c_n = q_n \times c_{n-1} + c_{n-2}
\end{array}
$$

最后,若 $r_n=1$ 时,就不再往下计算了,这时的 c_n 就是所求的乘数 k_i;当奇数 $g_i=1$ 时,则直接取 $k_i=1$。显然,所谓"求一术"就是用辗转相除,直到余数等于 1 时为止,从而得出乘数 k_i 的方法。

(4) 发展。在数学的发展过程中,关于一次同余式组的求解,一直是各国数学家均感兴趣的一个问题。比利时数学史家李倍始(U. Libbrecht)在《13 世纪中国数学》(Chinese Mathematics in the Thirteenth Century,1973)一书中对从《孙子算经》到 19 世纪末斯提尔吉斯共 15 个有代表性的解决同余组的数学家或著作进行了比较。他对一次同余式组的解法提出了 10 种高度,由低到高依次为:

① 提出问题,附特解,未述解法。

② 零散设题,算法限于一些特殊数据。

③ 限于一套数据的某种算法。

④ 限于特例的证明。

⑤ 两两互素模的一般算法,未解。

⑥ 两两互素模的一般算法,有解。

⑦ 两两不互素模的一般解法,未证。

⑧ 两两不互素模的一般解法,并给出有解的条件。

⑨ 给出⑤的证明。

⑩ 给出⑥的证明。

各国数学家或著作所达到的高度列表如下①。

数学家(事件)	年代	十种高度									
		1	2	3	4	5	6	7	8	9	10
《孙子算经》	约公元400?	√	√								
斐波那契 Leonando Fibonacci	1202	√	√	√							
秦九韶	1247	√	√	√		√	√	√	√		
杨辉	1275	√	√	√							
阿古洛斯(I. Argyros)	约1350	√	√								
严恭	1372	√									
慕尼黑手稿	约1450	√	√	√	√	?					
玉山若干(Rogiomontanus)	约1460	√	?								
哥廷根手稿	约1550	√	√	√	√	√	√	√			
程大位	1592	√	√								
休顿(V. Schooten)	1657	√	√	√		√					
贝维立基(Beveridge)	1669	√	√	√	√	√				√	
欧拉(L. Euler)	1743	√	√	√	√	√	√			√	
高斯(F. C. Gauss)	1801	√	√	√	√	√	√			√	
斯提尔吉斯(Stieltjes)	1890	√	√	√	√	√	√	√	√	√	√

通过比较,李倍始排出了各数学家或著作所达到高度的名次:斯提尔吉斯,欧拉/高斯,秦九韶,贝维立基,哥廷根手稿,休顿,慕尼黑手稿,斐波那契,杨辉,《孙子算经》,阿古洛斯,程大位,严恭,玉山若干。

按时间来看,秦九韶达到(6)、(7)高度后,西方经过300多年才达到,又经过400多年才赶上秦九韶达到的(8)的高度。美国科学史家萨顿(G. Sarton,1884—1956)称秦九韶是“他那个民族、

① 吴文俊:秦九韶与《数书九章》[C],北京:北京师范大学出版社,1987,476。

他那个时代，甚至所有时代中国的最伟大数学家之一。”

二、三斜求积公式

在《数书九章》的田域类中有这样的一道题：“问沙田一段，有三斜，其小斜一十三里，中斜一十四里，大斜一十五里。里法三百步，欲知为田几何？答曰：田积三百一十五顷。”其意为：“有三角形沙田一块，其三边的长分别为13里、14里和15里，一里按三百步计算，问这块沙田的面积是多少？答案是：沙田的面积为315顷。”①

在书中，秦九韶为此题给出的“术”为：“以少广求之。以小斜幂并大斜幂，减中斜幂，余半之，自乘于上。以小斜幂乘大斜幂，减上，余四约之，为实。一为从隅，开平方，得积。”此术的意思是：可用《九章算术》少广章中的开平方法来解决。先以小边(a)的平方加上大边(c)的平方，再减去中边(b)的平方，结果除以2，再自乘，即得结果$\left(\frac{a^2+c^2-b^2}{2}\right)^2$；然后，再以小边平方乘大边平方减去上述结果，之差除以4，其结果作为二次方程的常数项，即$\frac{1}{4}\left[a^2c^2-\left(\frac{a^2+c^2-b^2}{2}\right)^2\right]$，再以1作为二项系数；最后利用直接开平方法，便可得三角形沙田的面积：

$$S=\sqrt{\frac{1}{4}\left[a^2c^2-\left(\frac{a^2+c^2-b^2}{2}\right)^2\right]}$$

这就是我国古代数学中有名的秦九韶“三斜求积公式”。不过在《数书九章》中，秦九韶并没有给出此公式的推导过程。至于他是如何得到这个公式的，现已不得而知。

关于“已知三边求三角形的面积”，这也是各国数学家感兴趣的问题。在古希腊、阿拉伯、印度等数学著作中都出现过。最早是阿基米德发现，数学家海伦所著的《度量论》中，记载了如下形

---

① 在《数书九章》中，秦九韶取1里=360步(与此题1里=300步不同)，1步=5尺，1尺=10寸，1亩=240(平方)步，1顷=100亩。

式的三角形面积公式即海伦公式：

$$S=\sqrt{s(s-a)(s-b)(s-c)}$$

其中 a,b,c，分别为三角形三边之长；$s=\frac{1}{2}(a+b+c)$。

很容易证明海伦公式与秦九韶的三斜求积公式是等价的。

三、正负开方术

在中国古代数学中，把求解一元高次（包括二次）方程正根的方法称为“开方术”，它是中国古代数学中最为完善的数学内容之一。在《数书九章》中，可以与“大衍求一术”相媲美的数学成就是“正负开方术”，它是秦九韶在《九章算术》开方术的基础上，以贾宪的增乘开方术为主体，以刘益方程系数不受限制的思想为主导，创造出高次方程数值解法。在书中，用正负开方术解决了 21 个问题，共列出了 26 个方程，其中二次方程 20 个，三次方程 1 个，四次方程 4 个，十次方程 1 个，大都给出了详细的解答过程（即“草”）。

秦九韶将方程分成了许多类型，并且取了一些有趣的名称，除沿袭前人称未知数为“天元数”之外，方程的奇次项系数为零时叫做“开玲珑某乘方”；当最高次项系数不为 1 时，则称之为“开连枝某乘方”；当方程经 $x=a+y$ 代换后，所得新方程常数项符号不变且绝对值增大时，就叫做“投胎”，而如果常数项由负变正，则称为“换骨”。秦九韶还用图形表示高次方程，用今式表为 $a_0x^n+a_1x^{n-1}+a_2x^{n-2}+\cdots+a_{n-1}x-a_n=0$，其中高次项系数 $a_0\neq0$，常数项 $a_n>0$（如图 3-15），图中的数字他用算筹表示。秦九韶把方程中最高次项系数称为“隅”，一次项系数称为方，常数项称为“实”，而其余各项系数称为“廉”；并且给出了方程中系数为正负的规则：“‘商’常为正（根永远是正的），‘实’常为负，‘从’常为正（冠以‘从’字的项是正项），‘益’常为负（冠以‘益’字的项是负项）。”

a	商
a_0	实
a_{n-1}	方
a_{n-2}	上廉
a_{n-3}	二廉
$\vdots$	各廉
a_1	下廉
a_0	隅

图 3-15

《数书九章》田域类的“尖田求积”题中对“正负开方术”进行完整的表述。“尖田求积”题是:“问有两尖田一段,其尖长不等。两大斜三十九步,两小斜二十五步,中广三十步。欲知其积几何?答曰:田积八百四十步。”在书中,此题是通过解一个四次方程来求解的,其中的“术”给出的是布列方程的方法,“草”给出的是用“正负开方术”求此方程正根的具体步骤。

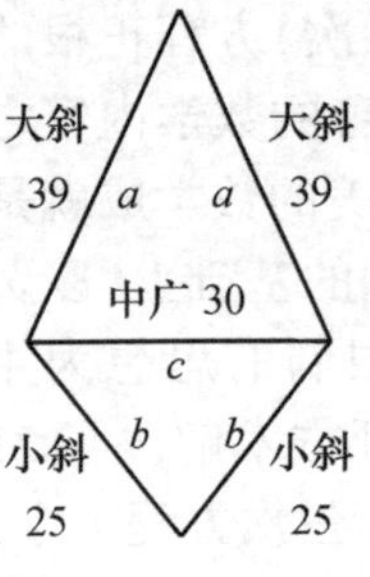

图 3-16

如图 3-16,若设大斜为 a,小斜为 b,中广为 c,则术文中给出的方程为:

$$-x^4+2\left(\frac{c}{2}\right)^2\left[a^2+b^2-2\left(\frac{c}{2}\right)^2\right]x^2-\left(\frac{c}{2}\right)^4(a^2-b^2)^2=0$$

将具体数据代入可得如下方程:

$$-x^4+736\ 200x^2-40\ 642\ 560\ 000=0$$

在细草中,秦九韶一共使用了 25 个算筹图式来解这个方程,其主要步骤为:

首先进行倍根变换:$x=100x_1$,将原方程变为:

$$-(100x_1)^4-736\ 200(100x_1)^2-40\ 642\ 560\ 000=0$$

其次进行估根,议得根百位数字是 8,做减根变换:$x_2=x_1-8$,方程变为:

$$-(10x_2)^4-3\ 200(10x_2)^3-3\ 076\ 800(10x_2)^2-826\ 880\ 000(10x_2)+38\ 205\ 440\ 000=0$$

再次进行倍根变换:$x_3=10x_2$,继而议得根的十位数字为 4;做减根变换:$x_4=x_3-8$,方程变为:

$$-(10x_4)^4-3240(10x_4)^3-3\ 206\ 400(10x_4)^2-955\ 136\ 000(10x_4)=0$$

由此可得 $x_4=0$,至此,可得原方程的根为:$x=840$。

如果采用现代综合除法,则秦九韶在“草”中给出的解法可简洁地表述为如下形式:

-1	+0	+763 200	+0	-40 642 560 000	800
	-800	-640 000	+98 560 000	+78 848 000 000	
-1	-800	+123 200	+98 560 000	+38 205 440 000	
	-800	-1 280 000	-925 440 000		
-1	-1 600	-1 156 800	-826 880 000		
	-800	-1 920 000			
-1	-2 400	-3 076 800			
	-800				
-1	-3 200				
-1	-3 200	-3 076 800	-826 880 000	+38 205 440 000	40
	-40	-129 600	-128 256 000	-38 205 440 000	
-1	-3 240	-3 206 400	-955 136 000	+0	

故有 $x=840$。

值得指出的是，在欧洲，关于高次方程的数值解法的系统研究是从19世纪初开始的，意大利鲁菲尼（P. Ruffini，1765—1822）于1804年、英国霍纳（W. G. Horner，1786—1837）于1819年先后发表了有关论文，其方法与“秦九韶法”相似，被称其为“鲁菲-霍纳法”或“霍纳法”，但远不如“秦九韶法”井然有序。

3.4　祖冲之数学世家简介

在古代中国南北朝时期，虽然战火不断、朝代更迭频繁、老百姓无以聊生，但却造就出了使世人注目，让中华民族引以为豪的两位数学巨匠——祖冲之和他的儿子祖暅（之）。

3.4.1　祖冲之及其数学成就

祖冲之（公元429—500）（图3-17），字文远，祖籍范阳郡遒县（今河北省涞水县北）。为避战乱，祖冲之的祖父祖昌由河北迁至江南。祖昌曾任刘宋朝的“大匠卿”，掌管土木工程；祖冲之的父亲也在朝中做官，学识渊博，受人敬重。

图 3-17　祖冲之

祖冲之公元 429 年生于建康(今南京市)。祖家历代都对天文历法素有研究,祖冲之从小就有机会接触天文、数学知识,受到了很好的家庭教育。他对自然科学、文学和哲学等均有浓厚的兴趣,勤学好思,苦心钻研,在青年时代祖冲之就博得了博学多才的名声。当时的宋孝武帝(公元 454—464 年)非常赏识祖冲之的才学,安排他到"华林学省"(政府的学术机构)做研究工作,并"赐宅宇车服"。大约在公元 461 年,他被调到南徐州(今江苏镇江市)刺史府做从事史,不久又被调回建康,在刘宋朝廷任公府参军。公元 464 年他出任娄县(今江苏省昆山市东北)县令,在此期间他编制了《大明历》,进行了推算圆周率的研究工作。宋朝末年,祖冲之再度调回建康,任谒者仆射(一种司礼节的官职),此后直到宋灭亡的一段时间,他花了较大精力来研究机械制造。公元 494—498 年之间,他在南齐朝廷担任长水校尉一职,受四品俸禄,成为高级将领。鉴于当时战乱情景,他"造《安边论》,欲开屯田,广农殖",得到当时齐朝统治者的支持,打算让他"巡行四方",兴办相关事业,但由于连年战争,"事竟不成"。公元 500 年祖冲之在他 72 岁时去世。

祖冲之的主要成就在数学、天文历法和机械制造三个领域。在数学和天文学方面,他求出了独步千年的"祖率"、写出了"算氏之最"《缀术》五卷、编制了通行多年的《大明历》;在机械制造方面,祖冲之于刘宋末年受命重造指南车,车成后进行检验,"其制甚精,百屈千回,未尝移变"。齐武帝时,他制造了水碓磨。他又曾"以诸葛亮有木牛流马,乃造一物,不因风水,施机自运,不劳人力",但以什么为动力,没有进一步的说明。他还制造过千里船、欹器等。此外祖冲之深入研究过《易经》、《老子》和《庄子》等书,写有小说《述异记》;他还精通音律,擅长下棋。祖冲之一生著述很多,但大多都已失传。

一、《大明历》

祖冲之在公元462年制订出《大明历》,它是一部阴阳合璧的新历法,“阳历在表,阴历在里”,在许多方面超越了前人。首先,他把前人发现的“岁差”现象(地球每绕太阳一周,冬至点就要稍稍后退一点,也就是向西移一点,这种现象叫“岁差”。)纳入历法编制中,使历法更加准确;其次,他提出391年144闰的新闰法,使原来19年7闰,闰数过多,经过200年会相差一天。第三,推算出一回归年[指以太阳为中心冬至点(春分点)到冬至点(春分点)的周期]的日数为365.242 814 81日,比现代测算的数值仅差46秒。第四,测量出交点月(即月球两次经过白道与黄道之交点)的时间应为27.212 23日,与现代测定的27.212 22日相差不到1秒。第五,算出岁星(即木星)周期为11.859年,(又说11.858)与今测的11.86年极为接近。

可见《大明历》在当时是一部相当先进的历法,可是,当孝武帝令群臣讨论时,却遭到了权臣戴法兴的坚决反对,使之没有能够及时颁行实施,直到祖冲之死后10年,在他儿子祖暅之的再三推荐下,梁武帝才批准施行《大明历》,之后,《大明历》一直沿用了80年。

二、圆周率与“祖率”

祖冲之最突出的数学成就是在圆周率推算上所获得的结果。据《隋书》卷十六“律历志上·备数”记载:“宋末,南徐州从事史祖冲之,更开密法,以圆径一亿为一丈,圆周盈数三丈一尺四寸一分五厘九毫二秒七忽,朒(音女 nǜ,不足之意)数三丈一尺四寸一分五厘九毫二秒六忽,正数在盈朒二限之间。密率:圆径一百一十三,圆周三百五十五。约率,圆径七,周二十二。……”在这段文字中,祖冲之给出了在世界数学发展史上“独步千年”的两大数学结果:

一是指出圆周率 π 的“正数”(即准确值)在“盈朒二限之间”,即

$$3.1415926<\pi<3.1415927$$

二是给出了 π 的两个近似分数:约率:$\frac{22}{7}$,密率:$\frac{355}{113}$。

德国数学家 M·康托尔曾指出:圆周率的计算的精确度,可以作为衡量这个国家当时数学发展水平的标志。祖冲之的上述结果创造了数学史上关于圆周率计算的世界记录,并且保持了近千年之久,其中有 8 位有效数字的圆周率近似值直到 15 世纪才为阿拉伯数学家阿尔·卡西(Al-Kashi,?—1429)所打破,他计算出了有 17 位有效数字的圆周率近似值;而“密率”则是分母小于16 604的一切分数中最接近 π 的分数,公元 1573 年德国数学家奥托(V. Otto 或 Otho,约 1550—1605)才得出这一结果。祖冲之的研究成果为中华民族赢得了荣誉,在世界科学史上享有很高的声望。巴黎“发现宫”科学博物馆的墙壁上著文介绍了祖冲之求得的圆周率;日本数学史家三上义夫(Mikami Yoshio,1875—1950)曾建议将“密率”改称为“祖率”;莫斯科大学礼堂的走廊上镶嵌有祖冲之的大理石塑像;月球背面上的一座环形山被命名为“祖冲之山”等。

至于祖冲之是用什么方法得出上述结果的,史料上没有相关的记载。一般认为关于“正数”范围的获得,祖冲之是沿用了刘徽的割圆术。实际上,如按刘徽的割圆术,从正六边形出发连续计算到 24 576 边形时,就可以得到祖冲之的结果。关于祖冲之对“密率”的求法,现在主要有两种推测。一种推测是采用加权加成法。钱宝琮(1892—1974)先生在《中国算学史》(1931 年)中设想了祖冲之求密率的过程:以徽率$\frac{157}{50}$与约率$\frac{22}{7}$为母近似值,并计算出加成权数为 9,于是有:$\frac{157+22\times9}{50+7\times9}=\frac{355}{113}$。

另一种推测是使用连分数法。由于求二自然数的最大公约数的更相减损术远在《九章算术》成书时就已流行,所以借助这一

工具求近似分数应该是比较自然的。于是有人提出祖冲之可能是在求得盈朒二数之后，将3.141 592 65表示成连分数，得到其渐近分数：

$$\frac{3}{1},\frac{22}{7},\frac{333}{106},\frac{355}{113},\frac{103\,993}{33\,102},\frac{104\,348}{33\,215},\cdots$$

最后，取精确度较高但分子、分母均较小的$\frac{355}{113}$作为圆周率的近似值。

三、祖冲之的科学品质

从现代的角度来看，祖冲之具有伟大科学家的基本素养和崇高品质。首先，祖冲之具有很强的创新意识和创新思维。他不盲目法古崇贤，“不虚推古人”，勇于打破常规，敢于向传统和前辈挑战，通过研究，他十分尖刻地指出：“立圜旧误，张衡（公元78—139）述而弗改；汉时斛铭，刘歆（约公元前50—公元23）诡谬其数”，这里“立圆旧误”是指《九章算术》中错误的球体积公式；“汉时斛铭，刘歆诡谬其数”是指王莽时代所造铜斛上的数据中，刘歆所用的圆周率$\pi=3.1547$。祖冲之批评这两项数学结果是“算氏之剧疵”，并说他自己“昔以暇日，撰正众谬，理据炳然”。在《南齐史》“祖冲之传”中说他“探异今古”、“革新变旧”；其次，他不信鬼神，崇尚真理，相信科学，认为天体的运动有其固有的规律，并且是可以被人们认识和掌握的，尤其是能够通过数学来进行推算和揭示的，他说：“迟疾之率，非出神怪，有形可验，有数可推”；再次，祖冲之坚持真理，不畏权贵，敢于斗争，为了推行他的《大明历》，在皇帝面前，与当朝握有生杀大权的皇帝宠臣——戴法兴进行了一场针锋相对的辩论。他直指戴法兴“浮辞虚贬”、“坚持偏论”、“曲辩碎说”，要求他“准以实见”，表现出了一个科学工作者特有的个性和品质。

3.4.2　祖暅之及其数学成就

祖暅之（又称祖暅，公元5世纪—6世纪），字景烁，是祖冲之的儿子。他生活在南朝的齐、梁两个小朝代之间,在梁朝曾任员外郎、材官将军、奉朝清等官职。

祖暅之从小就受到良好的家庭教育,他思维敏捷,博学多才。据说祖暅之在研究学问的时候,全神贯注,连天上打响雷也听不到;他常常一面走路,一面思考问题。有一次,他在路上走,前面来了个大官僚徐勉。祖暅之根本没有发觉,一头就撞在徐勉身上。等到徐勉招呼他,祖暅之才像梦中惊醒一样,慌忙答礼。徐勉知道他研究出了神,也没有责怪他。

他继承家学,在青年时代对天文学和数学已有很深的造诣。为了完成父亲未竟的事业,他曾三次上书梁武帝推荐改用《大明历》,终于在天监九年(公元510)被采用颁行。他曾亲自监造八尺铜表,测量日影长度,纠正了北极星就是天球北极的错误观点。出于研究天文和准确计时的需要,他还研究与改进过当时通用的计时器——漏壶,著有《漏刻经》一卷;他还著有《天文录》、《权衡记》、《缀术》,使人痛惜的是这些书都已失传。

祖暅之一生坎坷。天监十三年(公元514),他任材官将军,奉命在怀河上修筑浮山堰,他认为土质差,不能建堰,皇帝不肯。天监十五年秋,因新筑拦水坝被洪水冲坍而冤枉入狱。出狱后,普通六年(公元525),他在梁豫章王肖综幕府,由于肖综叛梁降魏,因而被魏拘执,留住在徐州魏安丰王元延明宾馆中。在这一期间,他曾和当时北方的科学家信都芳讨论天文学和数学。普通七年,祖暅之被放还南朝。晚年曾协助目录学家阮孝绪编著《七录》(一种目录学著作)的工作,负责编录天文、星占、图纬及数学等方面的古籍。祖暅之的儿子祖皓,字志节,也精通数学和历法,并且具有文韬武略,曾在梁武帝萧衍(公元464—549)大同年间任江都令,后拜广陵太守;在侯景之乱中,遭"车裂"酷刑,慷慨殉职,真正做到了其字"志节"二字。从此"祖冲之天文世家"绝迹。

祖暅之最主要的数学成就是球体积公式的推导与"祖暅原理"的提出。

关于球体积公式的推导,刘徽设计了奇妙的“牟合方盖”,但却只能“以俟能言者”;据史料记载,祖冲之也曾对此问题作过研究,而祖暅之最后成为了刘徽期待中的“能言者”,从而也成为我国求出球体积公式的第一人。祖暅之对球体积公式的推导是在刘徽和祖冲之研究的基础上进行的,但他的思维更为开放,他不是把问题的焦点集中在直接计算“牟合方盖”的体积上,而是把注意力放在了从立方体中去掉“牟合方盖”之后剩余部分的体积的计算上,使得思路豁然开朗,也使问题迎刃而解。

按刘徽制作的模型,取棱长为 r 的立方棋八枚拼合成一大立方体,在其中构造一个“牟合方盖”。现取其中的八分之一即所谓“内棋”(如图 3-18)。祖暅之利用“祖暅原理”证明了这样的定理:从以 r 为边长的立方棋中去掉“内棋”之后剩余部分即所谓“外棋”(如图 3-19)的体积,刚好等于底边与高均为 r 的一个倒立阳马(如图 3-20)的体积。

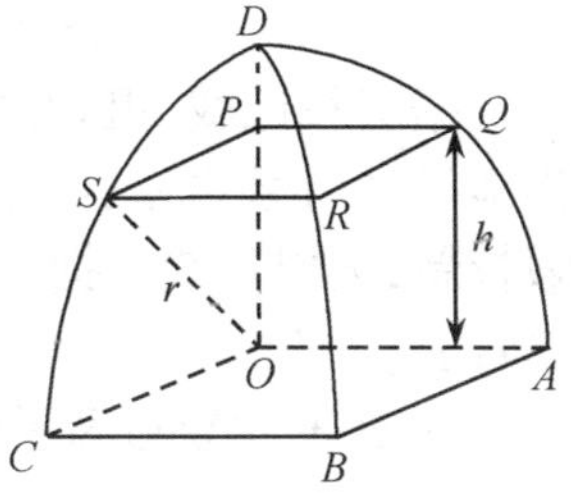

图 3-18　内棋

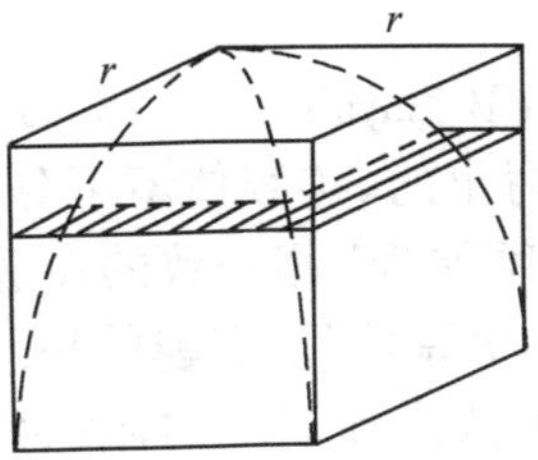

图 3-19　外棋

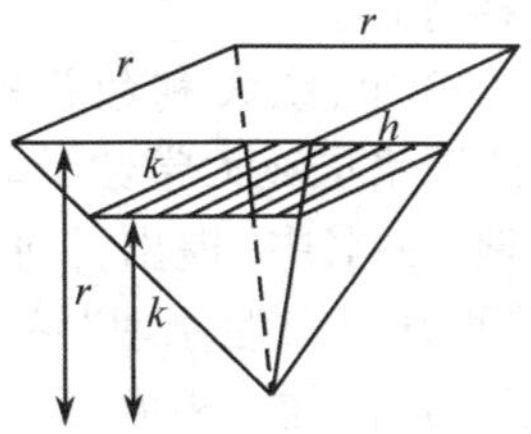

图 3-20　倒立阳马

其证明过程简述如下:如图 3-18—图 3-20,用一平行于底面的平面在高 h 处分别截内棋、外棋与倒立阳马。设内棋截面面积为 a^2,则外棋截面面积为 $r^2-a^2=h^2$;祖暅之敏锐的发现,倒立阳马的截面面积也恰为 h^2,根据他所提出的著名原理:“缘幂势既同,则积不容异”,就可得到前述定理中的结论。由此便可以求出刘徽梦寐以求的“牟合方盖”的体积，即有：

$$V_{外棋}=V_{阳马}=\frac{1}{3}r^3$$

$$V_{内棋}=V_{立方棋}-V_{外棋}=r^3-\frac{1}{3}r^3=\frac{2}{3}r^3$$

从而

$$V_{牟合方盖}=8V_{内棋}=\frac{16}{3}r^3$$

利用刘徽得到的结果 $V_{球}:V_{牟合方盖}=\pi:4$，即可得出球体积公式：

$$V_{球}=\frac{4}{3}\pi r^3$$

据资料记载，祖暅之获得球体积公式后非常高兴，他得意洋洋地说：“等数之密，心亦昭晰，张衡放旧，贻哂于后，刘徽循故，未暇校新，夫岂难哉？抑未之思也。”①可以说祖暅之是欣喜若狂，无以言表。

在上述推导过程中起关键作用的是“祖暅原理②”：“缘幂势既同，则积不容异”。其中的“幂”是指水平截面面积，“势”则是指高。因此，这一原理的意思是：两等高立体图形，若在所有等高处的水平截面面积相等，则这两个立体的体积是不能不相等的。

1629 年，意大利数学家卡瓦列里（B. Cavaliere，1598—1647）在申请博洛尼亚大学数学教授职位时写出的《连续体不可分量的几何学》一书中，提出并证明了与“祖暅原理”相一致的命题，由此，在西方，“祖暅原理”被称为“卡瓦列里原理”。有趣的是，卡瓦列里运用与刘徽、祖暅之完全类似的方法推导了球的体积公式，只是所借助的立体图形不同而已。刘徽和祖暅之借助的是立方体与“牟合方盖”，而卡瓦列里借助的是圆柱与圆锥，其关键都是计算“剩余”部分的体积，详细过程请参见现行高中数学教材，这

① 中外数学简史编写组：中国数学简史[M]，济南：山东教育出版社，1986，176。

② “祖暅原理”是现行高中数学教材中的称谓，有数学史家建议称其为“刘祖原理”。

里不再赘述。

3.5 宋元数学

中国古代数学,继汉唐千余年不断发展之后,到了宋元时期又发展到了一个新的更高的水平。在明中叶珠算广泛流传之前,中国古代数学一直是以筹算为主要计算工具,并以此为中心形成了一个具有独特风格的系统。宋元数学,可以说是以筹算为主要计算工具的中国古代数学发展的最高峰。宋元数学,从时间上说它包括了由北宋到元末大约四百年的时间。

北宋时期,随着整个科学技术的发展,数学也达到了较高的水平,特别在代数方面尤为突出。

3.5.1 刘益的方程

《九章算术》和《辑古算经》中已有求二次和三次方程数值解的记载,但是方程的系数都有某种限制,所以还不是一般的二次方程和三次方程。从现有的资料看,首先是刘益(约12世纪)打破了对方程系数的限制并给出了相应的算法——正负开方法。刘益在《议古根源》中讨论了下列一些方程的求解,用现代形式表示,相当于

$7x^2=9\,072$(卷下第16题);$4x^2=144$(卷下第27题);$x^2-12x=864$(卷下第7题);

$-x^2+60x=864$(卷下第9、10题);$-5x^2+228x=2\,592$(卷下第12题);

$-3x^2+228x=4\,320$(卷下第13题);$-5x^4+52x^3+128x^2=4\,096$(卷下第23题)

等等,这些方程突破了此前首项系数为1及方程系数为正的限制。刘益为解决负系数方程,提出了益积开方术和减从开方术两种方法。刘益给出的方法在数学史上被称为正负开方术。这是增乘

开方术早期形态的痕迹①。

3.5.2　贾宪三角

宋代数学中特别引人注目的，当首推北宋数学家贾宪(11 世纪)(图 3-21)创制的"贾宪三角"了。由于史书没有贾宪的传记，所以我们今天对这位数学家的生平事迹已无法搞清楚了，只知道他曾经当过宋代"左班殿直"的小官，是当时天文数学家楚衍的学生；他还写过两部数学著作，可惜这两部著作现在都失传了。幸亏南宋数学家杨辉在他的书中引述了贾宪的许多数学成果，才使我们今天得以了解贾宪在数学上的重大贡献。贾宪最著名的数学成就，是他创制了一幅数字图式，即"开方作法本源图"(图 3-22)。

图 3-21　贾宪

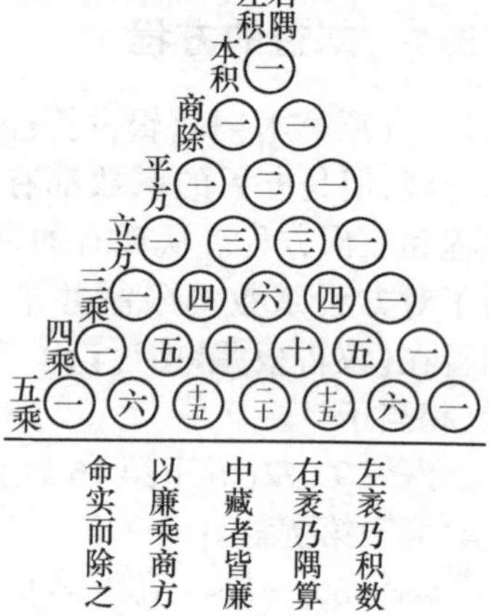

图 3-22　开方作法本源图

这幅图现见于杨辉的书中，但杨辉在引用了这幅图后特意说明："贾宪用此术"，所以过去我国数学界把这幅图称为"杨辉三

① 郭书春：中国古代数学—(中国文化史知识丛书)[M]，北京：商务印书馆，1997，115。

角”是不妥当的，应该称为“贾宪三角”。这幅“开方作法本源图”实际上是一个指数为正整数的二项式定理系数表。这样一种二项式系数的展开规律，在西方数学史上被称为“帕斯卡三角形”。帕斯卡是法国数学家，他是在1654年所著的书中给出相类似的数字三角形表（图3-23），与贾宪的这个图相比，晚了四百多年。很容易发现，贾宪三角所蕴含的数字产生的规律。这个三角形的两条斜边都是由数字1所组成的，而其他的数都等于它肩上的两个数相加。按此规律，这个数字三角形可以写到任意多层；也就是说，二项式任意正整次幂展开式的系数都可以按照这个图很容易地得到。根据杨辉的记载，贾宪求“开方作法本源图”中各项系数的方法，就是他在开平方、开立方中所用的新法——“增乘开方法”。应用这种“增乘开方法”，既可求得任意次幂的二项展开式系数，又可进行任意高次幂的开方运算。在贾宪之前，从汉代一直到唐代的一千多年时间里，中国古代数学家只能进行正数的开平方和开立方运算，对于四次方以上的高次幂开方没有什么好的方法。直到贾宪的“增乘开方法”问世，才真正找到了开高次方的最佳方法，并能用它开任意有理数的高次方。这在中国数学史乃至世界数学史上，都具有极其重要的价值。

1	1	1	1	1	1	1	1
1	2	3	4	5	6	7	
1	3	6	10	15	21		
1	4	10	20	35			
1	5	15	35				
1	6	21					
1	7						
1							

图3-23　帕斯卡三角形

3.5.3　沈括的隙积术

北宋时代的沈括（1031—1095，生卒说法多种）（图3-24），字存中，钱塘（今浙江杭州）人，是一位以博学著称的科学家，对于文学、艺术、自然科学、技术、历史、考古等各门学问都有深入研究。沈括一生在各地为官，积极参加王安石的变法，也是一位政治家。1088年他奉旨可以任便居住，后定居于京口（今江苏镇江）的梦溪

图 3-24 沈括

园内，1095 年病故于此园，终年 65 岁。他一·生论著甚多，仅据《宋史·艺文志》所录就有 22 种，共 155 卷，但现在有传刻本的仅有《梦溪笔谈》26 卷、《补笔谈》3 卷、《续笔谈》、《长兴集》19 卷等。其中《梦溪笔谈》是沈括晚年在梦溪园中将他一生所见所闻和研究心得以笔记文学体裁写下的著作。书中关于科学技术的条目约占三分之一以上，内容涉及数学、天文历法、地理、地质、气象、物理、化学、冶金、兵器、水利、建筑、动植物以及医药学等广阔的领域。其中有不少是对当时科学技术的忠实记录，包括沈括本人深入钻研的科学成果，是中国科技史上一部十分重要的著作。李约瑟教授称沈括是中国整部科学史中最卓越的人物，赞许他的著作《梦溪笔谈》是中国科学史的里程碑。

在数学方面，沈括主要研究了“隙积术”和“会圆术”等。隙积术在我国数学史上开辟了高阶等差级数求和的研究领域。所谓“隙积”，指的是有空隙的堆积体，例如酒店中堆积的酒坛、叠起来的棋子等，这类堆积体整体上就像一个倒扣的斗，与平截头的长方锥(刍童)很像。但是隙积的边缘不是平的，而中间又有空隙，所以不能完全照搬刍童的体积公式。沈括经过思考后，发现了正确的计算方法。现以“积罂”(堆积的酒坛)为例说明这一问题：设积罂最上层的长和宽分别为 a 与 b，最下层的长和宽分别为 c 和 d，高(即层数)为 n，则沈括给出的酒坛总数的计算公式为：

$$V=\frac{n}{6}[(2a+c)b+(2c+a)d]+\frac{n}{6}(d-b)$$

其中$\frac{n}{6}[(2a+c)b+(2c+a)d]$是刍童的体积，而$\frac{n}{6}(d-b)$则是沈括

加上去的修正项。

在这里，沈括以体积公式为基础，把求解不连续的个体的累积数（级数求和），转化为连续整体数值来求解，充分说明了沈括已具有用连续数学模型解决离散问题的数学思想。沈括的隙积术是《九章算术》中“刍童术”的发展，并成为其后二三百年间关于垛积问题研究的基础。其后南宋的杨辉和元代朱世杰等正是在此基础上，创立了垛积术，解决了许多更一般的高阶等差级数求和问题。

沈括的另一项数学成就，是创立了会圆术。会圆术是在丈量田亩中提出来的。沈括说：“凡圆田，既能拆之，须使会之复圆。”这是关于已知弓形的圆径（r）、矢高（h），求弓形的弦长（l）和弧长（s）的方法。沈括是中国第一个对弧、弦、矢之间关系加以系统研究的科学家，他主要应用了局部“以直代曲”的数学思想方法，给出了比较实用的近似公式：$s\approx l+\frac{2h^2}{d}$。沈括的这一公式虽然是近似的，但可以证明，当圆心角小于45°时，相对误差小于2％。这是对刘徽割圆术以弦（正多边形的边）代替圆弧思想的一个重要发展，有很高的理论价值。后来，郭守敬、王恂在历法计算中，就应用了会圆术。

在《梦溪笔谈》中，沈括还应用组合数学法计算得出围棋可能的局数，他写道：“其法初一路可变三局，自后不以横直，但增一子，即三因之，凡三百六十一增，皆三因之，即是都局数”，又说“大约连书‘万’字四十三，即是局之大数”。沈括的结论是说：围棋能下出的总局数是 3^{361}，大约为连写 43 个万字，即 10^{172} 局。沈括还在书中记载了一些运筹思想，如将暴涨的汴水引向古城废墟来抢救河堤的塌陷，以及用挖路成河、取土、运输，最后又将建筑垃圾填河成路的方法来修复皇宫等。沈括对数的本质的认识也很深刻，指出：“大凡物有定形，形有真数。”显然他否定了数的神秘性，而肯定了数学与客观世界的联系；他还强调指出：“然算术不患多学，见简即用，见繁即变，乃为通术也。”

3.5.4　杨辉的纵横图与数学教育

杨辉(图 3-25),字谦光,南宋钱塘(今杭州)人,生卒年代不详,生活于13 世纪。杨辉曾做过地方官,足迹遍及钱塘、台州(今浙江临海)、苏州等地。与他同时代的陈几先称赞他说:“钱塘杨辉以廉饬己,以儒饰吏,吐胸中之灵机,续前贤之奥旨。……”杨辉特别注意社会上有关数学的问题,多年从事数学研究和教学工作,是东南一带有名的数学家和数学教育家。他走到哪里都有人请教数学问题,从 1261 年到 1275 年的 15 年中,他先后完成数学著作 5 种 21 卷,即《详解九章算法》12 卷(1261),《日用算法》2 卷(1262),《乘除通变本末》3 卷(1274),《田亩比类乘除捷法》2 卷(1275)和《续古摘奇算法》2 卷(1275)(其中《详解》和《日用算法》已非完书)。后三种合称为《杨辉算法》。杨辉数学著作的特点是深入浅出、图文并茂,很适于教学,而且有不少创新。另外,杨辉的书中还记录了一些古代有价值的数学成果,如贾宪的增乘开方法和开方作法本源图载于《详解九章算法》的《纂类》,刘益的正负开方术载于《田亩比类乘除捷法》。杨辉自己的成就,主要表现在以下几个方面。

图 3-25　杨辉

一、垛积术

杨辉的垛积术,是在沈括隙积术的基础上发展起来的,置于《详解九章算法》的商功章。他研究了垛积与各类多面体体积的联系,由多面体体积公式导出相应的垛积术公式。下面三式是杨辉独自给出的垛积公式:

三角垛 $1+3+6+\cdots+\frac{n(n+1)}{2}=\frac{1}{6}n(n+1)(n+2)$；

四隅垛 $1^2+2^2+3^2+\cdots+n^2=\frac{1}{3}n(n+1)(n+\frac{1}{2})$；

方垛垛 $a^2+(a+1)^2+(a+2)^2+\cdots+(b-1)^2+b^2=\frac{h}{3}(a^2+b^2+ab+\frac{b-a}{2})$

（a、b 为上、下方，h 为高）；

果子垛 $v=\frac{h}{6}[(2a+a')b+(2a'+a)b']+\frac{h}{6}(b'-b)$

（a、b 为上广、长，a'、b' 为下广、长，h 为高，v 为体积）。

二、算法与素数

杨辉致力于捷算法的研究，并取得一些成就。例如，《算法通变本末》中记载着一种叫“重乘”的算法，即把乘数分解为若干因数之积的形式，然后用因数去乘。杨辉说：“乘位繁者，约为二段，作二次乘之，庶几位简而易乘，自可无误也。”例如38 367×23 121，杨辉便把23 121 分解为9×7×367，然后再乘38 367。由于捷算法的需要，杨辉注意到一个整数是合数还是素数的问题。他说：“置价钱(即23 121 文)为法，约之。先以九约，又以七约，乃见三百六十七，更不可约也。”所谓不可约，就是说除了 1 和本身外没有其他约数。显然，杨辉的“不可约”之数即素数。他在这里首次提出素数概念，又在《法算取用本末》中列出了从 201 到 300 的素数表，共16 个：211，223，227，229，233，239，241，251，257，263，269，271，277，281，283，293。这实际是201 到 300 的全部素数。

三、纵横图

纵横图是按一定规律排列的数表，即现今所谓的幻方。一般是 n 行 n 列，各行、各列以及对角线上的数字之和相等。在《数术记遗》记载古法有“九宫”，甄鸾注称：“九宫者，即二四为肩，六八为足，左三右七，戴九履一，五居中央。”这是世界上最古老的三阶幻方。宋代理学家们把它与《周易》中的“河出图，洛出书，圣人则之”联系起来，认为九宫图即天生的神物——洛书，是伏羲画八卦的依据，从而为这些有规律的数字蒙上了一层神秘色彩，而杨辉却以科学的态度开始对纵横图作为一个数学问题加以研究，并对它的构成规律进行了深入探索。在《续古摘奇算法》上卷中制作了 13 幅纵横图，并且简略地叙述了某些纵横图的构造方法。例如，洛书（九宫图）的制作方法：“九子斜排，上下对易。左右相更，四维挺出。戴九履一，左三右七。二四为肩，六八为足。”如图3-26所示。

四四阴图（四阶幻方）的构造方法：“以十六子依次第作四行排列，先以外四角对换，一换十六，四换十三；后以内四角对换，六换十一，七换十。”如图 3-27 所示。

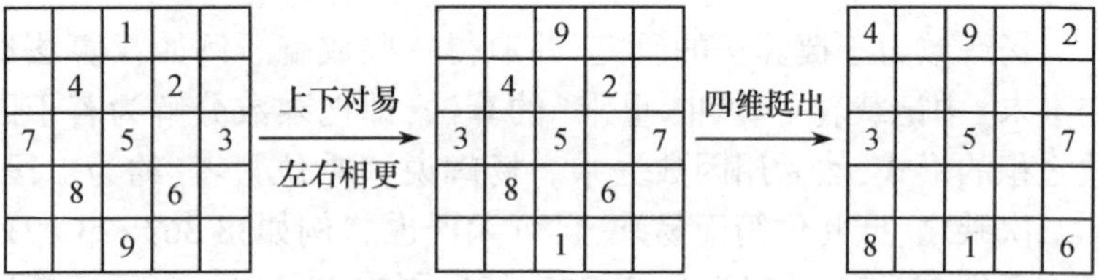

图 3-26 洛书

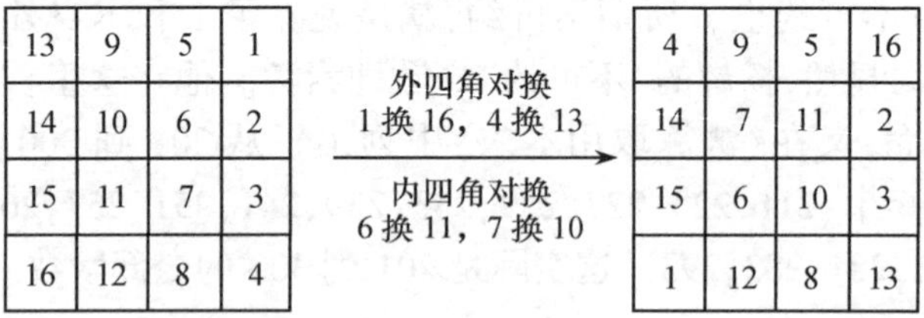

图 3-27 四四图

杨辉说：“绳墨既定，则不患数之不及也。”意思是掌握了规律，就不难作出纵横图。四阶以上纵横图，杨辉只画出图形而未留下做法。但他所画的五阶、六阶乃至十阶纵横图全都准确无误，可见他已经掌握了高阶纵横图的构成规律，他把十阶纵横图叫做百子图，各行各列的数字之和均为505。杨辉的纵横图对后世深有影响，明代程大位、清代方中通(1633—1698)、张潮、保其寿等，都曾在此基础上对纵横图作了进一步的研究。

四、数学教育和普及工作

杨辉十分重视数学普及工作，他的数学书一般都具有由浅入深，通俗易懂的特点。《详解九章算法》便是为普及《九章算术》中的数学知识而作。他从原书246题中选择了80道有代表性的题目，进行详解。由于初学者感到《九章算术》“题问颇隐，法理难明，不得其门而入”，杨辉便“恐问隐而添题解，见法隐而续释注，刊大小字以明法草，僭比类题以通俗务，凡题法解白不明者别图而验之。”“题解”即提示算法要点或解释数学名词；“比类”是原有方法的类推。书中的图形很多，不仅有数学图，还有写生图，如“勾股章”的葭出水图、圆材埋壁图、方邑图等，都很精美，为《详解》增色不少。这些图在帮助读者理解题意的同时，也有利于引起读者兴趣。为普及日常所用的数学知识，杨辉专门写了《日用算法》一书，并提出“用法必载源流”和“命题须责实有”两条原则。书中的题目全部取自社会生活，多为简单的商业问题，也有土地丈量、建筑和手工业问题。这种应用数学既便于普通读者接受，又便于发挥数学的社会效益。

在数学方法上，杨辉主张循序渐进，精讲多练。他总结了自己多年的教学经验，写出了一份世界上最早的数学教学大纲①——“习算纲目”(《算法通变本末》)。这份大纲包括学习进度、学习内容、学习方法、学习材料(含一些重点、难题提示)。要求学生先学九九合数，次学乘除，乘除要学习两个月，然后学加减、求一、九归等法。其次重点学习分数运算，共学十天而温习两

---

① 马忠林等：数学教育史[M]，南宁：广西教育出版社，2001，85。

个月。最后学习开方七天,也用习题运算练习两个月。这样打好基础后,再学习《九章算术》。他主张先熟练运算,再钻研算理。他说:“依法求日下两三问,且未要穷理,但要知如何发问,作如何用法,答题如何用乘除。”对不同的学习阶段,提出不同的学习要求,让人去自习多练;特别注重引导和启发,他说:“好学君子自动触类而考,何必尽传。”针对教师和学生两种不同的对象,杨辉又提出“法将题问”和“随题用法”两条不同原则。教师编书或讲课时,应“法将题问”,“凡欲见明一法,必设一题”,就是以算法统帅习题,每种算法都设有相应的题目;而对学生来说,则应“随题用法”,即根据具体题目来选择相应的算法,他说:“随题用法者捷,以法就题者拙。”

在学习方法上,杨辉提倡熟读精思,融会贯通。他主张学习要在广博的基础上进一步深入,要着重于消化。例如,学习《九章算术》要在了解各类算法要领的基础上,“要将九章篡类消详,庶知用算门例”,这样才能穷尽“九章之义”。在他看来,只有对各种算法地仔细钻研,认真消化,并广泛熟悉它们的各种应用,方能算是懂得数学的意义。他反对死记硬背,“九归”是学算难点,以往光背会口诀就需五、七天时间,但杨辉指导人们不用死记硬背,在理解的基础上记忆,只用一天时间就可把全部的口诀会念会用。

3.5.5 李冶的“天元术”与朱世杰的“四元术”

一、李冶的“天元术”

李冶(1192—1279)(图3-28),原名李治,字仁卿,号敬斋,河北省栾城县人,1230年赴洛阳应试,考中金朝进士,调任钧州(河南南禹县)知事。1232年,蒙古军攻破钧州城,李冶微服北渡,隐居于崞县(今山西原平县人),虽“饥寒不能自存”,仍潜心研究数学。1251年,移居河北封龙山聚徒授课,山上有封龙书院,藏书颇丰,众多文人隐士,出没其间,坐而论道,其中不乏懂数学者,李冶与他们切磋学术,交流观点,李冶自称“龙山老人”。1248年,李冶写成名著《测圆海镜》,这是一部享誉世界的数学文献。1251年,

图 3-28　李冶

李冶的第二部数学专著《益古演段》问世。这正应了“隐身免留千载笑，成书还待十年闲”的名言，李冶隐居20余年，写成了两部不朽之作。

天元术是一种用“半数学符号”（即文字符号）列方程的方法，与当今中学数学课本中列方程的方法类似。“立天元一为某某”与现今“设 x 为某某”的意思是一致的。在中国，列方程的思想可追溯到《九章算术》，书中用文字叙述的方法建立了二次方程，但没有明确的未知数概念。到唐代，王孝通已能列出三次方程，但他不懂天元术，完全用几何方法推导方程，所以需要高超的技巧，不易被一般人掌握。实际上，宋代以前的方程理论一直受几何思维束缚，如常数项只能为正，因为常数通常是表示面积、体积等几何量的；方程次数不高于三次，因为高于三次的方程就难于找到几何解释了。经过北宋贾宪、刘益等人的工作，求高次方程正根的问题被基本解决。随着数学问题的日益复杂，迫切需要一种一般的、能建立任意次方程的方法，由此，天元术便应运而生。但在李冶之前，天元术还比较幼稚，记号混乱，演算烦琐。李冶在《敬斋古今黈（toǔ）》卷三中记载：“予至东平得一算经，大概多明如积之术。以十九字识其上下层数曰：仙、明、霄、汗、垒、层、高、上、天、人、地、下、低、减、落、逝、泉、暗、鬼。”以“人”表示常数项，“人”上九项依次为天（x）、上（x^2）、……、仙（x^9），“人”下九项依次为地（x^{-1}）、下（x^{-2}）、……、鬼（x^{-9}）①。李冶改造了原来的“术”，采用了新的表示方法，使得“天元术”更加完善而实用。

① 王鸿钧，孙宏安：中国古代数学思想方法[M]，南京：江苏教育出版社，1989，139。

李冶在《益古演段》中改用“太”表示常数项,用“元”表示未知数的一次项;在一个筹式中用“太”则不用“元”,用“元”则不用“太”;以标明“元”或“太”的项为标准,向上或向下摆筹,未知数的次数随着行的升高而依次增加,如图3-29与图3-30所示,翻译成现代数学语言,此二图分别表示如下两个方程:$2x^2-1\ 200x+320\ 000=0$,$x^3+336x^2+4\ 184x+2\ 488\ 320=0$(筹式中打斜扛,表示该系数是负数),在一个筹式中同时表示出正数、负数和小数①,是李冶的一大创造。

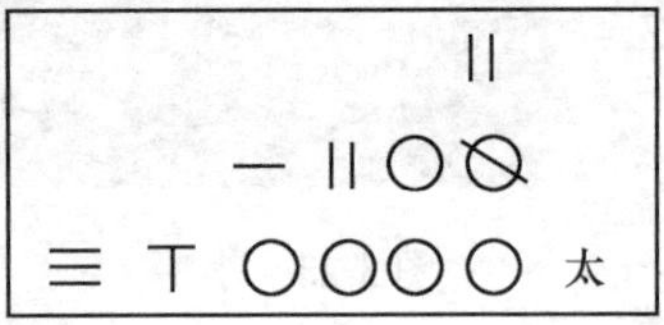

图3-29

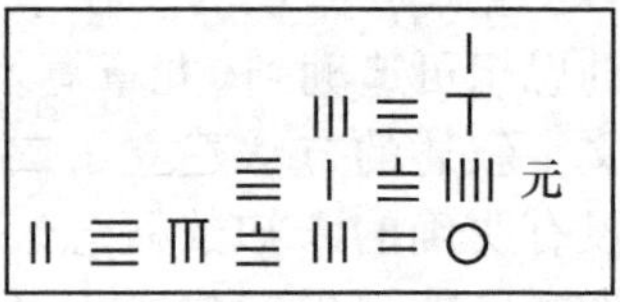

图3-30

天元术与后来在此基础上发展起来的四元术,构成了具有中国独特风格的代数学,在世界数学史上占有重要的地位,它超过了同一时期代数较为发达的印度和阿拉伯的数学水平,这些国家此时的数学还尚未出现半符号状态的文字代数;在欧洲,到16世纪后半叶才由法国数学家韦达引进字母符号来表示方程中的未知数。

李冶一生著作虽多,但他最得意的还是《测圆海镜》。他在弥留之际对儿子克修说:“吾平生著述,死后可尽燔去。独《测圆海镜》一书,虽九九小数,吾常精思致力焉,后世必有知者。庶可布广垂永乎?”《测圆海镜》是一部关于天元术的专著。该书把勾股容圆问题作为一个系统来研究,讨论了在各种条件下用天元术求圆的直径的问题。卷一的圆城图式(如图3-31)是全书出发点,书

① 在个位数上下对齐后,其右边的一位数就表示小数点后第一位小数,其余依次类推。

中 170 题都和这一图式有关。

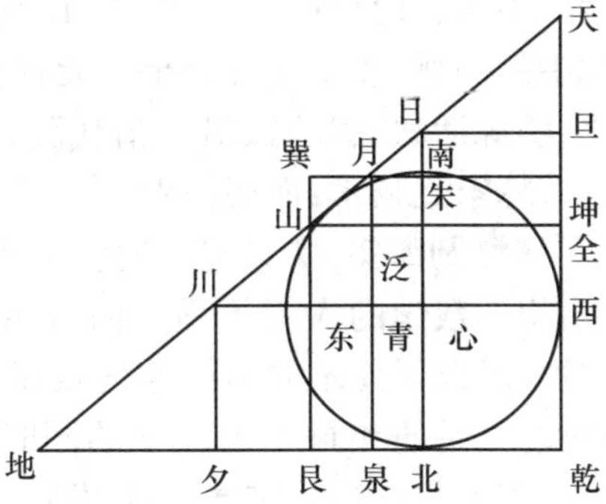

图 3-31 圆城图式

由于摆脱了几何思维束缚,李冶在方程理论上取得了许多进展:

第一,改变了传统的把实(常数项)看作正数的观念,也打破了秦九韶"实常为负"的规定。在《测圆海镜》中,所列方程的常数项可正可负,而不再拘泥于它的几何意义。例如,卷六第四问所列方程为:$-x^2-72x+23\ 040=0$;第七问所列方程为:$-x^2+640x-96\ 000=0$。以上两方程常数项的符号恰好相反。实际上,书中方程各项的符号均无限制,这是中国代数学的一个进步。

第二,李冶已能利用天元术熟练地列出高次方程。书中 170 题,有 19 题列出三次方程,13 题列出四次方程,还有一题列出六次方程。在李冶这里,未知数已具有纯代数意义,二次方并非代表面积,三次方也并非代表体积。

第三,李冶完整解决了分式方程问题,他已懂得用方程两边同乘一个整式的方法化分式方程为整式方程。

第四,李冶已懂得用纯代数方法降低方程次数。当方程各项含有公因子 x^n(n 为正整数)时,李冶便令次数最低的项为实,其他各项均降低这一次数。这里实际上运用了"换元法"的思想方法。

由于李冶掌握了一套完整的数字符号及性质符号,他的方程已能用符号表示,从而改变了用文字描述方程的旧面貌。但这时仍缺少运算符号,尤其是缺少等号。这样的代数,可称为"半符号代数",它是近代符号代数的前身。

《测圆海镜》的成书标志着天元术成熟,对后世有深远影响。

元代王恂、郭守敬在编《授时历》的过程中，曾用天元术求周天弧度。不久，沙克什（又名瞻思，1278—1351）用天元术解决水利工程中的问题，收到良好效果。元代大数学家朱世杰说："以天元演之、明源活法，省功数倍。"清代阮元（1764—1849）说："立天元者，自古算家之秘术；而海镜者，中土数学之宝书也。"

《测圆海镜》无疑是当时世界上第一流的数学著作，但内容较深，粗知数学的人看不懂。而且由于理学思想的影响，数学不受重视，所以天元术的传播速度较慢。李冶深刻认识到天元术的重要性，于是便在封龙山教学的同时，着手写一部普及天元术的著作。李冶曾读过北宋数学家蒋周（13 世纪）的《益古集》，内容多为二次方程，列方程的方法则是几何的。李冶用天元术对此书进行研究，写成《益古演段》3 卷，它是一本学习天元术的教学用书。

《益古演段》全书 64 题，处理的主要是平面图形的面积问题，所求多为圆径、方边、周长之类。除四道题是一次方程外，全是二次方程问题，内容安排基本上是从易到难。但他却没有像《测圆海镜》那样，完全用天元术解题，而是新旧二术并用。新术是他自己的代数方法——天元术；旧术是蒋周的几何方法——条段法，这是一种图解法。在书中揭示了新旧二术的联系与区别，常用人们易懂的几何方法对天元术进行验证，这对于人们理解和掌握天元术是非常有帮助的。该书图文并茂，深入浅出，不仅利于教学，也便于自学。犹如砚坚（与李冶同时代人）序中的所评价的那样："说之详，非若溟津黯淡之不可晓；析之明，非若浅近粗俗之无足观。"《益古演段》的这些特点，使它成为一本受人们欢迎的数学教材，对天元术的传播发挥了不小的作用。《益古演段》后由比利时数学家赫师慎（P. L. Van Hée, 1873—1951）译成外文，传播到国外。

在《益古演段》中，李冶在解方程时首创了设辅助未知数的方法（即换元法）。在本书第四十问中得到方程

$$-22.5x^2-648x+23\,002=0$$

后，李冶为了使最高项系数的绝对值变为 1，便作了如下变形：

设 $y=22.5x$,则上述方程式变为

$$-y^2-648y+517\ 545=0$$

开方得 $y=465$,进而可得 $x=20\frac{1}{2}$。

李冶称这种设辅助未知数的方法为连枝同体术。顾名思义,他是把辅助未知数看作与原方程连为一体的一个分枝。这种方法在代数学史上是有重要意义的,它是用“换元法”解方程的早期形式。

《益古演段》的成书,为天元术的应用开辟了更为广阔的道路。砚坚称赞此书说:“颇晓十百,披而览之,如登坦途,前无滞碍。旁溪曲径,自可纵横而通……真学者之指南也。”《测圆海镜》是天元术的代表作,而《益古演段》是普及天元术的杰作。两书相辅相成,互为表里,反映了作者既努力提高数学的一般化程度,又注意发挥其社会效益的精神。

李冶对数学的本质有比较深刻的认识,他认为数学虽奥妙无穷,却是可以认识的,他说:“谓数为难穷,斯可;谓数为不可穷,斯不可。何则?彼其冥冥之中,固有昭昭者存。夫昭昭者,其自然之数也。非自然之数,其自然之理也。”李冶非常重视数学在认识自然中的重要性,他指出:“数一出于自然,吾欲以力强穷之,使隶首复生,亦末如之何也已。苟能推自然之理,以明自然之数,则虽远而乾端坤倪,幽而神情鬼状,未有不合者矣。”在数学学习上,他提出了“积”、“精”、“深”三个境界,并强调说:“学有三,积之之多不若取之之精,取之之精不若得之之深。”①

李冶一生热爱科学,追求自由,绝不负辱求名。他有一套政治主张,却不愿意做官,在学术上不迷信名家,敢于突破传统观念的束缚。他虽是通儒出身,但当他认识到数学的重要性时,便专攻数学,这种行动本身就是对数学“可以兼明,不可以专业”这一传统儒学观点的反叛。当时盛行的新儒学——程朱理学,甚至把

① 钱宝琮等:宋元数学史论文集[A],北京:科学出版社,1966,110。

研究科技看作“玩物丧志”，把数学说成“九九贱技”。李冶毫不客气地批评了这些错误观点，指出在朱熹的著述中“窒碍之处亦不可以毛举也”。李冶执著地追求真理，不为闲言碎语所动摇。他在《测圆海镜序》中说：“览吾之编，察吾苦心，其悯或者当百数，其笑我者当千数。乃若吾之所得则自得焉耳，宁复为人悯笑计哉？”①李冶以自己的毕生心血，在中国数学史上写下了光荣的一页。

二、朱世杰的“四元术”

朱世杰（图 3-32），字汉卿，号松庭，籍贯燕山（今北京附近）。他的生平不详，大致生活在宋末元初时期（13—14 世纪）。据史料记载，他精通《九章算术》，“旁通诸术”，并游走全国，四处讲学，“以数学名家周游湖海二十余年矣，四方之来学者日众”，“复游广陵（今江苏扬州市），踵门而学者云集”，可见他是一位职业教育数学家。

图 3-32　朱世杰

朱世杰一生从事数学研究和数学教育事业，孜孜不倦，刻苦钻研，为中国数学乃至世界数学做出了重要贡献。13 世纪中叶，在现在的河北南部和山西南部地区，出现了一个以“天元术”为代表的数学研究中心，数学的研究正处于天元术逐渐发展成为二元术、三元术的重要时期。朱世杰继承前人的成就，把天元术拓展为四元术。朱世杰除继承和发展了北方的数学成就之外，还吸收了当时南方的数学成就——各种日用、商用数学和口诀、歌诀等。他在经过长期游学、讲学之后，总结了秦九韶、李冶、杨辉三人的

① 钱宝琮等：宋元数学史论文集［A］，北京：科学出版社，1966，110。

数学成就和各种实用算法，而且创造性地予以发展，在扬州分别于1299年和1303年刊刻出版了他的两部数学杰作——《算学启蒙》和《四元玉鉴》。

朱世杰的数学成就，把我国古代数学推向了更高的境界，在一定意义上讲，可以看作是宋元数学的代表，是中国古代筹算系统发展的顶峰，在世界数学史上写下了光辉的一页。清代天文数学家罗士琳（1774—1853）认为："汉卿在宋元间，与秦道古、李仁卿可称鼎足而三。道古正负开方，仁卿天元之积，皆足上下千古，汉卿又兼包众有，充类尽量，神而明之，尤超乎秦、李之上。"数学家王鉴（1894年前后）也说："朱松庭先生兼秦、李之所长，成一家之著作。"朱世杰的工作也得到了世界数学界的赞誉，美国科学史专家萨顿说：朱世杰"是汉民族的，他所生存的时代的，同时也是贯穿古今的一位最杰出的数学家"；《四元玉鉴》是"是中国数学著作中最重要的一部，同时也是中世纪最杰出的数学著作之一"①。

《算学启蒙》全书分三卷，20门，总计259个问题和相应的解答。自乘除运算起，一直讲到当时数学发展的最高成就"天元术"，全面介绍了当时数学所包含的各方面内容。其体系完整，内容深入浅出，通俗易懂，是一部很著名的启蒙读物。中国数学中自晚唐以来，不断简化筹算的趋势有了进一步的发展，日用数学和商用数学更加普及，《算学启蒙》继承和发展了这一倾向。这部著作后来流传到了朝鲜、日本等国，产生过一定的影响。

"如果说《算学启蒙》是一部很有水平的普及性数学著作的话，那么《四元玉鉴》则是一部学术专著。"②《四元玉鉴》是一部论述"垛积术"和"四元术"的杰作。全书共三卷，上卷分6门共71问，中卷分10门共103问，下卷分8门共110问，加上卷上之前有"四象细草"4门，全书总计为24门288问。主要介绍了朱世杰在多元高次方程组的解法——"四元术"、高阶等差级数的计算——"垛积术"

---

① 钱宝琮等：宋元数学史论文集[A]，北京：科学出版社，1966，169，204。

② 李迪：中国数学通史（宋元卷）[M]，南京：江苏教育出版社，1999，291。

以及“招差术”（有限差分）等方面的研究成果。书中有高次方程组 50 余题，其中二元的 36 题、三元的 13 题、四元的 7 题。

朱世杰的“四元术”是指以“天”、“地”、“人”、“物”表示不同未知数来布列和求解多元高次方程组的方法。在《四元玉鉴》中详细记载了这种布列多元高次方程组的方法。现以《四元玉鉴》卷首中的“三才运元”一题为例来说明用四元术解题的大致过程。

“三才运元”题：“今有股弦较除弦和和与直积等，只云勾弦较除弦较和与勾同，问弦几何？①”

朱世杰解法的主要步骤及其现代符号语言解释如下：

立天元一为勾（x），地元一为股（y），人元一为弦（z），“太”是常数项，置于居中。三才相配，求得今式、云式和三元之式，如图 3-33、图 3-34 与图 3-35 所示。

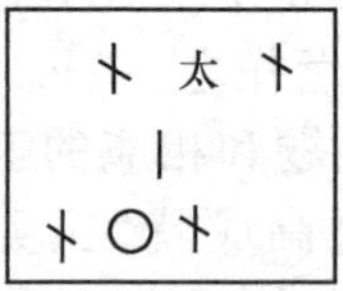

图 3-33　今式

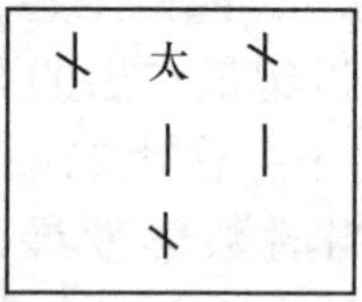

图 3-34　云式

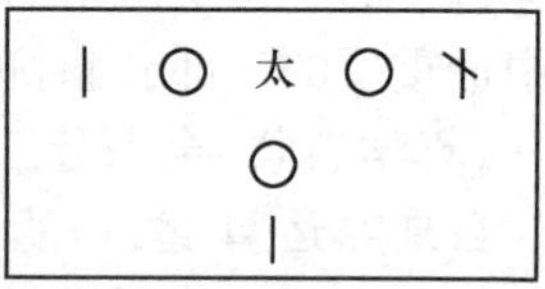

图 3-35　三元之式

这三个筹式相当于下面的三元三次方程组：

$$\begin{cases} -xy^2+xyz-y-x-z=0, (\text{“今式”}) \\ -y-x^2+x+xz-z=0, (\text{“云式”}) \\ y^2+x^2-z^2=0, (\text{“三元之式”}) \end{cases}$$

用四元术解方程组的关键之处在于消元法，即将多元高次方程组依次消元，最后变为一个一元高次方程来求解，其主要步骤为：

（1）“剔而消之”，将方程组中的地元 y 消去，得方程组

$$\begin{cases} -2+x+x^2-z+xz-x^2z-2z^2+xz^2=0 \\ 2x-2x^2+x^3-2z+4xz-2x^2z-2z^2+xz^2=0 \end{cases}$$

① “股弦较”是指股与弦之差，“弦和和”是指弦与勾股和的和，直积指勾股之积，“勾弦较”是指勾与弦之差，“弦较和”是指弦加上勾股之差的和。

(2)“人易天位”,将该方程组中的 x 换为 y,把 z 换为 x,得

$$\begin{cases}y^2-y^2x+y+yx+yx^2-2-x-2x^2=0\\y^3-2y^2-2xy^2+2y+4xy+x^2y-2x-2x^2=0\end{cases}$$

(3)“互隐通分相消”,把方程组变为关于 y 的一次方程组

$$\begin{cases}(7+3x-x^2)y+(-6-7x-3x^2+x^3)=0\\(13+11x+5x^2-2x^3)y+(-14-13x-15x^2-5x^3+x^4)=0\end{cases}$$

(4)“内外相消”,把方程组中的 y 消去,得方程

$$-5+6x+4x^2-6x^3+x^4=0$$

解这个四次方程,得正根 $x=5$,即为所求。

朱世杰的消元法是世界数学史上的一项杰出成果。在西方由方程 $f(x,y)=0$,$g(x,y)=0$ 消去一个未知数的方法是法国数学家贝祖(E. Bezout,1730—1783)于 1764 年给出初步方案,直到 1779 年出版《代数方程的一般理论》一书时才正式发表①。但是,朱世杰没有详细写出演算过程,使得其他人很难理解,以致他去世后,几乎成了“绝学”。

朱世杰所取得的其他主要数学成果:

(1)系统研究了“三角垛积”(即高阶等差级数的和)问题,给出了“三角垛积”的统一公式——“朱世杰公式”:

$$\sum_{r=1}^{n}\frac{1}{p!}r(r+1)\cdots(r+p-1)=\frac{1}{(p+1)!}n(n+1)(n+2)\cdots(n+p)。$$

(2)在中国数学史上,第一次正式提出了正负数乘法法则:“同名相乘为正,异名相乘为负”。

(3)对球体表面积的计算问题作了探讨,虽然结论不很正确,但这是我国古代数学典籍中关于此问题唯一的一次讨论。

(4)在《算学启蒙》中,朱世杰记载了完整的“九归除法”口诀,与现在流传的珠算归除口诀几乎完全一致。

(5)采用了我国诗词歌谣体编成算题,在《算学启蒙》和《四元玉鉴》中都载有不少歌词古体算题。如《四元玉鉴》有这样一道

① 中外数学简史编写组:中国数学简史[M],济南:山东教育出版社,1986,340。

脍炙人口的算题:“我有一壶酒,携着游春走。遇店添一倍,逢友饮一斗。店友经四处,没了壶中酒。借问此壶中,当原多少酒。”①

3.6　明清数学——从衰落到艰难的复兴

中国宋元时期的数学有不少在世界数学史上领先几百年的成果,这是中外数学史界所公认的,而此后一直到明末这一阶段则没有出现领先的成果。从这个角度上来讲,发展是比较缓慢的。分析起来,宋元数学的优秀成果理论性比较强,多属于现在的纯粹数学的范围,而元末到明末则不然,数学发展的主要趋势在于以珠算为中心的商业数学取得长足的进步,实用性比较强,属于现在的应用数学的范畴。

中国数学落后于世界先进水平开始于明末。明末传入欧几里得《几何原本》及介绍笔算的《同文算指》,由于改历的需要编辑了《崇祯历书》,其中介绍了较多的三角知识。入清以后,对数学的传入,在《数理精蕴》中介绍了有关的代数知识。这些知识总体说来不是欧洲数学的最新成果。在清朝中期又没能在欧洲传入数学的基础上大力推进,反而转向对宋元数学的整理和研究,实际上又回到宋元的水平。因此从纯数学的发展来看,从元末到清朝中期这500年左右的时间是中国数学落后的一个主要时期。当然,这不是说在这500年中,中国除了珠算而外就没有成就而言。其间还是出了像梅文鼎(1633—1721)这样精通历算的大家,年希尧(？—1738)的《视学》、明安图(1692—1764)的《割圆密率捷法》以及汪莱(1768—1813)、李锐(1768—1817)在方程论方面的工作还是大为可观的,其中有些成果的获得早于国外,只是数量较少而已。

在明代,由于政治腐败、不注重理论、废除数学考试等原因,使得中国传统数学逐渐走向缓慢发展的道路黯然失色。在当时,社会上流传着数十种数学著作,这些著作大都是反映日常应用数

① 详见徐品方:数学诗歌题解[M],北京:中国青年出版社,1997。

学和商业贸易数学,其内容比较浅显,文字通俗易懂,还编撰了各种歌诀,便于记忆,其算法也容易掌握,因此促使这种数学广为流传,而古代的《九章》、天元术、四元术等则几乎成了绝学。当时的代表作有吴敬(约1385—1450年)《九章算法比类大全》、程大位《直指算法统宗》、王文素《新集通证古今算学宝鉴》(简称《算学宝鉴》)(1524年)三书,这些书籍虽然采用《九章算术》各章的名目,但其内容却多是日用或商业的数学知识,还有一大部分内容属于珠算的技巧和算法。于是珠算之盛行与普及代替了古代的筹算法,以筹算为基础的传统数学也渐次匿迹和消失。

程大位(图3-36),字汝思,号宾渠。明代数学家。20多岁起在长江下游一带经商。他遍访明师,搜罗数学书籍,积数十年的努力,在60岁时写成《直指算法统宗》十七卷,595个应用题,以系统总结珠算理论而著称(含有用诗词编写的数学名题)。此书印数最多,流传和影响最广,"风行宇内",算家"莫不家藏一编",畅行300余年,日本奉为佳著。此书标志着中国由筹算到珠算的完成。他被誉为"珠算普及大师"(图3-37)。

图3-36 程大位

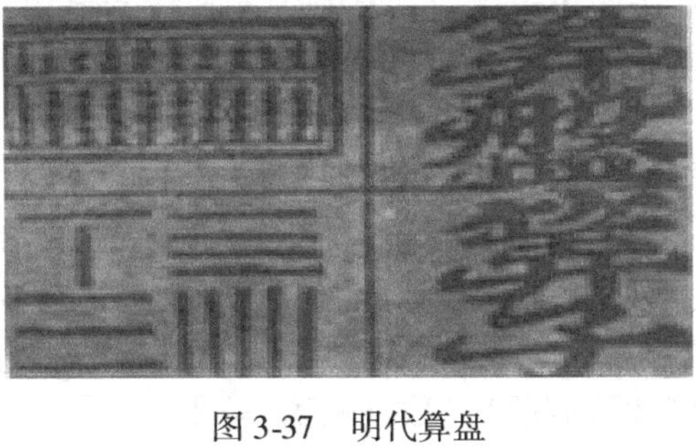

图3-37 明代算盘

在中国传统数学走向低谷的时候,意大利传教士利玛窦最早来华,一方面传播耶稣教教义,一方面传入西方的科学以及数学知识。万历三十五年(1607 年),他与徐光启合译了欧几里得的名著《几何原本》的前 6 卷。继利玛窦之后,又有大批西方传教士接踵来华,有的在政府部门里工作,有的在教堂传播教义,他们编撰、翻译了不少西方科学著作,仅就数学而论,所编、译的著作多属于初等数学范畴,因而对中国传统数学产生了一定的影响。

图 3-38　梅文鼎

在中算濒于失传,西算刚刚输入之际,中国学者的态度极不一致,有人以为"薄古法为不足观",有人"斥西人为异学",而清初大数学家梅文鼎(图 3-38)"则以学问之道求其通",主张"法有可采何论东西,理所当明何分新旧"。于是他融会贯通中西之学,"集其大成,衷诸独见,自成一家"。其著作颇丰,粗略统计,达 1000 种之多,约有 200 余卷,属天文数学 70 多种。主要数学方面有 30 种,如:《筹算》、《笔算》、《度算释例》、《平三角举要》、《弧三角举要》、《方程论》、《几何补编》、《环中黍尺》、《堑堵测量》、《勾股举隅》以及《方圆幂积》等,几乎遍及初等数学的各个分支,以梅文鼎为代表的梅氏家族,精通数学、天文等科学,11 人中 7 人是数学家,与瑞士伯努利世家媲美。清朝第二代皇帝康熙(1654—1722),自幼勤学好问,尤其喜爱自然科学。为了"能断人之是非","自愤而学"西方的天文、数学等自然科学知识,并召法国传教士张诚(J. F. Gerbillon, 1654—1707)、白晋及比利时传教士南怀仁(F. Verbiest, 1623—1688)入宫讲解西方科学与数学;还接受陈厚耀的建议,于 1712 年下诏开设"蒙养斋",任梅文鼎之孙梅瑴成(1681—1763)为蒙养斋编修官,编修《律历渊源》、《数理精蕴》等书。

《数理精蕴》共53卷,其内容除当时已传入的一些西方数学知识外,还有中国数学家如梅彀成的某些研究成果。《数理精蕴》不但是按算术、几何、三角、代数学科分类的著作,也相当于是一部中国初等数学的百科全书,又因此书有“康熙御制”之名,故流传较广,其影响亦大。

受西方传教士的影响,中国学者多有著述。如年希尧通过与意大利传教士郎世宁(P. J. Castiglionne,1688—1766)在共同切磋工程图学技艺的过程中,领悟西方的透视学的精神,经多年钻研写成《视学》一书;《视学》不仅是中国图学的最早著作,也是世界上较早的图学专著,在国际上也产生了一定的影响。又如法国传教士杜德美(P. Jartoux,1668—1720)曾将西方三个幂级数展开式传入中国,称为“杜氏三术”,但他只传入三个公式,却没有证明过程;蒙族数学家明安图以多年精力,用初等数学方法证明了“杜氏三术”,并且又给出了六个展开式及其证明,共计“九术”。这“九术”对后世有一定影响,引起了如汪莱、董祐诚(1791—1823)、项明达(1789—1850)等人的关注,从而得到许多新的研究成果。

乾隆年间,开设四库全书馆。为了编撰《四库全书》,一方面辑录《永乐大典》所保存之书,另一方面征集私家所藏之书,因而发现并挖掘出多部濒于失传的中国古代传统数学著作。为了探讨、校订古代的经籍,形成了所谓“乾嘉学派”,他们用分析、归纳的方法,对这些古籍进行研究、校勘、注解,这对于恢复古籍起到了积极作用;为了复兴古算,对于所挖掘出来的古算书进行了整理、校勘、注释、研究,其中做出贡献的有戴震(1724—1777)、李潢(?—1811)、焦循(1763—1820)、汪莱、李锐、罗士琳等人。

到清代后期,西方数学第二次输入中国,中国的数学研究曾出现一时的繁荣景象,数学家辈出,著述如林。如在幂级数、尖锥术、组合数学、不定分析等方面,获得不少可喜成果,虽不及同期西方数学的水平,但有些成果却是中国学者独立创造出来的。其中最为突出的代表是被称为我国第一位数学教授的李善兰。他在接触西方数学之前,受到垛积术及传统极限观念的启发,创造出一种相当于微积分的方法,即尖锥术;他在《方圆阐幽》一书中,以十个"当知"也即十个命题,为尖锥术建立了理论基础,并列举了一些例证加以核算。李善兰还对垛积术进行了深入研究,他借助并拓展了贾宪三角,别树一帜,自成系统;在《垛积比类》中创造出数十套垛积公式,其中包括著名的"李善兰恒等式",为组合数学写下光辉的一页。

鸦片战争之后不久,李善兰、华蘅芳分别翻译了不少西方古典高等数学著作,从此,西方变量数学开始传入中国。由于文字关系,中国学者接触、研究西方数学还有很大的局限性,于是,清政府为形势所迫,不得不设立同文馆,培养专门人才,并选派留学生出国深造。等到大批留学生回国之后,便兴办学堂,讲解洋课程,培养出许多数学人才,从而使得中国数学的研究与数学的教育,逐渐走向世界数学的发展道路。

阅读材料　刘徽九章算术注原序

昔在包牺氏始画八卦,以通神明之德,以类万物之情,作九九之术以合六爻之变。暨于黄帝神而化之,引而伸之,于是建历纪,协律吕,用稽道原,然后两仪四象精微之气可得而效焉。记称隶首作数,其详未之闻也。按周公制礼而有九数,九数之流,则《九章》是矣。

往者暴秦焚书,经术散坏。自时厥后,汉北平侯张苍、大司农中丞耿寿昌皆以善算命世。苍等因旧文之遗残,各称删补。故校其目则与古或异,而所论者多近语也。

徽幼习《九章》,长再详览。观阴阳之割裂,总算术之根源,探赜之暇,遂悟其意。是以敢竭顽鲁,采其所见,为之作注。事类相推,各有攸归,故枝条虽分而同本干者,知发其一端而已。又所析理以辞,解体用图,庶亦约而能周,通而不黩,览之者思过半矣。且算在六艺,古者以宾兴贤能,教习国子。虽曰九数,其能穷纤入微,探测无方。至于以法相传,亦犹规矩度量可得而共，非特难为也。当今好之者寡，故世虽多通才达学，而未必能综于此耳。

《周官大司徒职》，夏至日中立八尺之表，其景尺有五寸，谓之地中。说云，南戴日下万五千里。夫云尔者，以术推之。按《九章》立四表望远及因木望山之术，皆端旁互见，无有超邈若斯之类。然则苍等为术犹未足以博尽群数也。徽寻九数有重差之名，原其指趣乃所以施于此也。凡望极高、测绝深而兼知其远者必用重差，勾股则必以重差为率，故曰重差也。立两表于洛阳之城，令高八尺。南北各尽平地，同日度其正中之景。以景差为法，表高乘表间为实，实如法而一，所得加表高，即日去地也。以南表之景乘表间为实，实如法而一，即为从南表至南戴日下也。以南戴日下及日去地为勾、股，为之求弦，即日去人也。以径寸之筒南望日，日满筒空，则定筒之长短以为股率，以筒径为勾率，日去人之数为大股，大股之勾即日径也。虽夫圆穹之象犹曰可度，又况泰山之高与江海之广哉。徽以为今之史籍且略举天地之物，考论厥数，载之于志，以阐世术之美。辄造重差，并为注解，以究古人之意，缀于勾股之下。度高者重表，测深者累矩，孤离者三望，离而又旁求者四望。触类而长之，则虽幽遐诡伏，靡所不入。博物君子，详而览焉。

思考与研究问题

1. 中国古代数学思想方法有哪些主要特点？

2. 《算数书》与《九章算术》有什么联系？

3. 用《九章算术》中的"盈不足术"求解下道算题：

今有共买琎，人出半，盈四；人出少半，不足三。问人数、琎价各几何？

4. 分别用《九章算术》中的"开方术"与古巴比伦的"均值法"求$\sqrt{3}$的近似值（精确到0.0001）。

5. 简述刘徽的数学思想方法。

6. 论述秦九韶的主要数学成就和数学思想方法。

7. 祖冲之的数学成就在中外数学史上有什么重要地位?

8. 分别用祖暅之与卡瓦列里的方法推导球体积公式。

9. 试比较“杨辉三角”或“贾宪三角”与“帕斯卡三角”的异同。

10. 简述杨辉数学教育思想的主要特点。

11. 简述朱世杰的主要数学成就。

4 东方数学(除中国数学外)

内容提要

本章主要介绍印度、阿拉伯从萌芽到鼎盛时期的数学(中国古代数学已在第三章介绍了),并对中国、希腊和印度数学进行比较。

随着希腊数学的衰落,在数学史上,希腊人的后继者是印度人。印度是世界上文化发达最早的地区之一,印度数学的起源和其他古老民族的数学起源一样,是在生产实际需要的基础上产生的。佛教的交流和贸易的往来,印度数学和近东,特别是中国的数学便在互相融合,互相促进中前进。

4.1 印度数学

4.1.1 印度数学的萌芽时期

印度、中国是亚洲的文明古国。1921—1922 年间,印度河流域莫亨约·达罗、哈拉帕等古代城市遗址的考古挖掘,揭示了一个悠久的文明,史称"哈拉帕文化"或"印度河流域文化"。其历史可以追溯到公元前3000 年左右。公元前 8 世纪—公元 2 世纪是印度数学的萌芽时期。

印度在历史上屡次遭受外族的侵扰,公元前 5 世纪后,印度先后遭受匈奴人、阿拉伯人、突厥人和蒙古人的侵占,这种多民族的交替入侵,使古代的印度文化包括印度的数学不可避免地呈现出多元化的复杂背景。

古印度的早期数学与宗教、天文学文献混杂在一起,如宗教经文《祭坛建筑法典》(成书于公元前 800—公元 500),记载修筑祭坛法规,其中涉及不少几何知识;能称得上是数学文献的吠陀时期的《绳法经》;还有写在桦树皮和树叶子上的数学作品(因不易保存,留下残缺不全);此外还有从古钱币和铭文中掇拾出少量有关数学的事实。我们根据上述文献,来了解印度早期数学的发展。

公元前3世纪以后,印度出现书写数学符号和十进位值制记数法,又如《绳法经》包含着某些可以追溯到公元前5世纪或更早时期的印度数学知识:其中有勾股定理和勾股数;有可通约量的迹象;还有单位正方形对角线的长度近似值:

$$\sqrt{2}=1+\frac{1}{3}+\frac{1}{3\cdot4}-\frac{1}{3\cdot4\cdot34}=1.414\ 215\ 686;$$

以及一些几何作图法等;在作一个正方形与已知圆等积的问题中,使用了圆周率的以下近似值:

$$4\left(1-\frac{1}{8}+\frac{1}{8\cdot29}-\frac{1}{8\cdot20\cdot6}-\frac{1}{8\cdot29\cdot6\cdot8}\right)^2=18\ (3-2\sqrt{2})=$$

3.088 3,这一结果比 $\pi=3$ 好不了多少;在耆那教(公元前6世纪在印度兴起的一种宗教)的经典中,可以找到 $\pi=\sqrt{10}=3.162$ 的近似。

公元前2世纪—公元3世纪的印度数学,资料不多。人们于1881年在今巴基斯坦西北地区一个叫巴克沙利的村庄,发现了这一时期的书写在树皮上的所谓"巴克沙利手稿",其中的数学内容十分丰富,涉及分数、平方根、盈亏计算、比例算法、数列、级数求和、代数方程等,如代数方程有一次方程、方程组、二次方程,并且手稿中使用了一些数学符号,如减号,状如今天的加号,"14—7"记成"14 7+"。巴克沙利手稿中出现了完整的十进位值制记数法,其中点"·"表示0,后来由点逐渐演变为小圆圈,现在通用的扁圆"0"号迟于公元9世纪已有记载[有书说在公元8世纪的梵文(Devanagari)数字已有上述零的记号"0"],如有一块公元876年的石碑,保存于印度中央邦西北地区的瓜廖尔(Gwalior)的石碑上,上面记有数"0"。

用扁圆符号"0"表示零,可以说是印度数学的一大发明。在数学上,"0"的意义是多方面的如它既表示"无"的概念,又表示位值记数中的空位(与中国类似),而且是数域中的一个基本元素。到公元11世纪,包括零号的印度数码和十进制位值记数法臻于成熟,印度数学家婆罗摩笈多和婆什迦罗等的著作中都有关于零的运算法则的记述。

4.1.2　印度数学的全盛时期

公元5世纪—12世纪是印度数学的迅速发展时期,其成就在世界数学史上占有重要地位。在这个时期出现了一些著名数学家,如阿耶波多(Aryabhata I,公元476—550),著有《阿耶波多历数书》;婆罗摩笈多,著有《婆罗摩修正体系》(公元628年),全书共24章,主要为天文数学内容,如算术、不定方程;婆什迦罗)(Bhāskara,1114—约1185)的著作至少有6种,如《丽曼娃提》和《算术本源》是两部重要著作(有人认为是《天文系统极致》一书的两个部分)。代表着1000—1500年印度数学的最高水平。这一时期印度数学的主要成就表现以下几个方面。

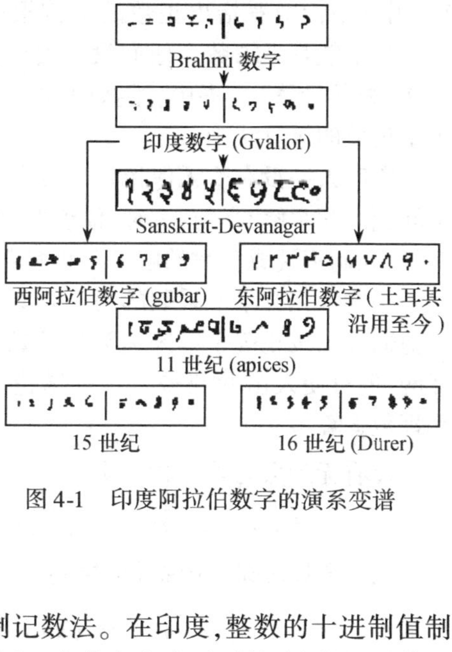

图4-1　印度阿拉伯数字的演系变谱

一、算术和代数方面

(1) 整数的十进制值制记数法。在印度,整数的十进制值制记数法产生于6世纪以前,用9个数字和表示零的小圆圈,再借助于位值制便可写出任何数字。他们由此建立了算术运算,包括整数和分数的四则运算法则;开平方和开立方的法则等。对于零,他们不单是把它看成一无所有或空位,还把它当作一个数来参加运算,这是印度算术的一大贡献。

印度人创造的这套数字和位值记数法在8世纪传入伊斯兰世界,被阿拉伯人采用并改进。13世纪初经斐波纳契的《算盘书》流传到欧洲，逐渐演变成今天广为利用的1，2，3，4，……，等等，称为印度—阿拉伯数字。但是，有数学史只称阿拉伯数字是不对的。

印度人采用的记数法的主要优点在于，这种记数法使用十进制的位值制和采用零的符号，大大减少了数字的个数。

（2）承认负数和无理数。印度人引用负数来表示欠债，正数表示财产数。印度最早用负数的是公元628年左右的婆罗摩笈多，他在《婆罗摩历算书》中比较完整地叙述了0和负数的四种运算，另外婆什迦罗指出正数的平方根有两个，一正一负。他也提到负数不能是平方数。他们没有给出定义、公理或定理。婆什迦罗在《根的计算》一书中，用数码加小点表示负数，并正确地叙述了正负数的运算法则。

印度人并没有毫无保留地接受负数，甚至当婆什迦罗给出一个问题的两个解50与-5时，他说"这里不要第二个数值，因为它不行，人们不赞成负数的解。"然而负数终于逐渐为人所接受。

印度人在算术上采取的另一重大步骤是正视了无理数，就是说他们开始按正确手续来运算这些数，这种做法他们虽未经一般证明，但可使人由此获得有用的结论。例如，婆什迦罗做过一些无理数运算：

设有无理数$\sqrt{3}$和$\sqrt{12}$，则

$$\sqrt{3}+\sqrt{12}=\sqrt{(3+12)+2\sqrt{3\cdot 12}}=\sqrt{27}=3\sqrt{3}$$

其一般原理是（用现代记号）：

$$\sqrt{a}+\sqrt{b}=\sqrt{(a+b)+2\sqrt{ab}} \tag{1}$$

这个式子实际上是整数的性质：

$$x+y=\sqrt{(x+y)^2}=\sqrt{x^2+y^2+2xy} \tag{2}$$

这是他说的"照整数那样来算"即：$x=\sqrt{a}$，$y=\sqrt{b}$则式（2）正好就是式（1）。

在他的书中还给出了两个著名恒等式：

$$\sqrt{a\pm\sqrt{b}}=\sqrt{(a+\sqrt{a^2-b})/2}\pm\sqrt{(a-\sqrt{a^2-b})/2}\text{。}$$

(3) 代数上的进展。印度人用缩写文字和一些记号来描述运算,像丢番图的著作中一样,他们不用加法记号,被减数上面加个点表示减法。其他运算用主要文字或缩写表示,例如:ka 是从 karana 这个字来的,表示对其后的数开平方。当有一个以上的未知量时,他们用颜色的名称来代表。例如:第一个未知量,其他的就叫黑的、蓝的、黄的,等等。每个字的头一个字母也被他们拿来作为记号。这套记号虽然不多,但足够使印度代数几乎称得上是符号性的代数,并且符号肯定比丢番图的缩写代数用得多。他们的问题和解答都用这种半符号方式写出的,但只写出运算步骤;没有随即说明理由或证明。印度人使用的代数实际运算,大大超过了希腊人的代数运算。

印度学者解出了一次方程和二次方程。反求法是解算术和一次方程所使用的方法之一。在阿耶波多的著作里叙述过反求法,但是这种叙述非常简洁,外行人可看不懂。阿耶波多写道:"乘法变为除法,除法变为乘法,利润转化成亏损,亏损转化成利润。这就是反求法。"我们发现婆什迦罗用反求法解题的例子。这个题目就是:"请你告诉我,你知道怎样正确地运用反求法吗?有一个数乘以 3,然后增加这个积的$\frac{3}{4}$,除以 7,减去商的$\frac{1}{3}$,自乘,减去 52,开方后加 8,除以 10 得出数 2,原来的数是多少?"用反求法解这道题应该根据下面顺序进行:

$$2\times10=20,20-8=12,12^2=144,144+52=196,\sqrt{196}=14$$

$$14\times\frac{3}{2}=21,21\times7=147,147\times\frac{4}{7}=84,84\div3=28。$$

印度人在解一元一次方程时还采用了另外的方法,称为"假定法"。在这种情况下,设未知数为任意的值,按照所给条件进行全部运算,如果计算结果得出正确答案,那么就是未知数等于这一给定值;如果所得答案大于或小于正确数,那么就是说,对未知数所给的值增加或减少多少倍,答案也增加或减少同样的倍数。例如:解这样的题目:"把 264 个货币单位分成 4 份,要使第二份比第一份大两倍,第三份比第二份大三倍,第四份比第三份大四倍。”可以用任意数作为第一份,如用 2 个单位,那么第二份应该是 4 个单位,第三份是 12 个单位,第四份是 48 个单位。因此总和等于 66,根据题目条件应该是 264。就是说所得答数比题目所给的数小 4 倍,所以未知数的值不等于 2,而是比 2 大 4 倍。即未知数等于 $2\times4=8$。

印度人解二次方程的方法比丢番图的解法优越,他们认为这种方程存在两个根,而且包括负根和无理根。

在公元 7 世纪,婆罗摩笈多用文字叙述了一元二次方程 $ax^2+bx=c(a\neq0)$ 的求根公式:$x=\dfrac{\sqrt{4ac+b^2}-b}{2a}$,这里只给出了一个正根(比我国迟,与希腊海伦类似),也没有说明理由。

公元 12 世纪印度数学家斯里特哈勒(Sridhara,公元 860—900)在他的《演算精义》中,对方程 $ax^2+bx=c$。用配方法的思想推导得:$4a^2x^2+4abx+b^2=4ac+b^2$,开方得:$2ax+b=\sqrt{4ac+b^2}$,得 $x=\dfrac{\sqrt{4ac+b^2}-b}{2a}$。

到 12 世纪,婆什迦罗在前人的基础上,给出了一元二次方程 $ax^2+bx+c=0$ 的两个根。他是承认二次方程有两个根的印度人,但在具体应用时,却舍去负根,也没有得出一般的公式。

婆什迦罗的著作特色,多用诗体韵文写成,(阿耶波多是最早使用者①),内容涉及算术、无理方程和几何等题目,如《丽曼娃提》(公元 1150 年)一书,书名原意是美丽或美好的,是他女儿的名字。据传,父亲一身忙于教书和研究数学,生活贫困,他喜欢掌上明珠的女儿。当女儿出嫁时,父亲把此书当作“嫁妆”赠给女儿丽曼娃提。就这本书中诗题选首介绍:

“素馨花开香扑鼻,诱得蜜蜂来采蜜,
熙熙攘攘不知数,一群飞入花丛里。

---

① 徐品芳:数学诗歌题解[M],北京:中国青年出版社,1997。

此群蜜蜂数有几？全体之半平方根。
另有一雄在采蜜，一雌在旁绕分飞。
总数的九分之八，徘徊在外做游戏。”

解：若设蜂群有 x 只，由题意得：$\sqrt{\frac{x}{2}}+\frac{8}{9}x+2=x$，解得 $x=72$(只)。

又如在他的著作中有题：“一群鹅中有一对留在水中游戏，它们看到7倍于原来鹅数的平方根的半数的鹅厌倦了这项游戏，而向岸边游去。请告诉我，亲爱的姑娘，鹅群中有多少鹅？”

用今天式子写为：$2+\frac{7}{2}\sqrt{x}=x$，

他对 $x+a\sqrt{x}=b$ 用配方法推得：$x-\left(\sqrt{b+\frac{1}{4}a^2}-\frac{1}{2}a\right)^2$ 代入解出：

$$x=\left[\sqrt{2+\frac{1}{4}\left(-\frac{7}{2}\right)^2}+\frac{7}{4}\right]^2=16(\text{只})$$

印度人也十分注意不定方程，公元6世纪阿耶波多简单陈述解一次不定方程的方法。7世纪婆罗摩笈多则前进了一步，他提出了方程 $ax+by=c$(a,b,c 都是整数)的完全整数解。他和婆什迦罗研究过不定方程 $y^2=ax^2+b$ 及其特殊情形 $y^2=ax^2+1$(今称贝尔方程)的解法。为了解形如：$ax+by=c$ 的不定方程，他们所用的方法实际上类似于欧拉的方法。在解题时，欧拉采取把数 $\frac{a}{b}$ 分解成连分数的形式，印度人同样把数归结成一串的除法。印度人还解出一些比较复杂的不定方程。例如，我们发现他们会解形如：$xy=ax+by+c$，及 $y^2=ax^2+b$ 的方程。当然，不定方程的一般解的理论在17世纪费马作了较为系统的贡献，贝尔方程的完整解，由18世纪的拉格朗日(J. L. Lagrange，1736—1813)最终完成。

(4) 级数问题。公元7世纪婆罗摩笈多提出了等差级数的通项公式、等差中项公式。他列出求项数公式：

$$n=\frac{\sqrt{(2a_1-d)^2+8ds_n}-(2a_1-d)}{2d}$$

这个公式不难从等差级数前 n 项和等公式中导出。当然,印度人不是最早研究等差级数者(最早是埃及和巴比伦)。上述公式也不是最早发现(最早是我国 5 世纪《张邱建算经》)。

此外,印度人还从实例中知道自然数平方和、立方和公式:

$$\sum n^2=\frac{n(n+1)(2n+1)}{6},\ \sum n^3=\frac{n^2(n+1)^2}{4}$$

二、几何与三角方面

印度人不像希腊人那样细致,他们对计算的兴趣使他们忽视了哲学上的区别或希腊人认为属于基本的那些原理上的区别。印度人的几何比代数逊色,严格的证明不常有,更没有公理体系。这段时期的几何没有什么进展;它不过是些求面积和体积的公式,有的正确,有的不正确。好些公式,如海伦的三角形面积公式和托勒密定理是从亚历山大希腊人那里学来的。他们的 π 值一般是不正确的,$\sqrt{10}$ 常常用来代替 π。但有时也出现较好的 3.141 6。他们不加证明地给出任一四边形的面积的公式为:$\sqrt{(s-a)(s-b)(s-c)(s-d)}$,这里 s 是周长的一半,a、b、c、d 是四边长。这个公式只对圆内接四边形成立。可看出他们对几何的公式精确性是不大注意。

印度人的主要兴趣在天文学方面,印度的所有三角术几乎全是天文学的副产品。他们把作为天文学工具的三角学作了一些推进。印度的三角学方面远远超过了希腊人。我们发觉,把圆周和直径分成几个部分的方法本身,与前面介绍的托勒密的方法相比较,印度人有相当的进展。

阿耶波多制作一个正弦表,依照巴比伦和希腊人的习惯将圆周分为 360 度,每度分为 60 分,整个圆周分为 21 600 分,再由 $2\pi r=21\ 600$,可得半径 $r=3\ 437.746\cdots$,略去小数部分,取近似值得 $r=3\ 438$。依此计算第一象限内每隔 $3°45'$的正弦长。$\sin30°=$

1719,sin45°=2431 等。这和希腊的托勒密有显著的不同,印度人认为圆弧与弦长应用同一单位来度量,而托勒密对这一点是犹豫不决的。阿耶波多默认曲线与直线可用同一单位来度量,整个圆周是21 600 个单位(分),那么半径就应该是3438 个单位。这里包含着弧度制的思想,弧度制的精髓,就是统一度量弧长与半径。

另一方面印度人计算半弦(相当于现在的正弦线)而不是全弦长,如把圆内接正多边形的边作为基础,它们的长容易用外接圆的半径的长来表示,而半径长则取为3 438,因此90°的正弦也是等于3 438,而30°的正弦等于连接60°弧的两端的弦的一半,用1 719 表示等等。印度人已经知道三角量之间的某些关系式,这就能更准确地计算。例如:他们知道的关系式可以表示成公式:$\sin^2\alpha+\cos^2\alpha=r^2$,$\cos(90°-\alpha)=\sin\alpha$,$\sin\mathit{vers}2\alpha=2\sin^2\alpha$ 等,还有两角和的正弦与两角差的正弦的表达式。他们由关系式 $\sin^2\alpha+\cos^2\alpha=r^2$ 得到:

$$\sin45°=\sqrt{\frac{r^2}{2}}=2\ 431,\sin60°=\sin(90°-30°)=\frac{1}{2}\sqrt{3r^2}=2\ 978$$

从所求的90°,60°,30°的弧的正弦出发,利用半角的表达式,印度人计算了角$22\frac{1°}{2}$,15°,$11\frac{1°}{4}$,$7\frac{1°}{2}$,$3\frac{3°}{4}$等的正弦值。

综上所述,印度人注重数学的算术和计算方面,并在这方面做出了贡献,但不甚重视演绎结构。到1200 年左右印度科学活动衰落了,数学上的进展停止了。在18 世纪英国人征服印度后,少数印度学者去英国留学并在回国后进行一些研究工作。不过这种现代研究是欧洲数学的一部分。

4.2 阿拉伯数学①

从9 世纪开始,数学发展的中心转向阿拉伯和中亚细亚。自

① 阿拉伯数学我国了解不多,吴文俊院士建立“数学与天文丝路基金”,开展研究,今后对中亚地区数学、天文将有更多了解。

从公元7世纪初伊斯兰教创立后,很快形成了强大的势力,迅速扩展到阿拉伯半岛以外的广大地区,跨越欧、亚、非三大洲。在这一广大地区内,阿拉伯文是通用的官方文字,这里所叙述的阿拉伯数学,就是指用阿拉伯语研究的数学。这一时期的数学有时称为“伊斯兰数学”或“中亚细亚数学”。从8世纪起,大约有一个到一个半世纪是阿拉伯数学的翻译时期,巴格达成为学术中心,建有科学宫、观象台、图书馆和一个学院。他们对别的种族和教派是宽容的,并容许异教徒自由活动,这样,阿拉伯成为当时除中国以外的世界文化和科学的中心。来自各地的学者把希腊、印度和波斯的古典著作大量地译为阿拉伯文。在翻译过程中,许多文献被重新校订、考证、勘误、增补和注释,大量的古代数学遗产获得了新生。阿拉伯文明和文化在接受外来文化的基础上,迅速发展起来,直到15世纪还充满活力。

图4-2　阿尔·花拉子米

阿尔·花拉子米(Al-Khowarizmi,约公元780—850)(图4-2)是阿拉伯数学、天文、地学家。在数学上编著了两部传世之作《印度的计算术》(主要介绍印度数码和计算法的著作);另一部是名著《代数学》(公元820年),此书阿拉伯文书名是'ilmal-jabr wa'l mugabalah,直译为《还原与对消的科学》”。“al-jabr”意为“还原”(今称移项),“mugabalah”意为“对消”(今称合并)。一般人认为,现代“algebra”(代数学)一词由“al-jabr”演变而来。

本书系统地讨论了一般二次方程的解法,他提出的“还原”与“对消”的方法,成了解方程基本变形法则,一直沿用今天。花拉子米的《代数学》中,系统地讨论了一次和二次六种类型的方程,用现代符号表归结为:$ax^2=bx$,$x^2=c$,$ax=c$,$ax^2+bx=c$,$ax^2+c=bx$,

$bx+c=ax^2$。他详细地讨论了二次方程,可统一为今天形式:$x^2+bx+c=0$,并给出了求根公式:$x=-\frac{b}{2}\pm\sqrt{\left(\frac{b}{2}\right)^2-c}$与今天一般求根公式一样。但花拉子米的解方程,全是文字叙述的。对每个类型的方程都讲了具体求根方法,然后用几何图形给出证明。花拉子米是采用分析与几何方法解二次方程的,并承认有两个根答案,他的解法较之丢番图的解法有很大的优越性。

例如:对于方程式 $x^2+10x=39$,花拉子米给出了两种几何的解法,我们介绍其中的一种证法。作边长为未知数 x 的正方形,然后在它的边上向外作边为 x 与$\frac{5}{2}$的矩形。再把整个图形补充成边为 $x+5$ 的正方形(如图 4-3)。从图中可以看到,整个大正方形的面积是由边为 x 的正方形的面积、边为 x 和$\frac{5}{2}$的四个矩形的面积、边为$\frac{5}{2}$的四个正方形面积组成。因此大正方形的面积等于 $x^2+10x+25$。因为 $x^2+10x=39$,所以大正方形的面积等于 39+25,即 64。因而这个正方形的边长等于 8,而 x 就是较小正方形的边,等于 $8-5=3$。

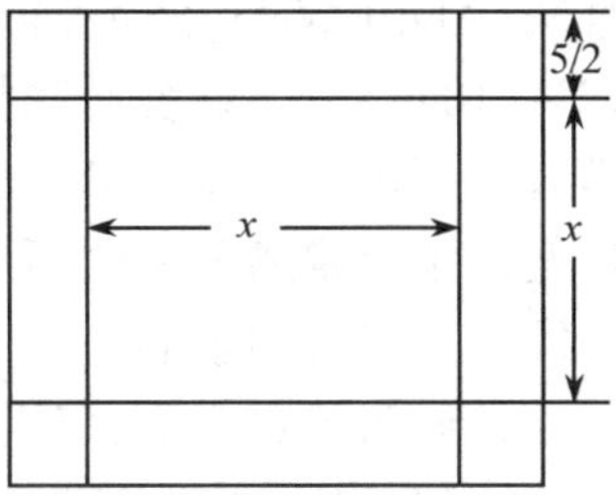

图 4-3

花拉子米对于方程 $x^2+21=10x$ 所作的分析解法,他可以叙述成这样:“把根(未知数)的数(即一次项的系数)二等分,得到 5。把这个数自乘得 25。从积里减去 21 得 4。把 4 开平方得 2。从根数的一半(即 5)里加上或减去这个根(即 2),得 3 或 7。”如果运用现代的符号,那么得到如下的答案公式:$x=5\pm\sqrt{25-21}$。

阿拉伯人也用代数方法解出一些三次方程,然后照上面对二次方程那样作出几何解释。他们用圆锥曲线相交来解三次方程,这是阿拉伯人在代数上推进的一大步。

阿拉伯的代数有两个不足:一是没有引进负数,比印度人后退了一步;二是没有采用代数符号,代数著作完全是文字叙述。

三角学在阿拉伯数学中占有重要地位,它的产生与发展和天文学有密切关系。阿拉伯人在印度人和希腊人工作的基础上发展了三角学。他们引进了几种新的三角量,揭示了它们的性质和关系,建立了一些重要的三角恒等式。给出了球面三角形和平面三角形的全部解法,制造了许多较精密的三角函数表。其中著名的数学家有:阿尔·巴塔尼(Al-Battani,公元850—929)、阿卜尔·维法(Abu'l-Wefa,公元940—998)、阿尔·比鲁尼(Al-Beruni,公元973—1048)等。系统而完整地论述三角学的著作是由13世纪的学者纳西尔丁(Nasir ad-din al-tust,公元1201—1274)完成的,该著作使三角学脱离天文学而成为数学的独立分支,对三角学在欧洲的发展有很大的影响。

在近似计算方面,15世纪的阿尔·卡西(Al-Kashi,?—1429)在他的《圆周论》中,叙述了圆周率π的计算方法,并得到精确到小数点后16位的圆周率,从而打破祖冲之保持了一千年的记录。此外,阿尔·卡西在小数方面做过重要工作,亦是我们所知道的以“帕斯卡三角形”形式处理二项式定理的第一位阿拉伯学者。

阿拉伯几何学的成就低于代数和三角。希腊几何学严密的逻辑论证没有被阿拉伯人接受。阿拉伯人确曾对欧几里得的《原本》作过评注,这是使人惊异的事,因为这说明他们还是欣赏数学的严格性的,尽管他们在代数上通常是不管这个的。这些评注中包括关于平行公理的著述,它们的价值不在于给出了什么新的结果或新的证明,而多半在于提供了关于阿拉伯人所知道而如今已失传的希腊手稿的情况。

总的来看,阿拉伯数学较缺少创造性,但当时世界上大多数地方正处于科学上的贫瘠时期,其成绩相对显得较大,值得赞美的是他们充当了世界上大量精神财富的保存者,在黑暗时代过去后,这些精神财富才传回欧洲。欧洲人主要就是通过他们的译著才了解古希腊和印度以及中国数学的成就。

阿拉伯人的工作在1000年之际达到顶峰。在1100—1300年间,基督教十字军的打击削弱了东部阿拉伯人。其后他们所居土地被蒙古人所蹂躏侵占;到1258年之后巴格达的回教国已不复存在。在鞑靼人的进一步破坏下又把阿拉伯文明摧毁殆尽,在西班牙的阿拉伯人经常遭到进攻并终于在1492年被基督徒所征服;这就使该地区的数学和科学活动告一终结。

4.3 中国、希腊、印度数学比较

中世纪的东方数学,特别是中国与印度数学是一种归纳思维能力的产物,这种能力与欧几里得几何的演绎风格迥然不同却又相辅相成。东方数学在文艺复兴前通过阿拉伯人传到欧洲,与希腊式的数学交汇结合,孕育了近代数学的诞生。

4.3.1 中国传统数学的特点

一、算法化特点

所谓"算法",不只是单纯的计算,而是为了解决一整类实际或科学问题而概括出来的带一般性的计算方法,算法倾向本来是古代河谷文明的传统,但在中世纪却有了质的提高。以《九章算术》为代表的中国传统数学,由于它以构造性和机械化的思维方式算法形式的具体成果,从思想与方法上正好切合于计算机出现以后的时代要求。中国古算的传统特色与其思想体系,对未来数学的发展应起巨大的推动作用。

算筹为中国数学发展提供了技术工具,使中国在世界上最早采用十进位值制记数法,使计算程序化和自动化。

然而长期坚持走算法化的道路,限制了数学方法的流传和改进,影响了逻辑体系的发展,很难达到现代数学的发展水平。

二、实用性思想

中国的数学著作都以社会生产和生活实践中的问题为纲,这些问题基本按社会生活领域进行分类。过分重实用,不利于抽象概念和命题的形成。

三、管理数学特色

中国古代数学多半是“管理数学”，目的是丈量田亩、兴修水利、分配劳力、计算所收、运输粮食等国家管理的实用目标。因此，中国古代数学较早进入官府，理论探讨退居其次，不要求较多的“性质”问题，而仅仅是要数字结果。于是把几何问题局限于求面积、体积和勾股定理的应用，完全转化为数字计算，就是刘徽、秦九韶等也未能跳出追求数字结果的圈子，这是美中不足。

四、连续性特征

主要表现在以下几个方面：

(1) 历代中国传统的数学典籍体例一致性。以《九章算术》为代表的数学体例，影响着后来算经，甚至秦九韶《数书九章》及杨辉、李冶、朱世杰等的著作均没有脱离传统的体例。

(2) 数学各分支发展的继承性。改进发展前人数学遗产的著作，特别是对《九章算术》的注释代代相传。

(3) 计算工具使用的一贯性。筹算在我国使用了二千多年，一直到15世纪中叶，算筹发展成为珠算，直到今天还盛行不衰。

(4) 独立的数学文化传统。英国数学史家李约瑟这样评述外域文化对中国的影响：“中国和它的西方邻国以及南方邻国之间的交往和反映，要比一向认为的多得多，尽管如此，中国思想和文化模式的基本格调，却保持着明显的、从未间断的自发性。由此可以佐证外来文化的影响从来没有多到足以影响中国化特有的文化以及科学格调。”

4.3.2 希腊数学的特点

一、理化演绎体系特点

希腊人觉得只有用演绎推理方法才能获得真理，要获得真理就必须从公理出发，才要保证不把靠不住的事实当作已知。因此他们的著作首先建立公理或公设，使之能马上进行批判考察。希腊人认识到概念必须彼此没有矛盾，以及不能用不存在的图形

(如正十面体)来搞出前后一致的逻辑结构,这一切显出他们几乎有超人的并且肯定是空前的思想深度。如欧几里得《几何原本》之含467个命题以及阿波罗尼斯《圆锥曲线论》之含487个命题都是先从给出的定义、公理处罚进行推理,由于希腊人关心逻辑的严密性,人们把数学成为抽象化科学归功于希腊人。当然,希腊数学也有不足,如一是他们对待无理数概念、接受并且在思想上不视为数,他们硬把数和量区别开来,结果就把代数和几何看成是不相干的学科。二是他们把结构严密的数学(除数论外)局限于几何,使几何方法证明越来越复杂,而且,即使在比较简单的证明里也缺乏一般的方法。三是他们不仅把数学主要限制于几何;甚至把几何只限于那些能用直线和圆作出的图形。由于抽象思维同实用分开,所以古希腊几何成为一门有限的学科,狭隘的视野,使人们的头脑接受不到新思想和新方法。

二、把数学等同于物理世界的信念

希腊人认为可以在数学里看到关于宇宙结构和设计的最终真理,他们建立了数学和研究自然真理之间的联盟,这在以后便成为现代科学的基础本身。他们把对自然的合理化认识推进到足够深远的程度,使他们能牢固树立一种信念,感到宇宙确实是按数学规律设计的,是有条件、有规律、并且能被人所认识的。他们相信数学事实不是人创造的,而是先于人而存在的。

三、视数学在美学上的意义

希腊人认为数学是一种美,是和谐、简单、明确以及有秩序的艺术。在希腊人的思想里,对合理的、美的乃至于对道德上的关心都是分不开的。无疑是由于数学在美学上的吸引力,才使得希腊数学家把有些项目探索到超出为理解自然所必需的程度。

4.3.3 印度数学的特点

一、符号化特点

印度的数学家对数目都有丰富的想像力,他们创用数学符号,并用缩写文字和一些记号来描述运算,使印度代数几乎称得上是符号性的代数,并且符号比丢番图的缩写代数用得多。

二、不让平民有一丝一毫的教育

亚利安人发展了世袭的种姓制度,婆罗门(教士)与武士享有统治权。婆罗门掌管知识,并且不让平民受有一丝一毫的教育;为此,他们反对写作,而婆罗门教圣诗吠陀则以口述承传。亚利安人在印度头一千年的历史就因文献不足而不清不楚。在数学方面,我们只能从吠陀的经文中看出,他们和别的民族一样,也在天文方面花上一些心思。公元前 6 世纪,佛教兴起,屏弃了婆罗门教的闭锁性格,于是文学萌芽,历史也开始有了可靠的文献。大概也就在这个时候,因设计、修建庙宇、祭坛和测量等,从实践中证显了《测绳的法则》,简称《绳法经》(约前 8 世纪—前 2 世纪),正如前面 4.1 节介绍,书中有一些几何知识(如勾股定理、相似形和作图等)和代数计算。

三、缺乏交流和继承的传统

印度被多民族的交替入侵,使古代的印度文化包括印度的数学不可避免地呈现出多元化的复杂背景。印度幅员辽阔,文字不统一,以致缺乏交流和继承的传统。关于公元前 2 世纪至 3 世纪的印度数学,可参考资料也很少。

综上所述:在漫长的数学历史中;发源于古希腊的公理化演绎体系和中国的机械化算法体系以及印度的符号性代数体系曾多次反复互为消长,交替成为数学的主流。各自独特的科学创造丰富了人类的思想宝库。中世纪的东方数学表现出强烈的算法精神,特别是中国和印度数学,着重算法的概括,不讲究命题的形式推导。中国和印度的数学家创造的大量复杂、应用广泛的算法,很难再仅仅看作是简单的经验法则。他们为孕育近代数学的诞生作出了重大贡献。

阅读材料 “0”的最早出现

一般认为现在的“0”的符号最早出现在印度,正文中已介绍,公元8世纪初印度已有记载。印度最初用空格表示零,后来用“·”,点又演变成小圆圈,何时演变为扁圆“0”,目前难确定。

中国最早也用空格表示零(约公元3世纪),目前看到秦九韶《数书九章》(1247年),是数学书上较早出现用圆圈“○”表示零。

发现印度“0”的记载是在中印两个边界的碑文上,李约瑟风趣地说:“也许我们可以冒昧地把符号零看作是汉代筹算盘的空位上摆了一个印度花环”《中国科学技术史》第三册。又有人更形象比喻说:“中国是0的父亲,印度是它的母亲。”关于零的历史详见相关文献①②。

思考与研究问题

1. 从数学符号化的意义谈印度数学对孕育近代数学的诞生作出了重大贡献。

2. 阐述阿拉伯数学对孕育了近代数学的诞生的主要贡献。

---

① 梁宗巨:数学历史典故[M],沈阳:辽宁教育出版社,1992,48—69。

② 徐品方,张红:数学符号史[M],北京:科学出版社,2006。

5 文艺复兴前后的欧洲数学

内容提要

本章主要介绍欧洲中世纪突出的数学成就：代数学、三角学、对数。

在科学史和哲学史上把5世纪中叶到15世纪前叶的1000年称为欧洲中世纪。这一时期整个欧洲生产停滞，经济凋敝，科学文化落后，既没有像样的发明，也没有值得一提的科学著作。

从15世纪中期到17世纪末的200多年时间，通常被称为文艺复兴时期。"文艺复兴"是欧洲新兴资产阶级发动的反封建主义和天主教神学统治的思想文化运动。因为它打着复兴古代文化的旗号，所以历史上称它"文艺复兴"。其实它并不是复兴古代文化，而是创造一种新的文化，被恩格斯称为"人类从来没有经历过的最伟大的、进步的变革。"

文艺复兴初起意大利，尔后是德国、法国，乃至整个欧洲，这时期欧洲的数学开始步入世界前列。其中德国的主要贡献是三角学，意大利的主要优势是代数方程；法国于16世纪末出现了杰出的数学家韦达，而英国直到17世纪初才崭露头角，发明了令人惊异的对数，这一切是在继承古代数学的基础上的新进展。这为后来出现的欧洲数学大发展创造了必要条件。

5.1 欧洲中世纪的数学

欧洲中世纪的前700年称为中世纪前期，是欧洲封建生产方式发生和形成阶段。这一时期的欧洲在基督教统治下，知识界迷信权威，思想一律，教条主义、神秘主义之风导致这一时期没有什么数学和科学成果出现，因此被许多文学家称之为欧洲的黑暗时代。

在这样的大气候下，罗马贵族后裔哲学家博伊西斯

(A. M. S. Boethius,约公元475—约524)仍坚持对古希腊著作的浓厚兴趣,编著《算术》与《几何》两种数学著作与其他两本关于天文学和音乐的书。即使内容简单也被作为标准课本沿用了近千年。

公元10世纪,第一个西班牙穆斯林的基督教徒、法国数学家、罗马教皇热尔贝(Gerbert,公元945—1003)。他知识渊博,是位开明教皇,除热心政治外,还表现了对科学和教育的热忱。在位时就亲自撰写了关于算术和几何的著作,曾把阿拉伯数码引入欧洲,在他的影响下,基督教会缓和了对科学和数学的敌视态度,从而为教会学者进行学术研究开了方便之门 。希腊的科学、数学著作开始零星传入西欧。博伊西斯和热尔贝的工作在数学史上虽不能算是什么成就,但却是欧洲黑暗时代一缕微弱的数学之光。热尔贝之后,相对重视科学的思想观念得到传承,一直延续到13世纪。

后300年的中世纪后期是欧洲封建生产方式的兴盛阶段。公元1100年左右,欧洲人开始从阿拉伯人和拜占庭的希腊人那里接触到希腊著作。当时,正值阿拉伯科学和数学的顶峰。穆斯林的西班牙学校在传授欧几里得和阿基米德的著作,穆斯林学者被认为是当时最有学问的人。因此,有志于数学和科学的欧洲人迫切地寻找和学习阿拉伯文的学术著作。英国巴斯的阿德拉特(Addard,约1090—1160)假装成一个穆斯林学生到科尔多瓦等地去听讲,历尽艰难获得《几何原本》以及花拉子米的《代数学》、《天文学》等书的抄本,并把它们从阿拉伯文译成拉丁文。12世纪时,托莱多的大主教雷蒙德创办了一所翻译学院,培训翻译人才。意大利人克雷蒙那(Cremona,1114—1187)将阿拉伯文译成拉丁文的著作超过85部,是众多的翻译家中贡献最大者。此外,亚里士多德和海伦的许多著作以及阿基米德的《圆的度量》等也都在这个期间译成拉丁文。因此12世纪是翻译者的世纪。古希腊人的成就,使欧洲学术界受到极大的激励,从根本上改变了基督教社会对数学的偏见。希腊学术的发现和城市工商业的发展改变了

图 5-1　斐波那契

欧洲学术界的面貌。斐波那契(图 5-1)《算盘书》(1202 年)的问世是 13 世纪数学界的大事,这是一部由阿拉伯和希腊文资料编译而成的拉丁文数学著作,是一部当时被公认的由欧洲人写成的伟大的数学著作,在两个多世纪中一直被奉为经典,标志着东方的算法思想开始在欧洲生根开花。14 世纪的教会学者对无限、运动的研究,为以后欧洲数学的发展提供了一些具有深远意义的数学思想。

5.2　文艺复兴时期的欧洲代数学

文艺复兴时期是欧洲资产阶级文化萌芽时期,公元 1400—1600 年约 200 年的历史中,欧洲发生了几件重要事件,最后使得知识界的面貌大大改观,也使数学活动以空前的规模和深度蓬勃兴起。

意大利是亚、非、欧三大洲经济贸易的中转站和经济中心,但各地经济发展极不平衡,经常受到外部入侵。文艺复兴伊始,新兴资产阶级出于维护和发展其政治和经济利益的需要,开始在意识形态领域反对教会精神统治的斗争。在意大利各城市中,对古希腊和古罗马文化的研究蔚然成风。眼镜、温度计、湿度计、水银高压计等工具仪器先后发明。这些技术的发展提供了许多物理学和化学上的新事实和实验手段,为进一步观察分析、总结研究自然现象创造了条件。约 12 世纪,欧洲人通过阿拉伯人学习了中国的造纸术,以棉麻所造的纸代替了羊皮纸和草纸片。15 世纪中叶,活字印刷术在欧洲发明,这两项技术加速科学文化知识的传播。

1492 年意大利航海家哥伦布(Columbus,1451—1506)受命于西班牙统治者,率船 3 艘、水手 87 人出航完成“发现新大陆”的壮举。1519—1522 年葡萄牙航海家麦哲伦率领的船队完成世界上第一次环球航行。证实了地球是球形的。这些行动不仅为欧洲贸易和商品找到新的途径与资源，也带来异地的植物、动物、气候、生活方式、信仰和习惯等知识。这对中世纪教条主义提出了挑战，引起人们对教会的所谓"科学"和宇宙学说的可靠性的怀疑。波兰天文学家哥白尼(N. Copernicus, 1473—1543)根据长期观察推算提出"日心说"。这对"地心说"的创始人托勒密及其支持者无疑是沉重的一击，成为自然科学进一步发展的先声。这当然地引起了教会的恐慌，因其宗教神学的统治地位受到严重威胁，于是教会开始了对科学的一系列迫害行动。当哥白尼的《天体运行论》(1543 年)一出版就被教会列为禁书，信奉"日心说"的意大利天文学家布鲁诺(G. Btuno，1548—1600)，于 1600 年被烧死在罗马的广场上；伽利略(G. Galilei ，1564—1642)利用自己发明的第一天体望远镜进行观测，发现大量新的星体及其运动规律，支持了哥白尼的日心说，因此在 1633 年也被罗马教廷传讯并监禁，1642 年死于囚禁中。虽然历史早已证明地心说的谬误，可直到 1799 年罗马教廷才正式承认对伽利略的审判是错误的，并公开予以平反，这表明教廷最终承认了伽利略的主张——宗教不应该干预科学。

在各种哲学系统纷纷瓦解、神学信念受人怀疑以及伦理道德变化无常的情况下，知识分子要为其知识的建立寻找新的、坚固的基础，数学理所当然地被公认为是唯一的真理体系。于是，人们把寻求真理的努力转向数学。同时，神学家们长期接受的一个信条是：上帝按数学方式设计了大自然。他们甚至将上帝推崇为一个至高无上的数学家，这也使寻求大自然的数学规律一事成为一件合法的宗教活动。这些理论支持了数学家们的工作，客观上推进了数学发展。

5.2.1 方程简史

意大利人对代数历来具有浓厚的兴趣，这与意大利早期数学家的工作有关。1494 年，意大利数学家帕乔利（L. Pacioli ，约 1454—1517）《算术、几何及比例全书》（1494 年）一书出版，书中包罗了当时欧洲的各种数学知识，他追随缪勒（J. Müller，1436—1476 ）用代数法研究几何问题，曾任维也纳大学教授，在欧洲许多地方讲授数学，很有声望，他的著作一直被作为标准的数学论著。帕乔利虽熟识一、二次方程的解法，但却认为高于二次的方程是不能解的，他在这本著作里指出：形如 $x^3+mx=n$ 与 $x^3+n=mx$ 是不可能有解的。这一结论使三、四次方程的求解很快成为 16 世纪数学研究的中心，它刺激数学家们努力去攻克这一难题。16 世纪最壮观的数学成就当数意大利数学家们关于三、四次方程的解法的研究，这一工作使得文艺复兴时期代数方程论取得长足的进展。

一、二次方程求根的历史

一般二次方程求根公式的出现是方程发展史上的一件大事。从前面几章已知巴比伦泥板中，都可以看到二次方程求解的问题。

大约在公元前 1894—前 1595 年的巴比伦全盛时期，最早出现了二次方程解法的求根公式，如美国耶鲁大学巴比伦藏品编号为 ybc6967 的一块泥板，记载了一个数学题："两数互为倒数，二者之差是 7，求这两数。"①另一类常见的类型是"两数之积 a，是两数之和（或差）是 b 求两数。"解法是由方程组（用今符号表示）：

$$\begin{cases} xy=a \\ x+y=b \end{cases}$$

消去一个未知数得到 $x^2-bx+a=0$（a，b 为正），于是

$$x=\frac{b+\sqrt{b^2-4a}}{2} \tag{1}$$

这充分说明巴比伦人已知二次方程的求根公式①。但他们怎样导出公式，没有记载；同时，当时未认识负数，只取一个正根。

古希腊欧几里得的《几何原本》（约公元前 300 年前后）、丢番

① 梁宗巨：数学历史典故，沈阳：辽宁教育出版社，1992，325—343。

图的《算术》(约公元前3世纪)也有上述求根公式(1)[①]。

我国古算《周髀算经》(约前2世纪)注译者赵爽(公元3世纪)撰的光辉论文"勾股圆方图"中,以及《九章算术》(公元前1世纪)"勾股章"第11题,以及刘徽《九章算术注》(263年)都用几何方法推导发现了两种形如方程 $x^2+bx=c$(b、c 为正)的求根公式,用今符号表示为

$$x=\frac{-b+\sqrt{b^2+4c}}{2}$$

古印度数学家阿耶波多(第一)、婆罗摩笈多、斯里特哈勒等,先后对形如 $ax^2+bx=c$($a\neq0$),得到求根公式(只取正根)

$$x=\frac{-b+\sqrt{b^2+4ac}}{2a}$$

斯氏用配方法导出此公式(见4.2.1),但有资料说是婆什迦罗导出,这是不准确的。

完全一元二次方程求根公式的最后完成应归功于阿拉伯数学家花拉子米,他从《代数学》中给出 $x^2+bx=c$ 的求根公式

$$x=-\frac{b}{2}\pm\sqrt{\left(\frac{b}{2}\right)^2-c}$$

并且用几何方法给出两种证明(见前4.1)。

对于形如方程 $ax^2+bx=c$($a\neq0$),两边除以 a,变为 $x^2+\frac{b}{a}x+\frac{c}{a}=0$,仿上得流传至今的求根公式:

$$x=\frac{-b\pm\sqrt{b^2-4ac}}{2a}$$

因此,一般二元二次方程的求根公式,人类约花2000多年,最后由花拉子米彻底解决。

① 梁宗巨:数学历史典故,沈阳:辽宁教育出版社,1992,325—343。

二、三次方程的公式解法

三次方程的问题出现得也很早。在巴比伦泥板上曾经发现这样一个问题:“求给定体积的长方体的长、宽、高,其中已知长是高的12倍,而宽与高相等。”

这个问题用现在设未知量列方程的办法求解,其方程是:

$x=12z, y=z, xyz=v$,变形后为 $12z^3=v$

巴比伦人通过查立方根表的办法先算出高 z,然后算出长与宽。

公元3世纪,丢番图接触了一些可以归结为三次方程求解的具体问题。

解方程的方法,我国古代开带从平方法(如求 $x^2=c$ 的根,x^2 项后面跟有一次项 bx,古法称为“从法”)和开带从立方法,即从求 $x^3=N$ 的根中,扩展出了一种用所谓“开带从立方法”来求形如 $x^3+px^2+qx=N(p>0, q>0, N>0)$ 的正根。公元7世纪,我国数学家王孝通著《缉古算经》内载有不少需要用三次方程求解的实际问题。这些问题所列出的方程基本形式也是 $x^3+px^2+qx=N$。对于这种方程的解法,王孝通在著作中只说:“开立方除之”,而没有详细地说明。因此我们也不知道王孝通是怎样解三次方程的,估计不会用求根的公式来解。

图 5-2 海亚姆

在三次方程求根公式出现之前,对三次方程有两种解法,第一种是11世纪中亚地区数学家海亚姆(Khayyam,约1036—1124)(图5-2)提出的,通过曲线的交点,来求出三次方程根的方法。海亚姆把所有正系数的三次方程分成各种类型,然后分别通过各种不同的圆锥曲线的交点来求解。比如方程 $x^3+bx=c$ 他首先令 $b=p^2, c=p^2r$,使方程变为 $x^3=p(r-x)$,这个方程可以看作是 $x^2=py, y^2=x(r-$

x)，消去 y 后的结果，其中 $x^2=py$ 的图形是一条抛物线，$y^2=x(r-x)$ 的图形是一个圆。两方程联立，在图形上得到一个交点，这个交点的横坐标就是原方程 $x^3+bx=c$ 的根。

海亚姆当时还没有坐标的概念，他是采用先画出一条焦参数为 p 的抛物线，然后在长度为 r 的直径 QR 上作半圆，抛物线与半圆的交点为 P，再从 P 向直径 QR 作垂直线 PS，于是 QS 便是三次方程的解(图 5-3)。

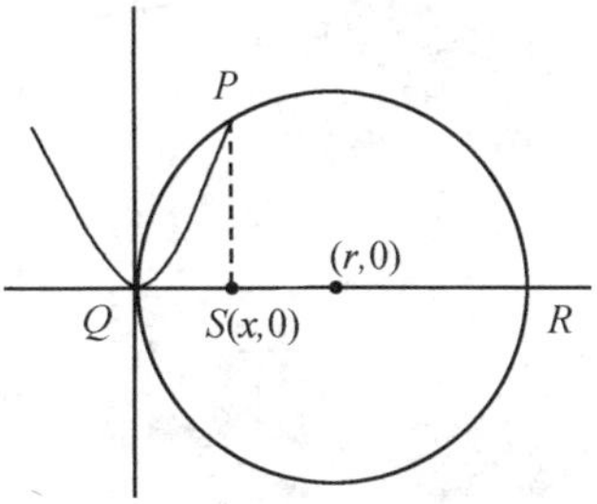

图 5-3

这个方法不仅在代数发展史上有重要地位，而且在几何学上也是很有意义的。海亚姆的思想可以说是笛卡儿思想的前奏。当然，从三次方程求根来说，海雅姆的方法所得出的解都是用线段的长度来表示的，因此都是正值，从而排斥了其他可能的解，使方程的解有缺失。

第二种方法是由印度数学家婆什伽逻使用的。这是先将方程两边配成完全立方，而后再两边开立方的方法。同样不知道三次方程应有三个根，因此他只取了一个根。

直到 16 世纪以前，欧洲的数学尽管经过文艺复兴引进东方成就之后有了不少发展，出现了像斐波那契和帕乔利这样一些重要的数学家，但是在解方程的方法上并没有超过前人。

16 世纪初情况发生了很大变化。意大利波仑亚的数学教授费罗(S. D. Ferro，1465—1526)在 1500 年左右解出了形如 $x^3+px=q$($p>0$，$q>0$)的三次方程。但没有发表，因为当时有一种风气，数学家常常把自己的发明当作秘密隐藏起来，然后凭惜这些秘密向其他人挑战，以便在公开的数学竞赛中获得“不可战胜”的声誉。当时知道费罗方法的，只有他的女婿那发和学生菲俄(A. M. Fiore，16 世纪)，还是在他去世前不久才将这个秘密传授给他们的。

图 5-4　塔尔塔利亚

后来在 1535 年左右,威尼斯的一位自学成材的数学教授塔尔塔利亚(N. Tartalia,1499—1557)(图 5-4)对于缺一次项的三次方程 $x^3+px^2=q$ 找到了代数解法。费罗的学生菲俄得知这一情况后很不服气,于是,他向塔尔塔利亚提出了挑战,双方约定在 30 天内解 30 个三次方程,以解出多者为胜,由于塔尔塔利亚已掌握了不少类型的三次方程的解。因此他只花 2 小时的时间就把 30 道题解完了,而菲俄却一筹莫展。而后塔尔塔里亚进一步研究更一般的三次方程的解法,于 1541 年获得成功。

塔尔塔利亚,原姓丰坦那,自学成材,其父在邮局任职。幼年时正值英法交战,父母带他到天主教教堂避难。法军闯入教堂杀死其父,他头腭部也受重伤。母亲在尸骸堆中找到他,母亲用舌头舔伤救活了他。但脑伤导致了他的语言障碍,因口吃被称为塔尔塔利亚(意大利语,即结巴、大舌头),即口吃者。他本人也以此名发表文章,沿用至今。

1539 年,米兰的著名医生和学者卡尔达诺(G. Cardan,1501—1576)以保守秘密为条件,骗取了塔尔塔利亚的解法。1545 年卡尔达诺出版了他的《大术》,全书共有 40 章,是最早的一本拉丁文代数专著,其中最精彩的部分是塔尔塔利亚的三次方程解法。卡尔达诺被称为文艺复兴时期的怪杰,多才多艺、怪癖欺诈、好色贪杯、放荡不羁、集学者无赖于一身,长期研究三、四次方程未获得成功。尽管卡尔达诺克服了很大的困难找到塔尔塔利亚三次方程求根公式的证明,并将此法和证明发表在自己的著作《大术》中,虽然卡尔达诺也写明了方法的来源,可失信的行为激怒了塔尔塔利亚,受到他的强烈谴责。由于《大术》的影响,三次方程的解法被称为“卡尔达诺公式”。卡尔达诺在《大术》中对于三次方程 $x^3+px^2=q$ 的解法步骤作了详尽的阐述。

他首先对三次方程 $x^3+mx=n$，利用恒等式 $(a-b)^3+3ab(a-b)=a^3-b^3$，取 a,b 使 $3ab=m, a^3-b^3=n$ 则 x 由 $a-b$ 给出，由以上两个方程解出 a,b 得

$$a=\sqrt[3]{\frac{n}{2}+\sqrt{\left(\frac{n}{2}\right)^2+\left(\frac{m}{3}\right)^3}},\quad b=\sqrt[3]{-\frac{n}{2}+\sqrt{\left(\frac{n}{2}\right)^3+\left(\frac{m}{3}\right)^3}}$$

对一般三次方程 $ax^3+bx^2+cx+d=0$ 可以做代换 $x=z-\left(\dfrac{b}{3a}\right)$ 变为 $z^3+mz=n$ 的形式，所以此解法适用于所有的三次方程。

围绕三次方程的解法，在塔尔塔利亚和卡尔达诺及其学生费拉里（L. Ferrari，1522—1565）之间曾发生过戏剧性的竞赛和争吵。费拉里原是卡尔达诺的仆人，其数学才能被卡尔达诺发现，收为学生，后为秘书，《大术》问世，遭到塔尔塔利亚的谴责，愤怒的他再次宣战，出赛的却是费拉里，一举击败了塔尔塔利亚。

三、四次方程的公式解法

在三次方程被解决不久，一般四次方程的代数解法也出现了。1540 年，意大利的数学家达科伊又向卡尔达诺提出了一个导致四次方程的问题，虽然卡尔达诺没有解决，但他的学生费拉里却成功地解决了它。并收入卡尔达诺的著作《大术》中，称解四次方程的费拉里方法。现将费拉里解四次方程的方法用现代符号简要叙述：

对方程 $a_0z^4+a_1z^3+a_2z^2+a_3z+a_4=0$ 作变换 $z=x-\dfrac{a_1}{na_0}$，将完全四次方程变为缺三次方项的形式 $x^4+px^2+qx+r=0$，可得：$(x^2+p)^2=px^2-qx+p^2-r$。因此对于任意的 y，$(x^2+p+y)^2=px^2-qx+p^2-r+2y(x^2+p)+y^2=(p+2y)x^2-qx+(p^2-r+2py+y^2)$ 然后根据：二次式是线性函数的完全平方的充要条件：判别式为零来选择 y 使右边成为完全平方。当 $4(p+2y)(p^2-r+2py+y^2)-q^2=0$ 时，原方程就成为了 y 的三次方程了。

由此，数学家们发现，解一般四次方程总依赖一个三次方程，

是否可以将一般五次方程的解归结为解四次方程呢？这立即引起用公式解五次或更高次方程的热潮。欧拉大约在 1750 年进行的尝试失败了。法国的拉格朗日约于 1770 年完成《关于代数方程解的思考》一文,明确指出“不可能用根式解四次以上方程”。他的弟子意大利数学家鲁菲尼在 1803—1813 年间也证明了这一个事实:一般五次或五次以上的方程不可能用方程系数的根式表出。后来的挪威数学家阿贝尔(N. H. Abel,1802—1829)在 1824 年独立地在《论代数方程,证明一般五次方程的不可解性》严格证明不可能存在求根公式,但什么样的特殊方程能够用根式求的判断没有解决,后来被法国的伽罗瓦(E. Galois,1811—1832)彻底解决了。(详见第 9 章)

5.2.2 对数

一、对数的产生

16 世纪初,欧洲人的商业活动和科学探索对计算技术提出了更高的要求。特别是以精确测量为基础的天文学的兴起,使得人们遇到复杂的计算而由衷地希望简化计算。

对于大数的运算当时还是没有一个简单的方法。例如为了确定一颗星球的位置,常在计算上花去几个月的时间。能否用加、减运算来代替乘除运算？这是当时人们思考最多的问题。德国天文学家维尔纳(J. Werneo,1468—1528)首先尝试用三角函数来达到目的。他的方法相当于利用现在我们所熟知的积化和差公式。从 16 世纪起,一些数学家揣摩着从协调等差数列与等比数列的关系中来解决这个问题。其中最著名的先驱者是德国的斯蒂菲尔(M. Stifel,约 1487—1567)。1544 年斯蒂菲尔在《整数算术》一书中刊载了如下的表达式[①]:

---

① 又说“早在 1484 年,法国数学家许凯(N. Chuquet,约 1445—约 1500)在一本数学手稿中,发现自然数的等差与等比数列间的如下关系。”引自梁宗巨:数学历史典故[M],沈阳:辽宁教育出版社,1992,382。

$-3,-2,-1,0,1,2,3,4,5,6\cdots$

$\frac{1}{8}\quad\frac{1}{4}\quad\frac{1}{2}\quad 1,2,4,8,16,32,64\cdots$

上排是等差数列，下排是等比数列。斯蒂菲尔称上排之数为“指数”。斯蒂菲尔发现，上排数之间的加、减、乘、除的结果与下排数的乘、除、乘方、开方的结果有一种对应的关系。具体地说，若求下排中 $a(=4)$、$b(=16)$ 两数的乘积，则可先查看 a,b 各自的指数，分别是 2 和 4，然后计算得指数和为 6，再由表查得 6 所代表的数 64，即是 4×16 的结果。同样，利用这个表还可以将除法、乘方、开方转化为减法、乘法、除法。

应该说斯蒂菲尔的上述发现已经触及到了对数的本质。如果我们设上排数为 y，下排数为 x，那么整个表中的数保持着 $x=2^y$ 的关系。如果以 1 为公差的等差数列与以 a 为公比的等比数列相对应，那么等比数列中任意两数的积和商，就可以分别从这个数列中由相应指数的和与差来求得。斯蒂菲尔的这张表至多只能进行偶数或十以内的整数幂的计算，因此无法付之实用。为此，斯蒂菲尔曾设想细分等差数列的间隔，即在 0、1、2……中间插入它们的中项使之趋于细密。这样一来，对应于插入中项的等差数列：

$$0,\frac{1}{2},1,1\frac{1}{2},2,2\frac{1}{2},3\cdots$$

等比数列应该是：$2^0,2^{\frac{1}{2}},2,2^{1\frac{1}{2}},2^2,2^{2\frac{1}{2}},2^3\cdots$
而当时指数的概念尚未完善，斯蒂菲尔无法认识分数指数，因此使他无法前进了。

对数发明的功绩应该归功于苏格兰的纳皮尔（J . Napier, 1550—1617）（图 5-5），纳皮尔出生在苏格兰的贵族家庭。纳皮尔是一个天文爱好者。他所处的时代恰逢哥白尼建立“太阳中心说”、哥伦布发现新大陆，欧洲人第一次意识到世界竟是如此广阔，迫切了解这一切的欲望不禁而生。自然科学也随之迅速发展，科学技术问题所涉及的相关计算在数量上千百倍地增加。惊

图 5-5　纳皮尔

人的天文数字,笨拙的计算方法使科学家们把时间耗在冗繁的数字计算中,一道现在看来不算太繁的计算题,那时的人们或许要算上好多天。这样的计算,也时常折磨着勤于思索的纳皮尔,他也很感苦恼,觉得如此笨拙地计算简直是在浪费生命,能不能简化数字运算呢?该怎样去改进运算方法呢?纳皮尔想了许多办法来简化计算,正如纳皮尔自己所说"我总是尽我的一切力量来减轻人们繁重而单调的计算。这样令人厌烦的计算往往吓倒许多学数学的人"。为此他发明了一种能帮助简化计算问题的仪器"纳皮尔计算尺"。纳皮尔计算尺虽说是一项很不简单的发明,可它比起纳皮尔后来发明的对数,又只能算是雕虫小技了。

1614 年,纳皮尔在《奇妙的对数定理说明书》中,阐述了他的对数方法,虽然斯蒂菲尔已经提出了级数的思想,但纳皮尔并没有从离散级数的比较出发,而是借助运动概念和连续的几何量的结合来引入对数,他的思想方法是:

假设有两个质点分别沿着线段 AZ 和射线 $A'Z'$,以同样的初速度运动,其中质点 P 沿 AZ 运动,而质点 Q 沿 $A'Z'$匀速运动,而 P 的速度以如下的方式变化:其路径上任一点 B 的速度与该点到终点的距离 BZ 成正比,设比例系数为 1。如果当 P 到达 B 时,Q 到达 B';那么 $A'B'$就是 BZ 的对数(图 5-6)。

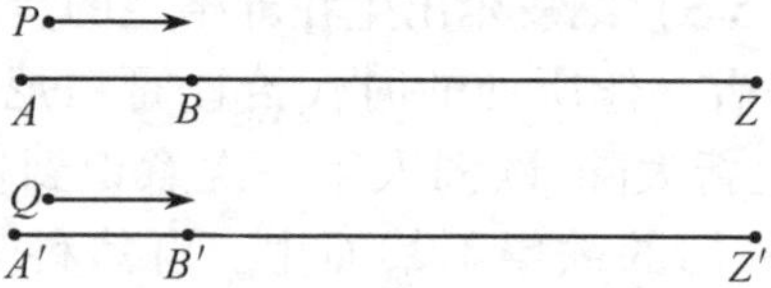

图 5-6

以下我们利用微积分的方法来介绍纳皮尔精湛的对数思想：

令 $AZ=a, BZ=y, A'B'=x$，于是 $AB=a-y$，因此质点 P 在 B 点的速度可由$\frac{d(a-y)}{dx}$给出，这里的 t 是时间。由定义$\frac{d(a-y)}{dt}=y$，解之得$-\ln y=c+t$，但在 A 点有 $t=0, y=a$，所以 $c=-\ln a$。

此外，因为 Q 沿 $A'Z'$匀速运动，即$\frac{dx}{dt}=a$，所以，$x=at$，因此，上述关系变为$-\ln y=\frac{x}{a}-\ln a$ 或 $x=a(\ln a-\ln y)=a\ln\frac{a}{y}$。

纳皮尔称 x 是 y 的对数，这实际上是以$\frac{1}{e}$为底的对数，但纳皮尔没有“底”的概念，因为当时指数的概念还没有建立，对数概念的建立先于指数，这是数学发展史上的一个反常现象之一趣闻。

1614 年纳皮尔发表了他的对数表，而且给对数命名为 Logarithm，意思是“比之数”。“比”是指等比数列中的公比。对数方法极大地简化了计算问题，用它来解决繁复的运算，往往只需寥寥数步，即可求得答案。很明显，有了对数，乘方、开方运算可以转化为乘法、除法运算；而乘法、除法运算又可转化为加法、减法运算。高一级的运算转化为低一级的运算这正是对数方法能够化繁为简的魅力所在。

纳皮尔发明的对数方法震惊了欧洲。当时最优秀的科学家伽利略，曾经发出这样的豪言壮语：“给我时间、空间和对数，我可以创造出一个宇宙来。”伟大的天文学家、数学家拉普拉斯（P. S. Laplace，1749—1827）称这是一项“使天文学家寿命倍增”的发明。其实，何止天文学家，一切需要用到对数的人都会受益。

从数学的角度看，对数产生的意义就更为深远了。纳皮尔的功绩是不朽的，作为一个开拓者迈出了对数研究步履维艰的第一步。革命导师恩格斯对此项发明给予很高的评价，恩格斯称对数方法是历史上“最重要的数学方法”之一。人们将对数与解析几何、微积分的发明并列 17 世纪最伟大的三项数学创造。

与纳皮尔分享发明对数方法殊荣的是瑞士的一位仪表技师

比尔吉(J. Bürgi,1552—1632)。他也独立发明了对数。发表于1620年,比纳皮尔晚了6年。

二、对数的发展

纳皮尔对数表的发表,宣告对数的诞生,激发了人们研究对数的热情。

英国数学家布里格斯(H. Briggs ,1561—1630),向纳皮尔提过一个很好的建议。布里格斯认为以10作为对数的底数,运算起来就更方便了,他的想法得到了纳皮尔的赞同,这导致了“常用对数”的创立。可惜,纳皮尔没有等到这项工作完成就与世长辞了。布里格斯等人完成了纳皮尔的未竟之业!布里格斯与荷兰书商佛拉哥(A. Vlacg,1600—1667)通力合制了14位对数表,完成了从1到100 000的对数计算。这是一项非常吃力的工作,为了能延长他人的“生命”,布里格斯等人慷慨地献出了自己的韶华。

后来,人们又发现在科学计算与研究中,以接近e(e=2.718 281 8…….)的数为底的对数,更适合实际的需要。于是又发明了“自然对数”,这是高等数学中运用最为广泛的一种对数。

J. 威廉(J. Williams ,1675—1749)在1742年第一次把对数定义用幂指数系统进行论述,扭转了先有对数,后有指数的反常历史。

1702年由于约翰·伯努利导出了一个虚数的对数的微分,引起了一场关于负数的对数和复数的对数之性质的讨论。欧拉在他的《无穷小分析导论》中提出复数有无限多个对数。然而,对复数的对数的充分认识,是在19世纪柯西(A. L. Cauchy, 1789—1857)完成了微积分基础性工作,对于对数的处理进入数学上的严密化以后。对数由实数扩展到复数,经过两个阶段。第一次是把真数从实数扩向复数,第二次是把底数从实数扩向复数。无论哪一次扩展,都是由于复变函数论的建立,人们对对数有了彻底理解之后才有的。

1653年,波兰传教士穆尼阁(J. N. Smogolenski,1611—1656)与我国数学家薛凤祚(? —1680)合编《比例对数表》成为传入我国最早的对数著作。清代的数学家戴熙(1805—1860)改进旧的求对数方法,发明多种求对数的捷法,写出《求表捷术》,被英国的艾约瑟(J. Edkins,1825—1905)翻译为英文版。

5.3 三角学

5.3.1 三角学的产生

"三角学"一词来自拉丁文 trigonomeria(见第 2 章)原意是三角形。与其他科学一样,三角学也是在解决实际问题的过程中发展起来的。

早期三角学依附于天文学,是天文观测结果推算的一种方法,因此最先发展起来的是球面三角学。古希腊梅内劳斯著《球面学》,提出了三角学的基础问题和基本概念;50 年后的托勒密著《天文学大成》,初步发展了三角学。而在公元 499 年,印度数学家阿耶波多也表述出古代印度的三角学思想;其后的瓦拉哈米希拉(Varahamihira,约公元 505—587)最早引入正弦概念,并给出最早的正弦表;公元 10 世纪的一些阿拉伯学者进一步探讨了三角学。当然,所有这些工作都是天文学研究的组成部分。当时还谈不上作为数学的独立分支的三角学,甚至连"三角学"这个名称也还未出现。

5.3.2 三角学的独立与发展

从前面可知,古埃及、古希腊通商航海、天文观测等的需要产生了三角学知识。公元 2 世纪,希腊托勒密《天文学大成》一书,被认为是西方第一本系统论述三角学理论论述著作。

到了 13 世纪,阿波罗的纳西尔丁著《论完全四边形》中第一次把三角学作为独立的学科进行论述,首次清楚地论述了正弦定理,由球面三角形的三个角可求得它的三条边,反之成立。这是区别球面三角与平面三角的重要标志。至此,三角学开始脱离天文学,走上独立发展之路。

文艺复兴的欧洲,德国数学家雷格蒙格努斯(笔名,原名叫缪勒),在吸收纳西尔丁著作的基础上,出版《论各种三角形》(1464年),对平面三角学和球面三角学都进行了全面阐述,成为欧洲第一本系统的三角形著作,在《方位表》中给出五位正切表,编制了精密的正弦表,并且应用三角学解决了一些几何问题。

17世纪初对数发明后大大简化了三角函数的计算,制作三角函数表已不再是很难的事,人们的注意力转向了三角学的理论研究。不过三角函数表的应用却一直占据重要地位,在科学研究与生产生活中发挥着不可替代的作用。

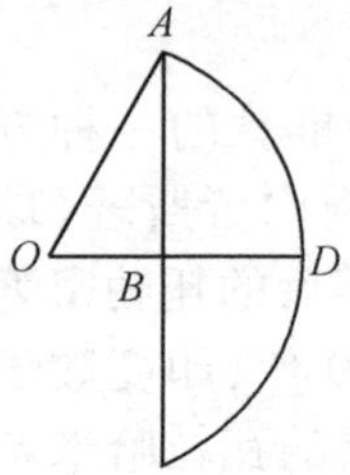

图5-7

奥地利数学家雷蒂库斯(G. J. Rhaeticus, 1514—1576),是伟大的天文学家哥白尼的学生。把三角函数定义为直角三角形的边与边之比,并且最先把六个三角函数定义为角的函数,而不是弧的函数。他给出了角的正弦的概念,把原来$\overset{\frown}{AD}$的正弦是AB(半弧所对半弦),改成了锐角$\angle AOB$的正弦是AB(图5-7)。于是三角形OAB就成了三角关系的基本结构,而半径为OA的圆只是从属了。

雷蒂库斯出于天文观测的需要,他取半径OA分别为10^{10}和10^{15},对$10'$的弧给出了六种三角函数的七位数表,这一工作是在1596年由他的学生奥托完成的。德国数学家皮蒂斯楚斯(Pitiscus, 1561—1613年)不仅于1595年首次创用"三角学"一名词,并且于1613年艰苦地修订并出版了雷蒂库斯的三角函数表。至此一个精密的三角函数表正式完成。它与一年之后发现的对数结合起来,成了推动数学发展的重要工具 。

文艺复兴后期,法国数学家韦达成为三角公式的集大成者。他的《应用于三角形的数学定律》(1579年)是较早系统论述平面和球面三角学的专著之一,其中列出6种三角函数表,给出精确到5位和10位小数的三角函数值;给出造表的方法,解释了三角形中诸三角线的量值关系。除集中前人的成果外,首次把代数变换引进三角学。还补充了自己发现的新公式,如正切定律 $\frac{a-b}{a+b}=\frac{\tan\frac{A-B}{2}}{\tan\frac{A+B}{2}}$;和差化积公式 $\sin A\pm\sin B=2\sin\frac{A\pm B}{2}\cos\frac{A\mp B}{2}$ 以及用 $\sin\varphi,\cos\varphi$ 表示 $\sin n\varphi$ 和 $\cos n\varphi$ 的公式等。他将这些公式列在一个总表中,使得任意给出某些已知量后,可以从表中查得未知量的值。该书以直角三角形为基础,斜三角形问题则转化为直角三角形问题来解决。对球面直角三角形,给出计算的完整公式及其记忆法则。1593 年又用三角方法推导出余弦定理。这些都极大地丰富了刚独立不久的三角学,使它具备了完整的面貌。

1722 年英国数学家棣莫弗(A. Demoivre,1667—1754)得到以他的名字命名的三角学定理:$(\cos\theta+i\ \sin\theta)^n=\cos n\theta+i\sin n\theta$,并证明了 n 是正有理数时公式成立。

近代三角学是从欧拉的《无穷分析引论》(1748 年)开始的。他定义了单位圆,并以函数线与半径的比值定义三角函数。具体地说,任意一个角的三角函数都可以认为是以这个角的顶点为圆心,以任意长为半径作圆后,由角的一边与圆周的交点 P 向另一边作垂线 PM 所得的线段 OP、OM、MP(即函数线)相互所取值的比(图 5-8)。如 $\sin\alpha=\frac{MP}{OP},\cos\alpha=\frac{OM}{OP},\tan\alpha=\frac{MP}{OM}$ 等。若令半径为单位长,那么所有的六个三角函数又可大为简化。欧拉的这个定义是极其科学的,它使三角学从静态地只是研究三角形解法的狭隘天地中解放出来,去反映现实世界一切可以用三角函数反映的运动或变化过程,从而使三角学成为一门具有时代特征的学科。

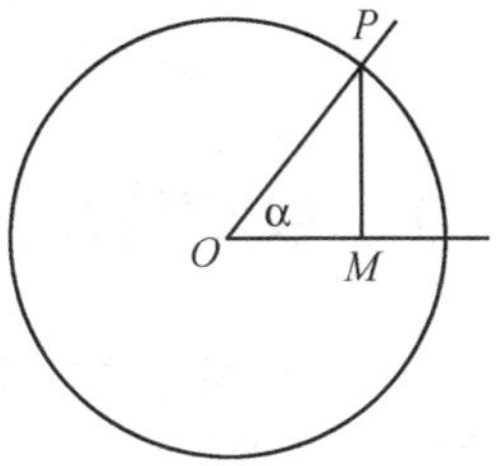

图 5-8

在符号上,欧拉用小写拉丁字母 a、b、c 表示三角形的边,用大写字母 A、B、C 表示它们的对角。这种对应表示法进一步简化了三角公式。欧拉还引用 $\sin z$、$\cos z$、$\tan z$、$\cot z$、$\sec z$、$\mathrm{cosec}\, z$ 等表示 z 角的三角函数的简写符号,这是三角函数的现代形式。

欧拉还彻底地解决了三角函数在四个象限中的符号问题,从而把各种三角公式推广到一般情况。著名的欧拉公式 $e^{i\theta}=\cos\theta+i\sin\theta$ 把三角函数同指数函数联系起来了。

由于上述数学家及 19 世纪许多数学家的努力,形成了现代的三角函数符号和三角学的完整的理论。经过四千年的探索,一门具有广泛理论意义和实用价值的三角学就完全确立了。

三角学第一次输入我国,开始于明崇祯四年(1631,相当于文艺复兴时期),由传教士和徐光启合编《大测》一书,这是我国第一部三角学。

第二次于清同治十二年(1873),由华蘅芳与英国傅兰雅(J. Fryer,1839—1928)合译,书名《三角数理》。

"三角学"一词,几经演变,直到 1974 年才统一定名为"三角学"。"一个古老的初等数学科学名称,竟经过好几百年才确定下来,实在出人意料之外。"①

5.4　数学猜想选介

与文学家一样,数学家极富想像力,他们超强的想像力,对数学的创造和发明有着重大的推动作用。列宁曾说过:"在数学上也是需要幻想的,甚至没有它就不可能发明微积分。"

数学研究中的想像,一般称之为"猜想"。严格地说,数学猜想是根据某些已知事实与数学知识,对未知的量及其关系所做出的一种预见性的似真推断。这种推断常常是数学中的重大难题,它的提出及研究,对数学理论的发展与数学才能的培养都具有特殊价值。数学猜想不是臆想,因此它既有一定的科学性,又有某种假定性。每一个数学成果都有一个由"潜"到"显"的过程,数学猜

① 梁宗巨:数学历史典故[M],沈阳:辽宁教育出版社,1992,104—105。

想同数学问题、数学悖论一样,是一种数学潜形态。因此一般来说,其真伪性难以一时解决。对数学猜想的研究除了可以揭秘猜想,重要意义还在于通过这些问题的研究可能发现和创新数学理论、数学思想和方法,甚至创立新的学科。

一个好的深刻的猜想,往往会成为数学家们长期研究的课题,成为推动数学不断向前发展的源泉和动力。数学史上曾经出现过许多的著名猜想,如费马猜想、哥德巴赫猜想、欧拉猜想、黎曼猜想、四色猜想、连续统猜想。庞加莱(J. H. Poincaré,1854—1912)猜想(据报载,2006 年已获证)、希尔伯特(D. Hilbert ,1862—1943)猜想和外尔(C. H. H. Weyl,1885—1955)猜想等等。这些猜想,有的已被证实,直接转化成了数学理论。有的被推翻或部分地被推翻:但也在研究过程中产生出了许多富有成效的新成果和新方法;有的尚未证实也未推翻,仍在激励着人们为之奋斗。

历史上的数学猜想很多,我们仅选择性的介绍两例,因为许多猜想涉及较深的数学知识和当今数学发展的前沿学科知识,而且很多都无法用几句话解释清楚。

一、费马猜想

费马(P. De. Fermat,1601—1665)是法国一位律师和议会的议员,业余爱好自然科学研究,精通文学,到 30 岁时才注意数学。他性情谦和,不好名利,曾与笛卡儿分享着解析几何发明权;与帕斯卡一起奠定了概率论的基础等。但他对著述却无意发表,虽然对解析几何、数论、概率论等方面都有重要贡献,却没有一本完整的著作。他的很多论述都写成笔记、书信或是别人著作的空白处。后人从他和笛卡儿、帕斯卡、惠更斯(C. Huygens 1629—1659)等人的通信录才知道,他在笛卡儿《几何学》出版之前,就已有解析几何的思想。费马的成就很多,而最使他出名的就是数论中的费马大定理。

1637 年费马在法国人巴歇于 1621 年校订注释的丢番图《算术》第 2 卷第 8 题,“将一个已知的平方数分为两个平方数”即今

式表为 $x^2+y^2=z^2$ 的空白处写道："另一方面，将一个立方数分成两个立方数，一个四次幂分为两个四次幂，或者一般地将一个高于二次的幂分为两个同次的幂，这是不可能的。关于此我已发现一种美妙的证法，可惜这里空白的地方太小，写不下。"这就是说，不存在正整数 x,y,z，使 $x^n+y^n=z^n$，当 $n>2$。这个命题称为费马大定理或费马最后定理。费马说自己已经得到证明，但是证明过程却没有留下来。有人提出疑问：费马真的证明了这个定理吗？也许是他的数学恶作剧，因为他经常出一些问题让同事们去进行无谓的尝试。但这个问题还是激发了许多数学家的兴趣，历经300多年的热烈探讨，鼎鼎大名的数学家如欧拉、勒让德（A. M. Legendre，1752—1833）、高斯、阿贝尔、狄利克雷（P. G. L. Dirichlet，1805—1859）、柯西等人都努力寻找这个问题的证法，但都以失败而告终。世界前几名的伟大天才的参与，竟然都没有得到证明，那么费马的奇妙证法，是否实际是一个不奇妙的错误证法呢？不过大家出于对费马的崇敬，仍然称之为费马大定理，而没有改成费马大猜想。布鲁塞尔和巴黎科学院都曾设奖悬赏数次，也得不到结果，最后1908年数学家沃尔夫斯克尔在哥廷根皇家科学会悬常十万马克，赠给先证明这个定理的人。

图 5-9　怀尔斯

终于，1993年，英国数学家怀尔斯（A. Wiles，1953— ）（图5-9）宣布他已证明费马大定理，1994年，他给出这个定理的证明。他的108页的论文《模椭圆曲线与费马大定理》等于1995年5月在当代最有权威的数学杂志普林斯顿的《数学年刊》上发表了。怀尔斯无可辩白地证明了费马大定理。1996年3月，怀尔斯因此荣获沃尔夫奖。

科学史上，还没有什么问题表述起来如此简单清晰，破解的旅途却如此漫长和艰难。然而，正是因为这种漫长而艰辛的探求过程,使得费马大定理不仅是数论中的一个著名难题,更重要的是,正如著名数学家希尔伯特指出的,它成为一只“会下金蛋的母鸡”,给整个数学带来了巨大财富,促进了现代数论和算术代数几何的建立,还发展了一系列先进的数学技术,形成了现代数论无尽的前沿。

从不定方程来看,这仅是沧海一粟,大部分问题还有待于进一步解决。费马大定理可以看成是求解不定方程:$x^n+y^n+z^n=0$ 的整数解,一个最自然的推广是求不定方程 $x^n+y^n+z^n=m$ 的整数解。这是非齐次形式的推广,还可以从增加未知数数目、向齐次形式推广。此外,也可以从增加系数,增加方程的数目方向推广。由此可以看出,许多数论猜想就是这样由简单到复杂无休止地产生出来,一个猜想解决了,更多的猜想又在等着你,数学家总有解决不完的猜想。

二、$3x+1$ 猜想

对于每一个正整数,如果它是奇数,则对它乘以 3 再加 1;如果它是偶数,则对它除以 2,如此循环,最终都能够得到 1。即取函数:$f(x)=\begin{cases}3x+1, & x\text{ 为奇数}\\ \dfrac{x}{2}, & x\text{ 为偶数}\end{cases}$,对于任何正整数 x,经过上述计算步骤的有限次重复,最后结果必然是 1 。

例如取一个数字 $x=6$,根据上述函数的迭代,得出$6\to3\to10\to5\to16\to8\to4\to2\to1$ 。也可以叫“奇偶归一猜想”。此猜想诞生于 20 世纪 30 年代,它有许多名称,以发现者名字或地名命名,如角谷猜想、哈塞猜想、乌拉姆猜想、叙拉古猜想等,由此看出他的发现者已经无法考证。曾几何时,$3n+1$ 猜想像奇闻轶事在世界各地流传,如一段隽永风趣的小品,折射出神秘的哲理精蕴,引起数坛精英的广泛兴趣,又在流传中不断得到新的美名。1930 年,德国汉堡大学的学生考拉兹,曾经研究过这个猜想,因在 1950 年的美国波士顿的次坎里奇召开的国际数学家会议上传播出来而得名。1960 年,日本人角谷静夫也研究过这个猜想,是他最早将这个问题介绍到日本的。但至今没有任何进展。

有数学家认为,该猜想任何程度的解决都是现代数学的一大进步,将开辟全新的领域。目前也有部分数学家和数学爱好者,在进行关于负数的“3x+1”、“5x+1”、“7x+1”等种种考拉兹猜想的变形命题的研究。

阅读材料　达·芬奇与透视学

达·芬奇(L. da Vinci,1452—1519),意大利人,1452 年生于佛罗伦萨附近的芬奇镇一个中产阶级家庭。他是欧洲文艺复兴时期的卓越代表人物,达·芬奇具有不可思议的天赋,在绘画、语言学、音乐、雕塑、建筑、植物学、动物学、解剖学、地质学多方面都有所贡献。恩格斯对他的评价很高,赞扬他“不仅是大画家,而且是大数学家、力学家和工程师”。达·芬奇从小勤奋好学,天赋聪颖。从孩提时代开始,他就喜爱画画,人们称他为小画家。14 岁时拜艺术家安德烈·委罗基奥(Andrea Verrochio,1435—1488)为师,到画室学画。他认真学习和钻研各方面的知识,为后来在艺术及科学方面的成就打下了良好的基础。虽然他的数学知识并不很丰富,但是他在数学知识的运用方面却做出了不少成绩。譬如,在绘画中提倡透视原理,建筑设计中采用最佳比例,即“黄金分割”等。另外,他在评价数学的地位和作用时说:“在科学中,凡是用不上任何一种数学的地方,凡是和数学没有联系的地方,都是不可靠的”。“一个人如怀疑数学的极端可靠性,那就会陷入混乱之中,他就永远不能平息诡辩科学中那些只会导致不断空谈的争辩。”他还说;“在以数学为依据的科学的研究中,如果有些人不直接向自然界请教,而是只向书本的作者请教,那么他就不是自然界的儿子,而只是其孙子了”。这些观点在当时对数学产生了积极的影响。他对数学有颇深的研究,曾探索出立体几何关于正六面体、圆柱体、球体面积之间关系的规律,他对数学的贡献是很突出的。

在欧洲文艺复兴时期,透视学的成就与绘画史的光彩交相辉映，许多著名的画家，以他们非凡的技巧和才能，为透视学的研究做出了卓越的贡献。他们的成果，很快地影响到几何学，并孕育出一门新的几何学分支。

《最后的晚餐》是达·芬奇毕生创作中最负盛名之作。在众多同类题材的绘画作品里，此画被公认为空前之作，尤其以构思巧妙、布局卓越、细部写实和严格的体面关系而引人入胜。构图时，他将画面展现于饭厅一端的整块墙面，厅堂的透视构图与饭厅建筑结构相联结，使观者有身临其境之感（图 5-10 和图 5-11）。此前达·芬奇在草图中标示了透视线。

图 5-10

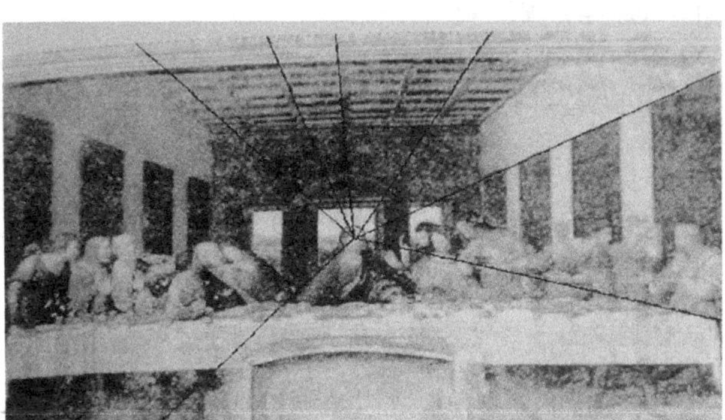

图 5-11

透视很早就开始应用于绘画中了,几乎所有的画家都能熟练地运用透视的原理。因为透视能帮助作画者,对物体的形态作出正确而科学的观察。从绘画角度讲,所谓透视就是透过一层直立于人的眼睛与物体之间的平板玻璃来看物体的意思。然而真正将透视学整理汇总成完整知识体系的人是达·芬奇。虽然在他之前美术著作里就已经有了各种关于透视的研究和讲解,达·芬奇不满足于传统学科中的内容,并从美术角度对透视进行了全新研究,并将其成果写入了他的《画论》一书。然而遗憾的是,《画论》在达·芬奇生前并没有得到发表(直到100多年以后才得以重新整理出版),当时只有零散的手抄本流行于世。

文艺复兴时期绘画和制图的刺激而导致了富有文艺复兴特色的学科——透视学的兴起,催生了射影几何学。

思考与研究问题

1. 导致欧洲文艺复兴的因素是哪些?在欧洲文艺复兴时期出现的主要数学成就是哪些?

2. 为什么说韦达是代数符号化的最大推进者?他在方程论方面的主要贡献是什么?

3. 推导卡尔达诺-塔尔塔利亚公式:

已知 $x^3+mx=n$,则

$$x=\sqrt[3]{\frac{n}{2}+\sqrt{\left(\frac{n}{2}\right)^2+\left(\frac{m}{3}\right)^3}}-\sqrt[3]{-\frac{n}{2}+\sqrt{\left(\frac{n}{2}\right)^2+\left(\frac{m}{3}\right)^3}}$$,并利用这一公式求 $x^3+63x=316$ 的一个根。

4. 仆人被约定,一年的工资是100元和一件外套,可他只干了七个月就不干了,他得到20元钱和一件外套,问外套的价值几何?

6　解析几何的诞生

内容提要

本章主要介绍了解析几何的产生,建立和发展的历史概要,从中了解到数学怎么从常量到变量的演变,从而诞生了近代数学。

6.1　解析几何产生的背景

解析几何产生于17世纪的欧洲,这不是偶然的,这是“那个伟大时代”的产物(恩格斯语)。

解析几何产生的外部条件是社会生产发展和科技的进步的客观需要,如航海要求确定船舶位置、工业发展要求对机械性能中的规律,以及测算经纬度、武器的研制需要计算炮弹运动的轨迹等。这些实际中提出的新问题,都难以在常量数学范围内获得解决,于是促使人们寻求解决变量问题的新的数学方法。

从数学本身发展的内部条件来看,有两点:

(1) 初等数学日臻成熟,完整的演绎几何体系已经成熟。代数上,16世纪韦达使用字母成为符号代数的创始人,在韦达的代数和几何专著中,提出了并使用了代数方法解决的几何问题,如他曾圆满的解决了阿波罗尼奥斯等人圆锥曲线中提出的抛物线、椭圆、双曲线等问题,这些思想给笛卡儿很大启迪。

(2) 数学观和数学方法论的重大变化。经过文艺复兴之后,欧洲人继承和发展了希腊数学观和物理运动,要求数学用运动观点来研究,刻画圆锥曲线和其他曲线,真是这样的数学观为数学的方法论开辟了一条新的途径。这就是说,由于几何图形表示运动,启迪人们反过来把静止不便的图形,视为变量运动的轨迹。这一来就把变量引入了数学,从此数学发生了质的变化——由研究常量的初等数学,进入了研究变量的高等数学。

另外，解析几何的基本思想就是"坐标"概念，借用坐标确定的位置在古代已有萌芽，如公元前 20 世纪的巴比伦人，已有原始坐标思想；又如公元前 1 世纪，我国女数学家班昭曾用矩形网格表示历史人物品德，萌芽了坐标概念(见本章阅读材料)，特别是法国奥雷姆(N. Oresme 约 1320—1382)在《论质量与运动的结构》(1350 年)等书中，研究变化与变化率萌芽了坐标几何思想，他曾用两个坐标来确定点的位置，如用水平线(如今横坐标)的表示时间，称之为经度，而对应的速度则用纵线(今称为纵轴)表示，称之为纬度。这对笛卡儿创立解析几何产生了一定的影响。

6.2 笛卡儿的解析几何

法国数学家笛卡儿(图 6-1)襁褓丧母，差点夭折，因而起名为雷勒(Rene，意为重生之意)。由于体弱，进入耶稣会学校读书，校方特许他早晨可以躺到愿意上课时为止。据说，他因此养成清晨卧床"晨思"的习惯，终生未变。大学毕业后，子承父业当了律师。不久的 1617 年到军队服役，驻扎在荷兰。一个偶然机会，认识了荷兰大数学家别克曼(I. Beeckman 1588—1637)教授，便投身数学。1625 年回到巴黎，与数学家梅森(M. Mersenne，1588—1648)神父等一起讨论数学问题，1628 年移居荷兰，潜心哲学著书立书达 20 多年。1649 年被瑞典女王邀请去讲学，次年因患肺炎死于斯德哥尔摩。

图 6-1　笛卡儿

1637 年笛卡儿在出版的哲学著作《方法论》书末有 3 篇附录：《折光》、《气象》和《几何学》。《几何学》三共卷。第一卷是将几何问题化为代数问题，并提出尺规作图等问题。第二卷讲述曲线的性质(即解析几何的创始)。第三卷讨论代数方程的理论,给出笛卡儿符号法则。

笛卡儿在第一卷中,提出了运用几何数学方法来解决代数问题中,打破了他以前的数学,将 a,b 等表示线段,而 a^2,b^3 等分别表示了面积和体积,认为 a^2,b^3 仍然可以可以表示某些线段,如积 $a \cdot b$ 不看作面积,而可视为满足比例关系 $ab : a = b : 1$ 的线段,商 $\frac{a}{b}$ 可以看作满足 $\frac{a}{b} : 1 = a : 1$ 的线段。于是,要使线段 ax^2、bx、c 相加组成的方程,例如求满足 $ax^2+bx+c=0$,就有数量计算意义,这是数学上的一大突破。例如求满足方程 $x^2 = ax+b^2$ 的 x(其中 a,b 是已知长度),则可以通过几何尺规作图的方法求解。将原方程变为 $x=\frac{a}{2}+\sqrt{\frac{a^2+4b^2}{4}}$,便可以用几何作图的方法求出 x。笛卡儿考虑负根,他用几何方法这样求解的(如图 6-2)(用今符号表示):

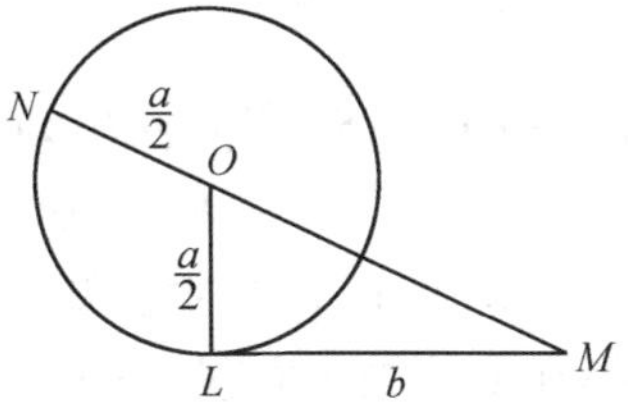

图 6-2

作 Rt△OLM,其中 $LM=b$(即为 b^2 的平方根),$OL=\frac{a}{2}$,延长 MO 到 N,使 $ON=OM=\frac{a}{2}$,图中 MN 的长度就是所需要的 x 值。因为 $x=MN=NO+OM=x=\frac{a}{2}+\sqrt{\frac{a^2+4b^2}{4}}$(笛卡儿没有给出这一步的证明)。同样,笛卡儿也提出了用圆与抛物线 $y=x^2$ 的曲线方程图形交点,求解三次和四次方程的几何方法等。

显然,第一卷用代数方法研究几何对象和性质,把代数与几何初步联系起来,突破两者互不相关的分离情况。

第二卷是论曲线的性质的内容,标志着解析几何的诞生。例如,笛卡儿讨论了帕普斯问题:如图 6-3,设给定的 4 条直线 l_1,l_2,l_3 和 l_4,过平面上一点 C,引 4 条线各与已知直线交成已知角,设

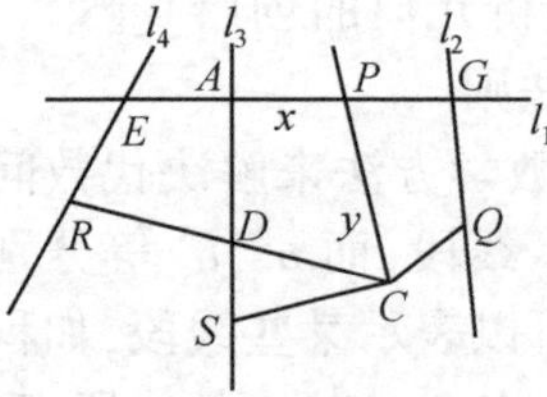

图 6-3

交点 P,Q,R 和 S,求满足条件 $CP \cdot CR = CS \cdot CQ$ 的点轨迹。笛卡儿在解决这个问题时,表现出了他的新思想和新方法。他把一定直线 l_1 作为基准线,A 为原点,他设 AP 为 x,另设与基线成定角的直线上一段 PC 为 y,他从已知量得到 CR、CQ 和 CS 的值,代入条件式 $CP \cdot CR = CS \cdot CQ$,便得到了

$$y^2 = ay + bxy + cx + dx^2 \qquad (1)$$

其中 A,B,C,D 是由已知量组成的简单代数式。若给 x 一个值,就得到 y 的二次方程,笛卡儿进一步指出,若取 x 无穷多个值,就得到了无穷多个 y 值,从而得到无穷多个点 C。因此 C 点轨迹就是方程(1)所表示的曲线。

显然,笛卡儿建立了历史上第一个以 A 为原点,x、y 为轴的斜坐标系,从而诞生了解析几何,标志着近代数学的开始。

所以,在第二卷里,笛卡儿把解析几何的两个基本思想完全表现出来了:一是坐标平面上的点 C 与作为坐标的数对 (x,y) 对应;二是平面曲线与含两个未知数的方程 $f(x,y)=0$ 之间的对应。正如他说"曲线是任何具体代数方程的轨迹"。这两个"对应"的核心表明,他借助于这种坐标系,使点于流动坐标建立了一一对应的关系,即一对实数 (x,y) 都对应于平面上的一个点;反之,每一个点都对应于它的坐标 (x,y)。于是,他把"数"与"形"统一起来了,这就说,可以用代数方法解决几何问题(这就是"解析几何学"的基本内容),反之也可以运用几何方法解决代数问题。

应该指出,笛卡儿《几何学》著作中找不到坐标、横坐标、纵坐标这几个术语。这几个术语是后来的莱布尼茨于 1692 年提出来的。

笛卡儿的点与实数对的对应关系孕育了函数思想,变量开始

进入数学,从而数学的研究对象产生了深刻变革。恩格斯在《自然辩证法》中对此给出了很高评价:"数学中的转折点是笛卡儿的变数,有了变数,运动就进入数学,有了变数,辩证法进入了数学,有了变数,微分和积分也就立刻成为必要的了"。

关于笛卡儿发现解析几何的原始思想,有几种传说。一个故事说,1619年笛卡儿所属的军队驻在多瑙河畔的小村庄时,他做了三个梦,前后连贯,活灵活现;他说,这三个梦改变了他整个一生的进程,向他揭示出"一种奇妙的科学"和"一个绝妙的发现",因而使他看清了生活的目的,确定了他今后努力的方向。笛卡儿从来也没有说明这种奇妙的科学和绝妙的发现究竟是什么,不过人们相信,这就是指解析几何或沟通代数与几何的内在联系。直到18年后,他才在1637年出版的那部名著中阐述了他的某些思想。另一个故事说他有一天"晨思"时看见一个苍蝇在天花板的一角爬行。他认为:只要知道苍蝇与相邻两墙的距离之间的关系,就能描述苍蝇爬行的路线。

当然笛卡儿的数学观也造成了他在具体研究中消极的一面。他坚持亚里士多德关于"直"和"曲"有本质的区别的观念,因而拒绝任何求曲线长度的探索,认为费马的极大、极小方法和切线法则违反了严格的演绎推理的要求。

6.3　费马的解析几何

图6-4　费马

在笛卡儿系统地阐述解析几何基础的同时,另一位法国数学家天才费马(图6-4)也全神贯注地研究这一问题。

费马出身于皮革商人家庭,他的童年和少年时代是在波蒙特度过的,在家乡上完中学后进入了图卢兹大学。学习法律,毕业后任律师。1631年起曾任图卢兹议会的议员,并享有长袍贵族的特权。他博闻饱学,数学只不过是他的业余爱好,在下述几个数学分支中做出了极为重要的贡献:如他在研究几何中发现了解析几何的原理;他是微积分的先驱者;他和帕斯卡共同开创了概率论的早期研究;他是近代数论的开拓者。

费马对几何的研究是从研究古希腊的几何学特别是阿波罗尼奥斯几何学开始的。他力图把阿波罗尼奥斯关于轨迹的某些久已失传的证明用代数知识补充出来,从而打算对轨迹问题进行一般的研究,这种研究是古希腊人没有做到的。为此他写了《论平面和立体的轨迹引论》(1629 年)。

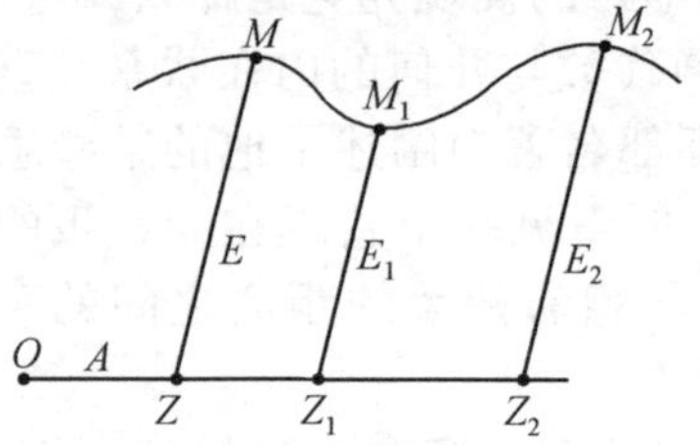

图 6-5

从该书和他在 1636 年与罗贝瓦尔(G. P. Roberval, 1602—1675)等人的通信中,可以看出他在笛卡儿发表《几何学》之前,就已发现了解析几何的基本原理,发现了用代数方程表示曲线的方法:取一条水平的直线作为轴,并在此直线上固定一个点 O 作为原点。他考虑任意曲线和他上面的一般点 M(图 6-5),点 M 的位置用两个字母 A、E 来确定,A 表示从原点 O 沿轴线到点 Z 的距离,E 表示从 Z 到 M 的距离(ZM 与轴线成固定的角 α)。这里他所用的坐标实际上就是我们所说的斜坐标但也使用过直角坐标,但是 y 轴没有明显地出现,而且不用负数。A、E 相当于未知数 x、y。

费马的一般原理是:“只要在最后的方程里有两个未知量,我们就得到一个轨迹,一个量的末端就描绘出一条直线或曲线”。在图 6-5 中,对于不同位置的 E,其末端 $M, M_1, M_2, \cdots\cdots$ 就把这条“线”描绘出来了。费马的未知量 A 和 E,实际上是变数即变量,也可以说,联系 A 和 E 的方程是不确定的。在这里,费马采用韦达的方法,用一个字母表示一类的数,然后写出联系 A 和 E 的各种方程,并指明它们所描绘的曲线。例如,他写出“D in A aequetur

B in E”，用我们的记号就是 $Dx=By$，并且指明它代表一条直线。他还给出了(以下用今天的符号)：$d(a-x)=by$ 代表直线方程；$a^2-x^2=y^2$ 是圆的方程；$a^2-x^2=ky^2$ 是椭圆方程；$a^2+x^2=ky^2$ 是双曲线方程；$xy=a$ 是双曲线方程；$x^2=ay$ 是抛物线方程。因为费马不用负坐标，所以他的方程不能像他所说的那样代表整个曲线。但是他确实领会到坐标轴可以平移或旋转，即是说他有坐标平移或旋转的思想，因为他给出一些较为复杂的二次方程，并给出它们的简化形式。例如，他曾指出 $d^2+xy=bx+sy$ 是双曲线。他肯定地说：一个联系 A 和 E 的方程，如果是一次的，就表示直线的轨迹；如果是二次的，就表示圆锥曲线。他既把圆锥曲线看成圆锥的平截线，也看成平面轨迹和二次方程的图像。

费马在《求极大值和极小值的方法》(约 1637)中引进了曲线 $y=x^n$ 和 $y=x^{-n}$。他在 1643 年的一封信里，还简短地描述了他的三维解析几何的思想。他第一个把三元方程应用于空间解析几何。他指出了柱面、椭圆抛物面、双叶双曲面和椭球面，并指出作为平面曲线论的顶峰，应该研究曲面上的曲线。他说：“这个理论，有可能用一个普遍的方法来处理，我有空闲时将说明这个方法。”尽管费马对三维解析几何未能给出一个几何框架，但他却为它提供了一个代数基础。在 1650 年的一篇文章“新型二阶或高阶方程分析中的指标问题”里，他指出，一个自变量的方程决定点的作图，两个自变量的方程决定平面曲线的轨迹的作图，三个自变量的方程决定空间中的曲面的轨迹的作图。

6.4 优先权问题

笛卡儿和费马对解析几何的创建所作的贡献都是巨大的。但是，笛卡儿与费马究竟是谁首先发明解析几何的呢？当笛卡儿的《几何学》出版时，两位解析几何发现者之间曾经有过一场有趣的争论，笛卡儿当时知道费马的许多发现，但否认自己的解析几何思想是从费马那里来的。费马对笛卡儿《几何学》中没有极大值、极小值、曲线的切线，以及立体轨迹作图法提出了异议。于是两人出现了论战，两方面都有支持者。但当冷静下来以后，争论有缓和，这两位发现者仍是好朋友，照样每周去梅森住所讨论哲学、数学等数学问题。关于发明权问题，许多数学史学家认为：笛卡儿《几何学》的出版(1637)标志着解析几何的建立，但是费马对解析几何所做的工作在时间上更早一些。因为费马在1966年9月给罗贝瓦尔的一封信中说到，他有这个概念已经七年了。在他死后发表的论著《论平面和立体的轨迹引论》(*Lsogoge ad locus planos et solidos*)中，记载了这项工作的一些细节，其中发现一般直线和圆的方程，还有对双曲线、椭圆和抛物线的讨论。在1637年以前完成的一件有关切线与求面积的工作中，费马用分析方法定义了许多的曲线。笛卡儿提出了由机械运动产生的几种新曲线，而费马则提出了由代数方程定义的许多新曲线。曲线 $x^m y^n = a^n$，$y^n = ax^m$ 与 $r^n = a\theta$ 现在仍然叫费马双曲线、费马抛物线与费马螺旋线。

费马和笛卡儿研究解析几何的方法大相径庭，表达形式却迥然不同：费马主要继承了希腊人的思想。尽管他的工作比较全面系统，正确地叙述了解析几何的基本原理，但他的研究主要是完善了阿波罗尼奥斯的工作。因此，古典色彩很浓，并且沿用了韦达的记号，有点像古文，难于理解。而笛卡儿则是从批判希腊的传统出发，走的是革新古代方法的道路。他的方法更具有一般性，也适用于更广泛的超越曲线，并且改进了韦达的记号，记号比较现代，相对来说，容易理解一些。

这样，在很大程度上，笛卡儿先研究轨迹，然后由轨迹求其方程，即从图形(曲线)推出方程；而费马则是先研究方程然后再求其轨迹即从方程推出图形(曲线或轨迹)。这正是解析几何基本原理的两个相反的方面。但各有侧重，笛卡儿是从几何到方程，费马是从代数到几何，但两人是用不同的方法，各自独立发现解析几何共享发明权荣誉。从历史的发展看，笛卡儿的工作更具有突破性。

6.5 解析几何的发展

解析几何有诸多优点,但是并没有像对数的发明那样马上得到普及和发展。解析几何的基本思想——用代数方程表示曲线并研究曲线——并没有被当时的数学家接受和广泛地发展起来。主要有如下几方面的原因:

(1) 费马的著作直到他死后的1679年才出版,这已经是写作后的50多年了。同时,费马著作的记号比较古老,让人难以理解,推广较难。

(2) 笛卡儿的著作则过于强调几何作图,并且是以哲学著作的附录形式出现的,对于方程和曲线的主要思想被掩盖了。笛卡儿的著作是由法文写的,同时也写得让人难以理解,给推广带来了相当大的阻力。

(3) 当时的大多数数学家都反对将代数与几何混淆起来,或者将算术与几何混淆起来。比如,韦达认为数的科学(即代数)和几何量的科学(即几何)是平行的,但是二者是有区别的。再比如,牛顿反对把代数与几何混淆起来,他在《普遍算术》中写道:"方程是算术计算的表达式,它在几何里除了表示真正几何量间的相等关系外,是没有地位的。近来把乘、除和同类的计算法引入几何是轻率的,而且违反这一科学的基本原则的。……因此,这两门科学不容混淆,近代人混淆了它们,就失去了简单性,而这个简单性正是几何的一切优点所在。"

(4) 部分数学家认为代数缺乏严密性,对用代数方法推出的几何结论持怀疑态度。

以上这些都延缓了解析几何的普及与发展。但是,先进的东西最终是会被普遍接受和应用的。随着时间的推移,逐渐有许多数学家开始使用了解析几何,如法国数学家拉克鲁阿(S. F. Lacroix,1765—1843)在18世纪末正式使用"解析几何学"这个名称,并且发展了解析几何。

宣传解析几何的第一个步骤是荷兰数学家斯霍滕（F. Van Schooten，1615—1660）做出的。他将笛卡儿的《几何学》由法文译成拉丁文，于1649年出版，并再版了几次。拉丁文是当时欧洲学术界通用的语言，这一举措使笛卡儿的解析几何思想广为人知。斯霍滕除了详尽地介绍原文使之通俗易懂之外，还增添了一些评论，对笛卡儿原来的一些观点加以阐述。同时，在拉丁文1659—1661年的版本中，斯霍滕还给出了从一条轴到另一条轴的坐标变换代数式，从而发展了解析几何。

为了阐明阿波罗尼奥斯的有关结果，英国数学家沃利斯（J. Wallis，1616—1703）在他的《论圆锥曲线》（1655年）中，把原来的几何条件翻译成代数条件，从而第一次得到了圆锥曲线的代数方程。于是，他把圆锥曲线定义为由含有 x 和 y 的二次方程表示的曲线，同时证明了这些曲线确实就是几何中的圆锥曲线。他的书对于传播解析几何的思想大有帮助，同时又改变了一种观念，即圆锥曲线看作是圆锥与平面的交线的观念，他认为圆锥曲线应看作是一种平面曲线。在该著作中，沃利斯强调代数推理是有效的，同时他又是第一个有意识地引进负纵横坐标的人，对解析几何与微积分的发展都有推动作用。

在斯霍滕给出了从一条坐标轴到另一条坐标轴的坐标变换式的同时，荷兰的维特（J. de Witt，1625—1672）于1659年在他的著作《曲线初步》（1659）中曾把 x 和 y 的某些二次方程运用坐标变换化为标准型。在1717年，英国的斯特林（J. Stirling，1692—1779）在他的《牛顿的三次曲线》（1717）中把 x 和 y 的一般的二次方程运用坐标变换化为几种标准型。这样，坐标变换被引入了解析几何中，使解析几何的内容得到了扩充。

1671年，牛顿引入了极坐标的概念，1691年雅各布·伯努利（Jacob Bernoulli，1654—1705）重新阐述了极坐标的思想，后来还据此引进了双扭线。牛顿和雅各布都是对于特殊曲线引进的极坐标，在1729年，赫尔曼（J. Hermann，1648—1733）宣称极坐标的普遍运用，可以自由地应用极坐标去研究曲线，他还给出了从直角坐标到极坐标的变换公式。欧拉扩充了极坐标的使用范围而且明确地使用三角函数的记号,从而使当时的极坐标系成为现代的极坐标系。

到 18 世纪,解析几何有了很大的发展,特别是空间解析几何得到充分的发展。笛卡儿在《几何学》中曾提到含有三个未知数的方程所代表的轨迹是一个平面、一个球面或是一个更复杂的曲面,已经有了空间解析几何的雏形,但是他没有深入地研究下去。费马在 1643 年的一封信里也简短地叙述了他的关于空间解析几何的思想,谈到了柱面、椭圆抛物面、双叶双曲面和椭球面。1715 年,约翰·伯努利(Johann Bernoulli,1667—1748)引进了现在通用的三个坐标平面。克莱罗(A. C. Clairaut,1713—1765)在他的《关于双重曲率曲线的研究》(1731)中给出了一些曲面的方程,同时还指出描述一条空间曲线需要两个曲面方程。欧拉在《无穷分析引论》(论述曲面和空间曲线的解析理论,1748)中系统地研究了空间解析几何,得到了六种曲面:锥面、柱面、椭球面、单叶和双叶双曲面、双曲抛物面以及抛物柱面。空间解析几何的较大发展是在 18 世纪,对它的研究导致微分几何学的创立。

6.6 函数概念的产生与发展

初等或高等数学中,函数概念是一个至关重要的概念。中学数学可以说是以函数为中心的一门科学,函数概念是怎样起源和发展呢?

在 14 世纪,法国数学家奥雷姆就使用图形表示依时间 t 而变的 x,并把“t”与“x”分别称为“经度”与“纬度”。这一思想很快被开普勒和伽利略应用于天体研究中。这一时期的函数的只能是静止的观点。伽利略关于自由落体、单摆的研究,始终包含着两个量同时变化的思想。这表明他是在讨论函数关系,只是他还没有把它们用符号形式表示出来而已。1637 年前后笛卡儿指出了平面上的点与实数对(x,y)之间的对应关系,这种相互依赖关系孕育了函数的思想。直到17世纪后期牛顿、莱布尼茨建立微积分的时候,数学家还没有明确函数的一般意义,绝大部分函数是被当作曲线来研究的。

1718年约翰·伯努利才在莱布尼兹函数概念的基础上,对其进行了明确定义:“一个变量的函数是指由这个变量和常数以任一形式所构成的量。”约翰把变量x和常量按任何方式构成的量叫“x的函数”,表示为y,其在函数概念中所说的任一形式,包括代数式子和超越式子。

18世纪中叶欧拉就给出了非常形象的,一直沿用至今的函数符号$f(x)$。欧拉先后给出三个定义:如1748年函数定义:“一个变量的函数是由这个变量和一些数即常数以任何方式组成的解析表达式。”他把约翰·伯努利给出的函数定义称为解析函数,并进一步把它区分为代数函数(只有自变量间的代数运算)和超越函数(三角函数、对数函数以及变量的无理数幂所表示的函数),还考虑了“随意函数”(表示任意画出曲线的函数),不难看出,欧拉给出的函数定义比约翰·贝努利的定义更普遍、更具有广泛意义。

1822年傅里叶(J. B. J. Fourier,1768—1830)发现某些函数可用曲线表示,也可用一个式子表示,或用多个式子表示,从而结束了函数概念是否以唯一一个式子表示的争论,把对函数的认识又推进了一个新的层次。1823年柯西从定义变量开始给出了函数的定义,同时指出,虽然无穷级数是规定函数的一种有效方法,但是对函数来说不一定要有解析表达式,不过他仍然认为函数关系可以用多个解析式来表示,这是一个很大的局限,突破这一局限的是杰出数学家狄利克雷。1837年狄利克雷认为怎样去建立x与y之间的关系无关紧要,他拓广了函数概念,指出:“对于在某区间上的每一个确定的x值,y都有一个或多个确定的值,那么y叫做x的函数。”狄利克雷的函数定义,出色地避免了以往函数定义中所有的关于依赖关系的描述亦即解析式或图像表示函数概念狄氏定义与现行初中课本函数定义相当接近(多值函数除外),

可视为科学的函数定义。至此,我们可以说,函数概念、函数的本质定义已经形成,这就是人们常说的经典函数定义。等到康托尔创立的集合论之后,美国数学家维布伦(O. Veblen,1880—1960)用“集合”和“对应”的概念给出了近代函数定义,通过集合概念,把函数的对应关系、定义域及值域进一步明确化了,且打破了“变量是数”的极限,变量可以是数,也可以是其他对象(点、线、面、体、向量、矩阵等)。

1914 年德国的豪斯多夫(F. Hausdorff,1868—1942)在《集合论纲要》中用“序偶”来定义函数。其优点是避开了意义不明确的“变量”、“对应”概念,其不足之处是又引入了不明确的概念“序偶”。波兰的库拉托夫斯基(K. Kuratowski,1896—1980)于 1921 年用集合概念来定义“序偶”,即序偶(a,b)为集合$(\{a\},\{b\})$,这样,就使豪斯多夫的定义很严谨了。1939 年布尔巴基学派给出了新的现代函数定义:若对集合 M 的任意元素 x,总有集合 N 确定的元素 y 与之对应,则称在集合 M 上定义一个函数,记为$y=f(x)$,元素 x 称为自变元,元素 y 称为因变元。

函数概念的定义经过 300 多年的锤炼、变革,形成了函数的现代定义形式,但这并不意味着函数概念发展的历史终结,20 世纪 40 年代,物理学研究的需要发现了一种叫做 Dirac δ 函数,它只在一点处不为零,而它在全直线上的积分却等于 1,这在原来的函数和积分的定义下是不可思议的,但由于广义函数概念的引入,把函数、测度及以上所述的 Dirac δ 函数等概念统一了起来。因此,随着以数学为基础的其他学科的发展,函数的概念还会继续扩展。

阅读材料 创建坐标系的班昭①

班昭(约公元 49—约 120),又名班姬,字惠姬,惠班,古代女

① 徐品方:女数学家传奇[M],北京,科学出版社,2005,347—351。

数学家、教育家。班昭精通天文、数理，通晓我国上古时期的数学。她是班固（公元33—92）的妹妹。班固去世后，继承修撰哥哥未完成的《汉书》，书中有八个编年表（“表”是各个历史时期简单大事记）。班昭在一个表里，把约2000个传说人物和历史人物的名字，按她自己规定的9个品德表现等级，排列在一个矩形网格中，她用矩形水平的一边作一轴（今称横轴），表示时间，用竖直一边作另一轴（今称纵轴）表示人物的品德等级，然后在她建立的这种坐标系下，用点表示人物所在年代和人品等级，把这些点以时间为序连接的人品曲线形成一条下降曲线，这就是说，从表上直观形象而生动地看到，越古远的人物品德越高，而后来人的品德下降变低了。

因此，我国班昭创立的平面直角坐标系，萌芽了数形结合的解析几何思想。

另外，在7000多年前伏羲氏也创造了“直角坐标”：“两仪、四象与八卦”。“两仪”是指一个数轴，阳爻为正，阴爻为负，阴阳交界处为原点，称为无极；“四象”是指由直角坐标分成四个象限；“八卦”指空间中的八个卦限（相当于今三维空间坐标系）。详细论述可参考文①。

在《周易 · 系辞下》（约前16—前8世纪之际作品）也记载有“易有大极，是生两仪，两仪生四象，四象生八卦。”也有用上述观点解释。

思考与研究问题

1. 给定一单位线段和长度为 a,b,c 的线段，作长度为 ab,ac,bc,abc 的线段。

2. 给定一单位线段，试证明：如果 $f(x)$ 和 $g(x)$ 是 x 的具有以

① 黄冠斌：新石器鼎盛时期我们的祖先创造了直角坐标系[J]，珠算与珠心算，2005(2)。

给定线段表示的系数的多项式,我们可以对英语为 x 选定的任何线段作一长度为 $y=f(x)/g(x)$ 的线段。

3. 给定任何四条直线 L_1、L_2、L_3、L_4,令 p_i 表示点 P 与直线 L_i 的距离。试证明:使得 $p_1p_2 = kp_3p_4$ 的点 P 的轨迹为二次曲线。

4. 用笛卡儿的作切线的方法,过抛物线 $y^2 = 2mx$ 上一点 (x_1, y_1) 作切线。

7 微积分的创立

内容提要

本章主要介绍微积分的孕育和萌芽、牛顿和莱布尼茨创立的微积分及其发明权之争。

微积分学是研究函数的导数和积分的性质、运算和应用的一个数学分支。在大学课程中通常的讲授次序是先微分后积分,而在历史上,积分的概念比微分的概念先产生。微积分的创立,首先是为了处理17世纪主要的科学问题。积分的概念最初是由于它在求某些面积、体积和弧长相联系的求和过程中起作用而引起的。以后,微分是联系到对曲线作切线的问题和函数的极大值、极小值问题而产生的。再往后,才注意到:积分和微分彼此作为逆运算而相互关联。17世纪末微积分的发明,创造性的数学相当普遍地发展到一个高级的水平,使初等数学的历史基本结束。

7.1 微积分的孕育和萌芽

7.1.1 早期微积分思想

一、德谟克利特的原子论

微积分思想的萌芽可以追溯到古希腊时代。公元前5世纪,德谟克利特创立原子论,把物体看成由大量的不可分割的微小部分(称之为原子)叠合而成,从而求得物体体积。他曾断言:在任一多边形底上的棱锥的体积是等底等高棱柱体积的三分之一(圆锥与圆柱也有此关系)。德谟克利特问题的关键在于证明,两个等底等高的棱锥有相等的体积。此定理的证明是后来由欧多克斯用穷竭法推出的。

二、欧多克斯的穷竭法

安提丰是对圆的求积问题最先做出贡献的一个人。安提丰的大胆论断包含著名的希腊穷竭法的萌芽。公元前4世纪,欧多克斯(Eudoxus,约公元前400—约前347)建立了确定面积和体积的新方法——穷竭法,这方法假定量的无限可分性,并且依下述命题为基础:“若从任何量中取去一量之半,再取去所余之半,这样继续下去,可使所余的量小于另一任给的小量。”这是近代极限论的前驱。也可从中清楚地看出无穷小分析的原理。

三、阿基米德的平衡法

阿基米德做出了穷竭法最巧妙的应用,阿基米德成功地把穷竭法、原子论思想和杠杆原理结合起来,求出抛物线弓形面积和回转锥线体的体积,他的种种方法都孕育了近代积分学的思想。

阿基米德平衡法的基本概念是这样的:为了找所求的面积或体积,把它分成很多窄的平行的条或薄的平行的层,并且(思想上)把这些片挂在杠杆的一端,使它平衡于容积和重心为已知的一个图形。这就是阿基米德在《方法论》中求球体体积公式的途径,并用穷竭法给出了严格的证明。用现代的极限方法,可以使阿基米德的平衡法完全严格化,成为与现代积分法本质上相同的东西。

积分的理论,在阿基米德的值得注意的成就之后,在一个相当的时期,没有多大发展。直到17世纪上半叶,还没有发现微分学的预兆。阿基米德的贡献虽然重要,但我们切切不要把它估计过高,认为阿基米德就是微分学的真正创始人。阿基米德曾试图作螺线的切线,但是这是孤立的例子。在他的著作中,没有什么证据说明他已得到了求任意曲线之切线的普遍方法。

7.1.2　微积分的近代起源

到了17世纪,解析几何学的创立成为数学发展的转折点。微积分的出现,最初是为了处理人们所关注的几类典型的科学问题。积分学解决计算曲线所围成的面积、曲面所围成的体积、曲线长、物体的中心等问题;微分学则研究物体运动的瞬时速度、曲线的切线、函数的极值等问题。

一、积分问题

在这一时期,最早研究体积问题的是德国天文学家、数学家开普勒(图7-1)。他把体积分成许多微小部分,建立了所谓“无限小元素法”,求出近百个旋转体的体积。

图7-1　开普勒

开普勒对酒桶的形状感兴趣,在他的《测量酒桶的新立体几何学》中,他把圆看作边数为无限的多边形,而圆周上每一点可以看作顶点在圆心,而高等于半径的等腰三角形的底,亦即圆面积就是这无限多三角形面积之和。类似地,把球体积看作顶点在球心,底在球面上的无限多个无限小锥体之和。尽管从数学严谨性的观点看,这个工作是粗糙的,但是,用无数个同维的无穷小元素之和来确定曲边形面积和体积,是开普勒方法的精华。在《两门新科学》中,伽利略对于面积的想法和开普勒的想法相似。也许是开普勒在积分上的努力,引导卡瓦列里发展其不可分元法。

意大利几何学家卡瓦列里把开普勒的“无限小元素法”发展为纯粹的几何方法,提出了著名的“不可分原理”。他在《用新方法促进的连续不可分量的几何学》(1635)中,认为面积是无数个等距平行线段构成的,体积是无数个平行的平面面积构成的;他分别把这些元素叫做面积和体积的不可分量。卡瓦列里在他的《六道几何练习题》(1647)更形象地解释说,不可分量法认为线是由点构成的,就像链是由珠子穿成的一样;面是由直线构成的,就像布是由线织成的一样；立体是由平面构成的，就像书是由页组成的一样。不过，它们是对于无穷多个组成部分来说的。这种思想便是积分原始的雏形。

在1635年的著作中，他还给出著名的"卡瓦列里原理"，可以叙述为：若两个立体等高，而且用平行于底的一平面截得两平面面积之比为一定值，则这两个立体体积之比也等于这一定值。这一原理与我国"祖暅原理"本质相同。卡瓦列里原理是计算体积的有价值的工具，运用这个原理，卡瓦列里证明了圆锥的体积是外接圆柱的三分之一。

卡瓦列里对积分的贡献还在于，在《一百道杂题》(1639)中，利用不可分原理证明了相当于定积分 $\int_0^a x^n \mathrm{d}x=\frac{a^{n+1}}{n+1}$（正整数 $n=1$，2，…，9）

卡瓦列里的方法后来又经过意大利数学家托里切利，法国数学家罗贝瓦尔、费马，英国数学家惠更斯、沃利斯和巴罗等许多几何学家的推广与改进，逐渐开始形成了今天积分学中求和法的形式，并且也独立得到上述定积分公式，只是对 n 的限制有所不同。

1634年罗贝瓦尔使用了实质上是不可分法去求出旋轮线的一个拱下面的面积，以至罗贝瓦尔被认为是不可分法的独立发现者，但实际上他相信线、面和体的无限可分性，因此就不存在任何最后的部分。但在他的论文《不可分法》中把他的方法叫做"无穷大法"。

费马等人曾计算了一些曲线的长度。这些人一般是用内接多边形去逼近曲线的，先求出各边的和，然后随着每条边长的缩小而使边数成为无穷大。但更进一步的结果是惠更斯（C. Huygens，1629—1695）得到的，他给出了蔓叶线的弧长。

在牛顿和莱布尼茨以前，对于把分析方法引入微积分的工作做得最多的人是沃利斯。他最先把圆锥曲线当作二次曲线（而不是作为圆锥的截线）来讨论的人之一。1656年，他发表了《无穷算术》在这本书中，笛卡儿和卡瓦列里的方法被系统化和推广，并且从一些特殊情况推出了许多值得注意的结果。例如，我们现在写成$\int_0^1 x^m \mathrm{d}x=\frac{1}{m+1}$（$m$ 是正整数）的公式，就是由他推广到 m 为分数和负数（-1 除外）的。沃利斯仿照卡瓦列里不可分原理的方法成功地解决了纵坐标由$(1-x^2)^n$（n 是一正整数）给定的曲线的求积问题。沃利斯的一个值得注意的结果，是在他分析地计算圆面积的努力中，得到 π 的新表达式。$\frac{\pi}{2}=\frac{2\cdot2\cdot4\cdot4\cdot6\cdot6\cdot8\cdot8\cdots}{1\cdot3\cdot3\cdot5\cdot5\cdot7\cdot7\cdot9\cdots}$

沃利斯是最先完整地说明零指数、负指数和分数指数意义的人，他还引进了我们现在用的无穷大符号（∞），得到了计算曲线弧长的公式，相当于现代弧长微分公式 $\mathrm{d}s=\sqrt{1+y'^2}\,\mathrm{d}x$。

沃利斯的著作对牛顿的影响很大。牛顿根据沃利斯关于求积的一些线索完成了曾经难倒过他的前辈的插值法，并且证明了，半径是 x 的圆的四分之一面积为：$x=\frac{\frac{1}{2}x^3}{3}-\frac{\frac{1}{8}x^5}{5}-\frac{\frac{1}{16}x^7}{7}-\frac{\frac{5}{128}x^9}{9}$——这是研讨沃利斯著作的直接结果，他依靠的完全是归纳法原理。牛顿曾坦言："大约在我的数学生涯初期，那时我们杰出的同胞沃利斯博士的著作刚刚落入我的手里，他考虑到级数，用级数插入法求出了圆与双曲线的面积。换句话说，在一系列公底或公轴为 x，纵坐标为$(1-xx)^{\frac{0}{2}}$，$(1-xx)^{\frac{1}{2}}$，$(1-xx)^{\frac{2}{2}}$，$(1-xx)^{\frac{3}{2}}$，……的曲线所组成的序列中，如果能插入每隔一条曲线的面积，即插入 x，$x-\frac{1}{3}x^3$，$x-\frac{2}{3}x^3+\frac{1}{5}x^5$，$x-\frac{2}{3}x^3+\frac{3}{5}x^5-\frac{1}{7}x^7$，等等，那我们就会得到中间那些曲线的面积，其中第一条曲线$(1-xx)^{\frac{1}{2}}$是圆。"①由此可见，导致牛顿发现其流数之最后一步的，乃是沃利斯对求积

① The Epistola Posterior，牛顿致奥尔登堡转致莱布尼茨，1676 年10 月 24 日。

问题的研究。

格雷戈里·圣文森特(S. Gregory, 1584—1667)在他的《几何著作》(1647)中给出了直角双曲线和对数函数之间的重要联系。他用穷竭法证明了现代符号表示的公式 $\int_{x_0}^{x}\frac{\mathrm{d}x}{x}=k\log y$,其中 $y=\frac{1}{x}$,这和我们熟悉的积分结果是一致的。1665 年左右牛顿也注意到双曲线下的面积与对数之间的关系,并将这个关系写在他的《流数法》中,他用二项式定理展开 $\frac{1}{x+1}$,并逐项积分,得到 $\log_e(1+x)=x-\frac{x^2}{2}+\frac{x^3}{3}-\cdots$。

二、微分问题

在 17 世纪,关于求曲线切线的问题,最先发表的是法国数学家笛卡儿关于法线的作法。后来他又给出了另一种方法,其实质是把切线看成割线的极限位置。

笛卡儿留给我们两种作曲线之切线的方法,一种是在《几何学》一书中提出的,另一种是在他的《书信集》中提出的,提出得要晚得多。在后一方法中,他假想有一直线围绕轴上一点转动。在圆锥曲线的情形,这条直线可以交曲线于两点,但当直线趋近或远离曲线轴的时候,这两点就逐渐接近并终于重合。因此,他是把切线看成割线的极限位置的。

开普勒已经注意到:在寻常极大值或极小值的邻域中函数的增量成为零。费马把此事实转化为确定这样极大值或极小值的方法。

1629 年,费马求切线的一种方法,发表于 1637 年的手稿《求最大值和最小值的方法》中,这方法如下:

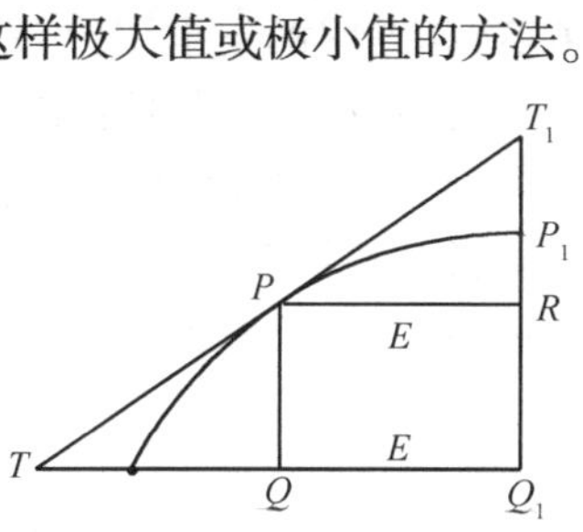

图 7-2

设 PT 是曲线上一点 P 处的切线(图 7-2)。TQ 的长叫次切线。费马的计划是求出 TQ 的长度,从而知道 T 的位置,最后就能作出 TP。设 QQ_1

是 TQ 的增量,长度为 E。因为 $\triangle TQP \backsim \triangle PRT_1$,所以 $TQ : PQ = E : T_1R$。但是,费马说,T_1R 和 P_1R 是差不多长的;因此 $TQ : PQ = E : (P_1Q_1 - QP)$。

用我们现在的符号,把 PQ 叫做 $f(x)$,我们就有 $TQ : f(x) = E : [f(x+E) - f(x)]$. 因此,$\mathrm{TQ} = \frac{E \cdot f(x)}{f(x+E) - f(x)}$。用 E 除上面分式的分子和分母,然后令 $E=0$(他说是去掉 E 项),就得到 TQ。虽然费马的方法在逻辑上是有缺点,如没有说明先引进非零 E,然后再用 E 通除之后,令 $E=0$ 的合理性。但是看来他的方法已非常接近微分学的基本观念了,它等价于:令 $\lim\limits_{n\to 0}\frac{f(x+h)-f(x)}{h}=0$ 即令 $f(x)$ 的导数等于零。这是求函数 $f(x)$ 的寻常极大值或极小值的常用方法。不过,费马不知道 $f(x)$ 的导数为零仅是寻常极大值或极小值的必要条件,而不是其充分条件。还有,费马方法对极大值和极小值不加区别。

费马还设计了当给定一条曲线的笛卡儿方程时,过曲线上一点作切线的一般程序。费马用这个方法求出椭圆、旋轮线、蔓叶线、蚌线、割圆曲线和笛卡儿叶形线的切线。

兰伯特(J. H. Lambert,1728—1777)曾断言费马就是微积分的真正发明人。这位著名的分析学家说道,“我们可以认为费马是这种新计算的第一个发明人”①。牛顿的自白也许更能说明问题;“我从费马的切线作法中得到了启示,我推广了它,把它直接地并且反过来应用于抽象的方程上。格雷戈里(J. Gregory,1638—1675)和巴罗博士也用过并且改进了这种作切线的方法。”②

法国数学家罗贝瓦尔在《不可分法》中,提出“平行四边形法则”来确定质点运动瞬时速度的方向——曲线在该点的切线方向。意大利数学家托里切利(E. Torricelli,1608—1647)应用罗贝瓦尔的方法,求得了曲线 $y=x^n$ 的切线。

---

① Brewster:Life of Sir Isaac Newton, 1831,183.

② Turnbull:The Mathematical Discoveries of Newton, 1945,5.

英国的巴罗(I. Barrow, 1630—1677)(图 7-3)是担任剑桥的卢卡斯讲座教授的第一人,1669 年将此席位让给他的学生 27 岁的牛顿。他是最先识出牛顿的超人才能的人之一,留下"巴罗让贤"佳话。巴罗最重要的数学著作《光学和几何学讲义》(1669),在这本书中,巴罗利用微分三角形或者特征三角形把切线的斜率定义为两个无穷小的比值,他已经得到了现代微分法的要领。

图 7-3 巴罗

所谓微分三角形,他是从三角形 PQR 出发的(图 7-4),这个三角形是由增量 PR 引起的,他用了这个三角形相似于三角形 PMN 的事实,断定切线的斜率 QR/PR 等于 PM/MN。巴罗说,当弧 PP' 足够小的时候,我们可以放心地把它和 P 点切线的一段 PQ 等同起来。三角形 PRP' 是特征三角形,其中 PP' 既是曲线的弧长,又是切线的一部分。实质上,他的方法和费马的方法是一致的。

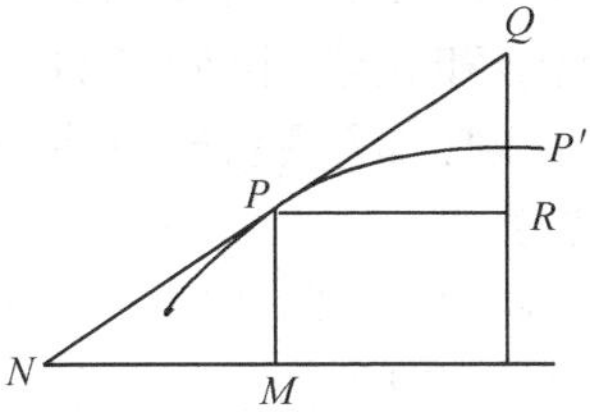

图 7-4

一般认为,巴罗是充分地认识到微分法(求切线)为积分法(求积法)的逆运算的人。这个方法就是所谓微积分的基本定理。故有位现代的作者认为巴罗是微分学(无穷小分析)的真正发明人①。

① Child:J. M. The Geometrical Lectures of Isaac Barrow, Preface, 1916.

17世纪早期的数学家们围绕微积分学所做的大量工作还只停留在某些具体问题的细节之中,他们缺乏对这门科学的普遍性和一般性的认识。他们的兴趣都是在我们今天应当说是微积分的应用的那些方面——曲线切线的作法、曲线长度的求法和曲线所围面积的求法。

英国数学家格雷戈里在《几何的通用部分》(1668)的序言中说,数学的真正划分不是分成几何和算术,而是分成普通的和特殊的。这普遍的东西是由两个包罗万象的思想家——牛顿和莱布尼茨提供的。

7.2 牛顿创立微积分——流数法

牛顿(图7-5)生于英国一个农民家庭,未出世丧父,幼年不是神童,在校成绩不突出,但最爱读课外书籍。少年时母亲改嫁,不多年又守寡务农,仍未改变贫穷。在舅舅和中学校长的帮助下,中学毕业后的1661年牛顿考入剑桥大学三一学院,成为减费生,家穷志不短,大学时读了许多数理、哲学等大师的经典著作,立志献身科学。

图7-5　牛顿

大学毕业时留校,1665年8月,因瘟疫流行,离校返乡。在乡下两年,牛顿开始研究机械、数学和光学,得到了许多重大发现,如微积分、万有引力、光学等。

1667年牛顿获三一学院硕士学位,曾作过巴罗教授助手。1669年,“巴罗让贤”,成为大学教授(1669—1701)达32年。终生未婚。

牛顿一生为近代自然科学奠定了四个重要基础:一是

创立微积分,为近代数学奠定了基础;二是进行光谱分析实验,为近代光学奠定了基础;三是发现力学三大定律,奠定了经典力学基础;四是发现万有引力定律,为近代天文学奠定了基础。这四项中的任何一项足可以成为著名科学家,何况四项集于一人。因此,牛顿被誉为"有史以来最伟大的科学家"。

牛顿1665年11月在乡下躲瘟疫时发明了流数术(微分法),次年5月又建立了反流数术(积分法)。牛顿发明的流数术理论成果,主要载入他的三篇著作:《运用无穷项放出的分析学》(下面简称"分析学")、《流数术与无穷级数》和《曲线求积法》(又译《求曲边形的面积》)。

7.2.1 "流数法"初建

1669年,牛顿写的第一篇微积分论文《分析学》出版于1711年。他提出的微分方法与费马、巴罗的方法差不多,仅是形式区别。在该文中,他称变量的无穷小增量为"瞬"(相当于费马的 E,如图7-2),给出了求一个变量(关于时间的)瞬时变化率的普遍方法,并且证明了面积可以由求变化率的逆过程得到。具体地说,他把求解过程改为"先除无穷小而后略去含无穷小的项"(费马的过程与此相反)。牛顿还将二项式应用于计算,而且考虑瞬时增量,而后通过逆过程(即今称不定积分)求出面积。这个事实就是我们现在所称的微积分基本定理。这本书一开头提到"双曲线求积法"规则,牛顿在证明时没有用到流数概念,更谈不上用流数符号了。他还是坚持用他前辈的无穷小量。但是,他的处理方法重复澄清了这样一点:他已经掌握了微分与积分两种运算之间的关系。

在《分析学》中依旧出现无穷小,牛顿这样做在逻辑上是不清楚的。在这本书中他说他的方法"与其说是精确的证明,不如说是简短的说明。"

7.2.2 成熟的流数法

牛顿对于流数法的系统论述,写于1671年,但在他去世后的

1736 年才出版小册子《流数法与无穷级数》。在这本书中,他认为变量是由点、线和面的连续运动产生的,而不是他在早期论文中所说的无穷小元素的静止的集合。这个新观点是遵循着伽利略的更富有动力学思想的想法;而旧的观点是运用卡瓦列里的静力学不可分法。

变量被称为流,变量的变化率称为它的流数。对于流 x 和 y 的流数,他记为 $\dot{x}$ 和 $\dot{y}$。$\dot{x}$ 的流数记作 $\ddot{x}$。在这本书中,牛顿更清楚地陈述了微积分的基本问题:已知两个流之间的关系,求它们的流数之间的关系,以及它的逆问题。由已知关系给定两个变量,能够表示任何量。

在《流数法》中,牛顿作了一些应用,用流数法微分隐函数,求曲线的切线、函数的最大值与最小值、曲线的曲率和曲线的拐点。他也得到了曲线下的面积和曲线的长度。关于曲率,他给出曲率半径的正确公式,即 $r=\dfrac{(1+\dot{y}^2)^{3/2}}{\ddot{y}}$,其中 $\dot{x}$ 取作 1。他还给出极坐标中的曲率半径的公式。最后,他附了一个积分简表。

在这部著作中牛顿利用无穷级数处理像 $(1+x)^{3/2}$ 一类的函数,相反,他的前人却完全限制在有理代数函数方面。此外,牛顿在书中提出了今称“换元积分”、“隐函数微分法”等初步概念。

7.2.3 首末比的提法与改进

在写于 1676 年,发表于 1704 年的第三篇微积分论文《曲线求积法》(即《求曲边形的面积》)中,牛顿放弃了无穷小量(即“瞬”)的提法,而试图把流数法建立在极限概念的基础上。他在序言中认为没有必要把关于无穷小量的任何论点引进流数术中来,因此把它们丢开,而代之以他的最初和最末比。牛顿似乎已经在极限概念的周围徘徊,但他仍把极限值看作一个比值,而不是看作一个确定数。牛顿的“最初和最末比”并没有把令人迷惑的地方完全清除。关于这些小地方仍有一定的模糊之处,他在给牛津大学物理学教授约翰·开尔的一封信(1714 年 5 月)中写道:“瞬是无穷小的部分。”但在《原理》第二版(1713)中,瞬已不再是微小部分,但它们是什么,则始终不清楚,正是由于他不能明确定义他的比,这才使他遭到严厉的批评。牛顿竟难以把他的微积分建立在稳固的基础上,这一点并不算奇怪。事实上,补救这个缺陷乃是以后100多年数学家们所面临的主要问题之一。

7.2.4 《自然哲学的数学原理》

牛顿最早发表的涉及微积分的著作是他的巨著《自然哲学的数学原理》(1687)简称《原理》,被后人称为划时代的经典巨著。书中有最后比(即最末比)的解释,他说:“所谓最后比,严格说来,不是最后量的比,而是无限减少的这些量的比所趋近的极限,而它与这个极限之差虽然比任何给出的差更小,但这些量在无限缩小以前既不能越过也不能达到这个极限。”可见牛顿不仅引入导数,而且把导数当作为增量之比的极限。但牛顿对极限叙述含糊不清,且前后不一,成为18世纪争论的一个潜因。

《原理》包含丰富的成果。其中,第一次有了地球和天体主要运动现象的完整的动力学体系和完整的数学公式。事实证明,这在科学史上是最有影响、荣誉最高的著作。对于数学史也有极大的重要性,这不仅因为牛顿自己在微积分方面的工作,大部分是由他对书中处理的问题的压倒一切的兴趣激发的,而且还因为《原理》对许多问题提出了新的研究课题和研究方式,而这些问题经过下一世纪的研究,产生出大量的分析成果。

7.3 莱布尼茨创立微积分

莱布尼茨(图7-6)是德国数学家、自然科学家和哲学家。被誉为17世纪的全才。

莱布尼茨6岁丧父,父亲留下丰富藏书,使他得以自小博览群书。在母亲的独自抚养与教导下,15岁考入大学法学系,有“神童”之说。1666年(20岁)获大学哲学博士,并聘为法学博士。

图 7-6　莱布尼茨

1672 年作为外交官出使巴黎。1700 年出任柏林科学院第一任院长。终生未婚。

莱布尼茨一生勤奋过人，致力于科学和社会公务，广交朋友，一生与 1063 人通信进行学术与思想交流，留下一万五千多封书信及遗稿，涉及数学、神学、哲学、历史和技术等 41 个项目，他的“全集”从 19 世纪开始至今未收集齐全。

1672—1676 年留居巴黎，在很多科学家影响下，他开始了自己的学术生涯，包括开始学习数学、自然科学等。在此期间，他边学边写心得，写了大量笔记手稿，从中可看出他发现微积分思想的发展过程。由于笔记手稿很零乱，条理不清。42 年后的 1714 年，在他写的《微积分的历史和起源》一书中，人们才清晰知道他早期研究微积分的以下工作情况：

例如，1673 年，他通过帕斯卡和巴罗等人讨论的“特征三角形”（后称“微分三角形”），他很快发现两个问题：

（1）曲线 $y=f(x)$ 的切线依赖于纵坐标的差值与横坐标的差值（当这些差之变成无穷小时）之比。如图 7-7 可知，特征 ΔPQR 与 ΔSTU 相似，从而有 $\frac{dy}{dx}=\frac{TU}{SU}$。这就是说，曲线 $y=f(x)$ 上过点 T 的切

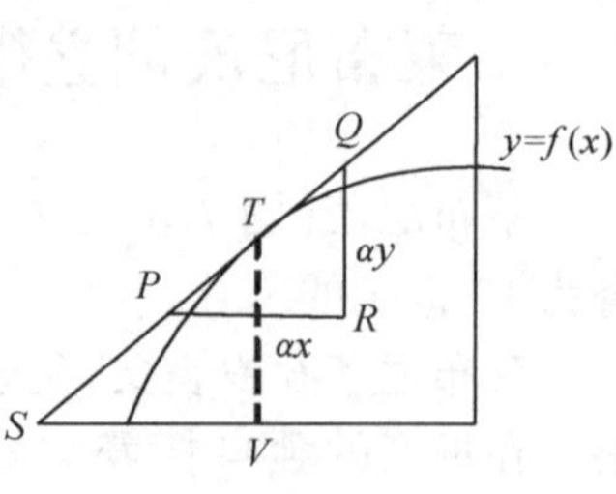

图 7-7

线的斜率是$\frac{dy}{dx}$。

(2) 求面积依赖于横坐标的无限小区间的纵坐标之和或无限矩形之和。

由此可知,1673 年莱布尼茨笔记手稿中已建立微分学理论,并给出了求曲线的切线的方法。并且他由于引入特征三角形认识到,微分(主要是导数、求切线)与积分(求和)必定是相反过程。在后来的 1675 年 10 月 29 日的笔记手稿中,他第一次表达出求和(积分)与微分之间的关系。

又在 1676 年 11 月的手稿中,他给出了微积分一般法则,如 $dx^n = nx^{n-1}dx$ 和 $\int x^n = \frac{x^{n+1}}{n+1}$,其中 n 为整数或分数。

综上所知,莱布尼茨早期的笔记手稿中,已产生了微积分的思想,遗憾的是他当时没有写成论文公布于世。

十多年后的 1684 年 10 月,莱布尼茨第一篇微分学论文《一种求极大与极小值和求切线的新方法》,首次发表在《教师学报》(也译为《博学学报》)。这篇论文从几何学角度出发,论述了微分法则等成果,如设横坐标的微分 dx 是一个任意量,则纵坐标 y 的微分 dy 可定义为:$dy : dx = y$: 次切距,这与近代的微分定义相似。也是莱布尼茨一篇较早的微积分学文献。

1686 年 5 月,莱布尼茨第一篇积分学论文《深奥的几何与不可分量及无限的分析》,又发表在《教师学报》上。这篇论文初步提出积分或求积问题与微分或切线问题的互逆关系,即可以求出原函数。他还指出 $\int \sqrt{a^2 \pm x^2}\,dx$ 的结果是超越函数。

因此,数学史上公认莱布尼茨与牛顿均为微积分的独立创立者。

这里,值得一提的是莱布尼茨还是数学符号创用最多的数学家之一①,而数学符号在数学的发展过程中起到了极为重要的

① 徐品方,张红:数学符号史[M],北京:科学出版社,2006。

作用。

莱布尼茨最早曾用“$\overline{\mathrm{d}}$”表示差分(即“差”),后来在1684年的论文中创用dy与dx分别表示曲线上两个相邻点的纵坐标之差与横坐标之差。

1675年10月29日莱布尼茨在笔记手稿中创用“$\int$”代替他以前的“和”的符号“Omn”(“$\int$”是sum(和)的第一个字母s的拉长),又创用$\int y\mathrm{d}x$表示面积。1684年的论文中出现符号$\int x$(后来变成了$\int x\mathrm{d}x$)表示和数。又创用n阶微分符号“d^n”,甚至对“$\int$”与“n重和”分别用d^{-1}与d^{-n}表示。

莱布尼茨还创用了一些初等数学符号,如乘号“·”,除(比)号“:”,1679年用“$a \backsim b$”表示a与b相似等等。

至于创用数学名词也多,如“微分学”、“积分学”、“函数”、“坐标”等等。

7.4　微积分发明权之争

根据史料分析,莱布尼茨发表的两篇论文(1684年和1686年)都早于牛顿(1687年)首次发表的微积分论文。当然,从发现微积分年代来看却相反,牛顿(1665年)早于莱布尼茨(1672年)。两位伟人都是从不同角度独立创立了微积分:牛顿的微积分是从运动学角度出发,以速度为模型建立微分学,并且偏重于求微分的反运算,即不定积分概念,采用点表示微分符号,后人称为“点主义”;而莱布尼茨是从几何学角度出发,作曲线上一点的切线开始建立微分学,并且侧重于把积分理解为求微分的和,他叫“求和计算”即定积分概念,使用d表示微分符号,后人称为“d主义”。

因此,恩格斯高度评价说:“在一切理论成就中,未必有什么像17世纪下半叶微积分的发明那样被看作人类精神的最高胜利了。”

牛顿、莱布尼茨的成就本来是客观的事实，但是，1699 年，瑞士数学家德丢勒(N. F. de Duillier, 1664—1753)在一本小册子里却不顾史实说：“牛顿是微积分的第一发明人”而莱布尼茨为“第二发明人”，“曾从牛顿那里有所借鉴”。莱布尼茨进行批驳。于是引起了微积分发明权之争。

争论双方都各有支持者，牛顿支持者有英国的泰勒(B. Tayler, 1683—1731)、马克劳林(C. Maclaurin, 1698—1731)；莱布尼茨维护者有瑞士的伯努利兄弟俩。争论把欧洲数学家分成势不两立的两派：英国派和大陆派。争论使双方发展到停止学术交流，并延伸到自然科学领域。“点主义”对抗“d 主义”的悲剧是使英国的数学进展推迟了将近 100 年。因为，狭隘的英国人继续牛顿以几何为工具的思想，沿用不简洁的符号等；大陆派使用莱布尼茨的分析法和先进符号 d、$\int$ 等。

后经调查证实，1676 年莱布尼茨访问伦敦时，借阅过牛顿《分析学》手抄本，只摘录有关级数部分，没有看到牛顿以字谜形式叙述的流数法基本问题。因此，不存在剽窃，两人属于独立发明。

尽管长达 20 多年的发明权之争给两个当事人的生活蒙上了阴影，可庆幸地是两派的争论并没有影响两位发明者彼此去怀疑对方的科学才能。

就微积分而言，它在数学领域中开辟了一个新纪元，很少有其他发明能如此硕果累累。在以后 50 多年的时间里，新方法吸引了数学家的全部活力，甚至把费马和笛卡儿重要的分析方法都排斥在外了。

阅读材料　微积分思想在中国

在古书中，如我国《庄子 · 天下篇》载“一尺之棰，日取其半，万世不竭”。《墨经》注“穷：或不容尺；莫不容尺，无穷也。”表达无限可分性的思想外,包含了极限思想的萌芽。

刘徽《九章算术注》(公元263年),将无穷小分割方法,利用极限思想,架起了同向微积分的桥梁,至今熠熠闪光。例如他创立的"割圆术"(采用圆内接正多边形,当边数逐次倍增逼近圆的原理"割之弥细,所失弥少。割之又割,以至于不可割,则与圆合体,而无所失矣。")其思想与古希腊"穷竭法"不谋而合(见前4.2.4节与第2章阅读材料)。刘徽在证明圆面积公式中,蕴含有极限思想。

此外,刘徽"割圆术"的极限思想还表现在以下三个方面:

(1) 体现了化直为曲,直曲转化的哲理。这正是牛顿、莱布尼茨微积分思想之一。

(2) 求近似值中的极限思想。刘徽注中求圆周率方法。弧田(或弓形)的面积计算中,十进小数表示,开方不尽,用无限小数逼近无理数,即微数的方法,都是极限过程。以上这些都是刘徽无穷小分割思想和极限思想在近似计算中的应用表现(详细内容在前面第3章中详细论述了)。

(3) 刘徽的体积理论中,应用他创造的无穷小分割方法,利用极限思想,在《九章算术注》商功章①中证明了阳马(底为正方形或长方形一侧棱与底垂直的四棱锥)体积公式和鳖臑(侧面都是直角三角形的四面体)体积公式。然后以此为基础,采取有限分割求和的方法,将多面体分解成有限个立方、堑堵(底为直角三角形的直棱柱)、阳马和鳖臑,求它们体积之总和,从而建立并证明了多面体的其他体积公式。所以刘徽断言:"阳马居中,鳖臑居一,不易之率也。"这一命题现在被称为"刘徽体积原理"。

南北朝祖暅之推算球体积公式过程中提出的"祖暅原理":"缘幂势既同,则积不容异。"本质上也是积分思想的体现(详见前面3.5)。

从上可知,微积分思想也在我国孕育,但因我国数学自身原

---

① 徐品方:白话九章算术[M],成都:成都时代出版社,2002,169—172。

因(如文字叙述问题及解,没有创用符号等等)和社会原因,微积分并没有在中国诞生。

我国第一本微积分学,也是第一本解析几何的中译本,是李善兰和英国伟烈亚力合译的《代微积拾级》(1859 年)出版。译名中的“代”指“解析几何”(当时叫“代数几何”)。“微”指“微分”,“积”指“积分”。译作“微积”是我国微积分名称的起源。

中译本序中说牛顿、莱布尼茨“二家创微分、积分二术……其理大要:凡线面体皆设为由小渐大,一刹那中所增之积即微分也,其全积即积分也。”这就是汉语中微积分名称的由来。

思考与研究问题

1. 阿基米德著有许多解体积和面积问题的小册子。他用“穷竭法”证明他的结论。试用现代方法解下列阿基米德的问题:

(1) 以过直圆柱底直径的平面截直圆柱,求所得圆柱楔形(或蹄形)的面积。

(2) 两个等半径的直圆柱,其轴垂直相交,求其公共部分的体积。

2. 用现代积分法证明卡瓦列里原理。

3. 用下列方法求过圆 $x^2+y^2=25$ 上点(3,4)的切线的斜率:

(1)费马的方法;(2)巴罗的方法;(3)牛顿的流数法;(4)现代的方法。

4. 如果 $y=uv$,在这里,u,v 是 x 的函数,试证明:y 对于 x 的 n 阶导数为 $y^{(n)}=uv^{(n)}+nu'v^{(n-1)}+\frac{n(n-1)}{2!}u''v^{(n-2)}+\frac{n(n-1)(n-2)}{3!}u'''v^{(n-3)}+\cdots+u^{(n)}v$ 这称为莱布尼茨法则。

8 微积分的发展

内容提要

本章主要讲述微积分在18世纪和19世纪的发展。

微积分是17世纪最伟大的数学成就,它推动数学产生巨大进展,数学被融入当时最顶尖的科学问题之中。反过来,科学给数学提供了许多深奥又引人入胜的问题,开启了数学家们的巨大热情并提供巨大动力。这两种倾向交织在一起指向了未来数学创造的繁荣。

这种繁荣就微积分在18世纪和19世纪的发展来说,有两条线索:一是建立严密的微积分基础,可以看成是追求数学内在的纯粹的自恰性的结果。18世纪对微积分的基础进行了广泛的争论。但是,微积分的基础彻底严格化直至19世纪才完成,数学分析的基础最终建立在严格的实数理论基础之上,并拓展产生了集合论。二是新学科的建立,可以看成是追求微积分方法进步及其应用领域扩展的结果。18世纪的数学家们把无穷小算法广泛应用于解决当时的科学问题。这种应用不仅扩展了微积分的应用范围和效力,而且刺激和推动数学家们创造新的数学分支,如微分方程、变分法等。微积分发展成了一个在观念和方法上都具有鲜明特点新的数学领域——分析学。数学分析方法在19世纪继续发展,把数学分析发展成了一个庞大的领域。

就数学观念来看,18世纪人们的数学真理性信念是数学来源于自然并接受自然的检验,而19世纪,把数学建立在严格的公理基础上是数学家普遍的追求。

8.1 微积分基础概念的演化

18世纪微积分的技巧不断扩展,新的概念也不断增加,矛盾不断出现。为了弥补微积分基础不断出现的矛盾,人们推动着微积分基础概念不断演化。我们从下面几个方面来探讨。

8.1.1 无穷小量概念

无穷小量是微积分基础的核心对象,是从有限量向0过渡的关键概念,是 18 世纪数学家讨论得最多的概念。

牛顿微积分中最早把无穷小量称为瞬,实质是不可分增量的含义或者称为微元,变量被看成静止的不可分量的集合。这样的无穷小量在逻辑上的含义是不确定的。后来,牛顿把无穷小量概念融进了首末比中,其含义被掩盖了。英国学者继承了牛顿思想,试图将微积分与几何或速度概念联系起来,但是在阐述无穷小量作为不可分量和连续变量的流数的关系的时候,依然是混淆不清。法国数学家洛必达(G. F. A. L' Hospital,1661—1704)试图按照欧几里得的公理化思想方法,以定义和公理作为微积分理论的出发点。他的第一个公理是:两个相差一个无穷小量的量是相同的。这个公理本身在逻辑上就是一个矛盾。18 世纪对无穷小量的探讨很多,并且和下面的几个方面常常交织在一起。

8.1.2 极限观念

极限是从不可分量向无限小量过渡的本质。在阐述连续变量的流数的时候,一些数学家涉及到了极限观念。

英国朱林(J. Jurin, 1684—1750)在回击大主教伯克莱(G. Berkeley,1685—1753)对流数术的攻击中试图解释牛顿的瞬与流数(1734)。他将变量的极限定义为"被变量连续地逼近的某确定的量",而且"可逼近得比任何给定的差更近,但永不超出它"。但是他未能说清无穷小量与极限的关系。达朗贝尔(J. L. R. D' Alembert,1717—1783)发展了牛顿首末比方法,把最初比与最终比的关系理解为一种极限。达朗贝尔第一次正确地将微积分建立在极限观念上,为"微积分的严格表述提供了合理内核"(李文林)。但是他的极限概念仍具有含糊性。拉克鲁阿(S. F. Lacroix,1765—1843)把"首末比是一个极限"的思想发展成"两个量之比,当每一个都趋近于 0 时具有确定的值的明确思想"。他的极限思想产生了较大影响,为把极限概念作为微积分的基础作出了先驱性贡献。

8.1.3 形式化微积分

不着眼于微积分中无穷小量概念的含义,而把微积分作为一种形式化的运算,这是莱布尼茨开创的一种风格,这种风格被欧洲大陆数学家所继承。因此,欧洲大陆数学家更多依靠代数表达式的形式演算,而不是几何方法。与之对照的英国情形正好相反。

形式化微积分重要代表是欧拉,他拒绝几何作为微积分的基础,并纯粹形式地研究函数以及形式地论证微积分成果。欧拉认为无穷小量是正在消失的量,本身就等于0。比如,$\mathrm{d}x$ 在 x 之前消失,而 d^2x 又消失在 $\mathrm{d}x$ 之前,所以就有这样的等式成立 $\frac{\mathrm{d}^2x+\mathrm{d}x}{\mathrm{d}x}=1$。欧拉为了说明为什么 $\frac{\mathrm{d}y}{\mathrm{d}x}=\frac{0}{0}$ 可以确定一个数呢?他是这样解释的:$\because a\cdot 0=0$,$\therefore \frac{0}{0}=a$,即 $\frac{0}{0}$ 可以是任何数。欧拉的形式化思想,广泛地应用于他的公式推导中。下面是欧拉在他的《微分学原理》(1755)中推导 $y=\log x$① 的微分的例子。

用 $x+\mathrm{d}x$ 代替 x 得:$\mathrm{d}y=\log(x+\mathrm{d}x)-\log x=\log\left(1+\frac{\mathrm{d}x}{x}\right)$;又知道:$\log(1+z)=z-\frac{z^2}{2}+\frac{z^3}{3}-\frac{z^4}{4}+\cdots$,以 $\frac{\mathrm{d}x}{x}$ 替代 z 得:$\mathrm{d}y=\frac{\mathrm{d}x}{x}-\frac{\mathrm{d}x^2}{2x^2}+\frac{\mathrm{d}x^3}{3x^3}-\frac{\mathrm{d}x^4}{4x^4}+\cdots$ 舍掉除第一项外其余项得:$\mathrm{d}y=\mathrm{d}(\log x)=\frac{\mathrm{d}x}{x}$。

他的形式化思想产生了广泛的影响。欧拉的在无穷阶0之上的纯代数微积分的意义在于把微积分从几何中解脱出来,使微积分建立在算术和代数的基础上,为基于实数系统的微积分开辟了道路。

欧拉(图8-1)出生于瑞士一个牧师家庭,自幼受父亲的教育。13岁就进入巴塞尔大学,得到约翰·伯努利的赏识与特别指导,

① 这里 $\log x$ 表示以e为底的对数。下同。

后专心研究数学。15岁获学士学位,16岁获硕士学位。欧拉的主要科学生涯是在俄国圣彼得堡科学院和德国柏林科学院度过的。欧拉是历史上多产的数学家,其著作涉及当时几乎所有的数学分支。生前发表著作和论文有560多篇(部),逝世后留下大量手稿,其中还有部分手稿在1771年的一场大火中化为灰烬。欧拉28岁右眼失明,64岁双目失明,他完全是依靠惊人的记忆和心算能力进行研究与写作,其高尚品格也被后人赞颂。

图8-1　欧拉

欧拉是18世纪推进微积分发展最重要的数学家。他的《无穷小分析引论》(1748)、《微分学原理》(1755)和《积分学原理》(共3卷,1768—1770年)是微积分史上里程碑式的著作。这3部著作不仅包括了他在分析领域中大量创造,而且引进了一批标准符号,比如:函数符号$f(x)$,求和符号$\sum$,自然对数底e,虚数单位i等。他的著作被当作课本典范而普遍使用。

图8-2　拉格朗日

拉格朗日(图8-2)是另一位重要代表。他认为微积分的基础应建立在代数学之上。他的微积分实际上是一种以无穷多项式(无穷级数)为对象的代数,利用无穷级数与微积分关系来展开微积分理论。他的思想和欧拉一样产生了广泛的影响,推动微积分的基础从倾向于微积分概念的本质出发,转向方法在演绎程序上逻辑恰当方向发展。不过,他的关键性错误在于颠倒了函数的导数与函数展开成级数的关系。

8.1.4　对函数的认识

前面6.6中,我们介绍过"函数概念的产生与发展",这里介绍伴随微积分基础讨论对函数认识的深入发展。微积分实质上是对函数进行无穷小分析的方法。函数是微积分理论中一个基础性概念。在人们发展微积分方法和追求微积分的基础的同时,必然推动函数概念的认识。

18世纪对函数的认识是伴随着对已知函数的使用和新的函数的发现。在处理单摆运动、悬索形状、曲线运动、曲线渐近线、光学问题等引出的曲线问题时,已经使用已知的初等函数,并将其变成非常复杂形式,同时也发现了一些新的函数。欧拉的工作大大丰富了18世纪对函数的认识。他引进了各种类型的函数,区分了显函数与隐函数,单值函数和多值函数等。

由于积分技术的发展,初等超越函数的认识被大大拓展。如:三角函数系统化,对数函数与指数函数关系被揭示。双曲函数被兰伯特全面地研究。在积分问题求解中,新的超越函数被引入。如:椭圆积分被引入;欧拉给出了Γ函数和B函数[不过名称及记号是勒让德(A. M. Legendre, 1752—1833)在1811年给出的]。这些是18世纪发现的重要的超越函数,大大扩展了人们对函数的认识。

复数被引入到初等超越函数并得到了一些重要关系。英国数学家柯茨(R. Cotes, 1682—1716)得到关系:$i\varphi=\log(\cos\varphi+i\sin\varphi)$(1714)。这一关系后被欧拉独立得到,并改写成指数形式:$e^{i\varphi}=\cos\varphi+i\sin\varphi$。以此为基础,欧拉得到一个著名的公式:$e^{\pi i}+1=0$。这个公式联系着数学中5个最重要的数:e、π、i、1、0(被称为数学中的

“五朵金花”)。欧拉还发表了今称之为棣莫弗公式[①]:$(\cos\varphi\pm i\sin\varphi)^n=\cos n\varphi\pm i\sin n\varphi$。这些公式揭示了三角函数、指数函数和对数函数之间深刻的联系。以这些公式为基础,初等函数被推广到复数领域,并在积分运算中引出了负数和复数的对数探讨。

总之,18 世纪函数概念还没有发展成今天中学阶段那样普遍的概念。同时,涉及函数连续、解析、可导等概念仍然是含糊不清,对函数的幂级数可展性也是广泛争议并不分场合地应用。

8.1.5 无穷级数的发展

无穷级数是 18 世纪研究微积分的重要工具。在研究复杂的代数函数和超越函数时,数学家们最有效的方法是把它们展成级数(特别是幂级数),然后进行微分和积分。牛顿、莱布尼茨、伯努利(Bernoulli)家族、欧拉以及他们同时代的数学家都大量依靠级数的使用,同时也取得了大量的成果。

伯努利家族是历史上最大的数学家族,原籍比利时,后迁居德国,最后定居瑞士。祖孙三辈出现 10 余位数学家和物理学家。其中以雅各布·伯努利、约翰·伯努利(图 8-3)和丹尼尔·伯努利(Daniel Bernoulli, 1700—1782,约翰之子)最为著名。雅各布和约翰是两兄弟,两人的争强好胜留下了许多科学轶闻,先后任瑞士巴塞尔大学教授。他们都是莱布尼

图 8-3 约翰·伯努利

① 棣莫弗在 1707—1730 年间曾逐步得到了相当于这一公式的结果,不过他仅隐含表达出,而欧拉首次明确提出并把 n 推广到任意实数,发表于《无穷小分析引论》。

茨忠实学生和朋友,并主要担纲17、18世纪过渡时期莱布尼茨学说的推广任务。其工作构成了初等微积分大部分内容。

函数的幂级数展开是从插值法中发展起来的。17世纪末和18世纪,航海、天文、地理对三角函数、对数函数和航海表有较大的精确度要求。这就需要用插值法求得一些函数的近似值。所谓"插值法":利用有限个已知函数值来逼近或近似表示出函数关系,从而近似求得另外所需的一些函数值的方法。突破线性插值法的方法是高阶(次)内插法(也称有限差方法)。这种方法在我国宋元时期就已出现,在中算史上称为"招差术"。最早由郭守敬、王恂使用,后朱世杰(公元1300前后)获得一般高次内插公式。在欧洲,高次内插法最早由布里格斯引进(1642),后J·格雷戈里和牛顿都独立给出高次内插公式(1670,1676),现称格雷戈里-牛顿公式。事实上,有限差方法包括莱布尼茨和约翰·伯努利都曾讨论并得到类似的结果。泰勒(图8-4)把这个函数的近似有限阶差分公式利用导数发展成精确的无限级数表示形式,即泰勒展式:$f(a+h)=f(a)+f'(a)h+f''(a)\frac{h^2}{2!}+f'''(a)\frac{h^3}{3!}+\cdots$。这是一个把函数展成无穷级数最有力的方法,在微积分中有广泛应用。不过,当时人们并未意识到函数导数存在性对这个公式的影响,并且普遍一致认为任何函数都可以泰勒展开。

图8-4　泰勒

18世纪,数学家们除了探讨代数级数之外,还广泛研究三角级数。这主要原因是由于天文和航海巨大需要的推动,而天文现象周期特性与三角函数相联系。三角级数主要是从欧拉的行星扰动理论到克莱罗等数学家广泛讨论三角级数。不过,是否是任何函数都可以表示成这样的级数以及如何确定三角函数的系数等问题,在18世纪有广泛争议却未能解决。

18世纪对调和级数的研究引导了对无穷级数收敛性的研究。法国奥雷姆(N. Oresme,约1320—1382)利用分段求和证明调和级数是发散的,方法正好是今天的方法。后来,雅各布·伯努利则通过用另一种分段来求和。约翰·伯努利利用一个变换得到了调和级数和的关系:$A=1+A$,故A是无穷的。欧拉对调和级数的研究则导致了欧拉常数:$\gamma=\lim\limits_{n\to\infty}\left(1+\frac{1}{2}+\cdots+\frac{1}{n}-\log n\right)$的发现,这是一个至今还无法确定是否是有理数还是无理数的数。

18世纪推动级数收敛性的深入认识是从许多被称之为"有趣的悖论"的矛盾结果中展开的。比如:1和-1的交错级数:$1-1+1-\cdots$[①]。(参见:参考练习2)这些矛盾的结果主要是通过函数的级数展开然后赋值得到。这些矛盾结果推动了这一领域研究的理论倾向。不过,18世纪还不能建立起系统的级数收敛理论。

总之,17世纪末和18世纪的数学家因为微积分技术的需要对级数进行了广泛的研究。尽管还有许多困难,但是已经开始了理论思考,先后得到了一些级数收敛判别法则,推动了微积分与级数的紧密联系。这些工作一起汇入了18世纪关于微积分基础探讨的洪流之中。

数学家们在18世纪围绕微积分基础概念的演化工作,为19世纪数学分析严格化提供了丰富的素材和经验,同时也给后继者提供了有益思路的启示。

8.2　18世纪分析技术的发展及新分支形成

尽管微积分存在推理"粗糙",概念不清,基础不牢等问题,但

---

①　参见〔美〕莫里斯·克莱因:古今数学思想(二)[M],朱学贤,申又枨等译,上海:上海科技出版社,2002,169—173。

是,在力学和物理学等领域总是能取得与实际相吻合的重大成果。18 世纪的数学家没有因为责难和争议而停下脚步,而是受着实用性的鼓舞,从物理学中获取数学新的思想,建构自己对数学直观和物理经验观的信念。他们眼前需要收获的东西太多,无暇修补基本理论的漏洞。正如法国大数学家达朗贝尔说:“向前进,你就会产生信念。”18 世纪微积分应用的成果主要表现分析技术的发展和新分支的形成。

8.2.1　分析技术的发展

18 世纪的分析技术发展主要表现在以下几个方面:第一,将微积分算法施行在各种不同的函数上,基本包括了所有初等函数的微积分,同时也由微积分产生了新的超越函数。这样不仅扩展了微积分应用范围,而且也丰富了函数的对象(见 8.1.4)。第二,微积分从单变量函数扩展多变量函数,产生了偏导数与重积分概念。这些内容在牛顿工作中已经出现,经历了雅各布·伯努利、尼拉古·伯努利(Nicholas Bernoulli,1687—1759)等人的工作,最后在欧拉、达朗贝尔和拉格朗日等的工作推动下,发展了偏导数理论以及重积分技术。第三,级数与微积分。18 世纪对于复杂的代数函数和超越函数是通过级数展开进行微分与积分。从而,微积分技巧被发展了(见 8.1.5)。第四,积分技术的发展。积分技术的发展是 18 世纪微积分发展的一个非常重要方面。约翰·伯努利在积分计算中首先引入了变量替换,后他与莱布尼茨相继引入了部分分式方法。两种成为初等函数积分的基本方法。约翰·伯努利把部分分式方法引入复数领域,建立了三角函数和对数函数之间的联系。这些结果很快引起关于负数和复数的对数性质的讨论,进一步导致了指数函数和三角函数的关系的讨论(见 8.1.4)。在雅各布·伯努利求双纽线弧长时,欧拉在计算弹性问题时,涉及无理被积函数,这类函数在求双曲线、三角函数等曲线的弧长时也出现并且遍布于整个 18 世纪,后来归结于一类积分叫椭圆积分①。椭圆积分在19世纪发展为深刻的椭圆函数理论。

当然,18世纪的积分技术是在解决物理问题中提出并表现出来,因此一些数学分析方法也就常常是分散和孤立的。

8.2.2 数学分析的新分支

在17世纪微积分的基础上,数学家们18世纪大刀阔斧推进了微积分的应用范围,特别是与力学的有机结合,促进一系列新的分析分支在18世纪成长起来。下面简介常微分方程、偏微分方程、变分法三大学科发展概况。另外,微分几何也是分析与几何相结合在18世纪诞生的新学科,我们将在第10章介绍。

一、常微分方程

常微分方程萌芽于17世纪,建立于18世纪。

常微分方程是指只包含单变量微分(或导数)的微分方程。微分方程是在解决越来越多的物理问题而被归纳成一类新问题中产生的。从17世纪末开始,摆的运动、弹性理论以及天体力学的实际问题中,引出了一系列常微分方程。比如,雅各布·伯努利发表了"等时曲线"(1690):"求使一个摆作与弧长无关而时间相等的完全振动的曲线"的解。其方法就是对 $dy\sqrt{b^2y-a^3}=dx\sqrt{a^3}$ 两边积分就得摆线方程 $\frac{2b^2y-2a^3}{3b^2}\sqrt{b^2y-a^3}=x\sqrt{a^3}$。同一篇文章中提出了"悬链线问题":求一根柔软当不能伸长的绳子自由悬挂于两定点而形成的曲线。这个问题15世纪被提出,伽利略猜想是抛物线,惠更斯证明这是错的。后来,莱布尼茨、惠更斯和约翰·伯努利在1691年都发表了各自的解答。其中,约翰建立微分方程 $\frac{dy}{dx}=\frac{s}{c}$,然后解方程得出曲线方程 $y=c\cosh\frac{x}{c}$。

解微分方程最初是作为特殊技巧提出,也不考虑严密性。推进解常微分方程的一般方法是从莱布尼茨分离变量法(1691)开

---

① 得名于17世纪在天文学中很重要的求椭圆的弧长的积分。

始,到由欧拉和克莱罗给出解一阶常微分方程 $M\mathrm{d}x+N\mathrm{d}y=0$ 的积分因子法(1734—1740)。至1740年左右,所有解一阶微分方程的初等方法都已知道。

1724年,意大利学者黎卡提(J. F. Riccatti,1676—1754)通过变量代换将一个二阶微分方程降阶为现称"黎卡提方程":$\frac{\mathrm{d}y}{\mathrm{d}x}=a_0(x)+a_1(x)y+a_2(x)y^2$。他的"降阶"思想是处理高阶常微分方程的主要方法。高阶微分方程系统研究是从欧拉发表《降二阶微分方程化为一阶微分方程的新方法》(1728)开始的。1743年欧拉已经获得 n 阶常系数线性齐次方程的完整解法。1774—1775年间,拉格朗日用参数变易法给出了一般 n 阶变系数非齐次常微分方程的解,给出了伴随方程概念。在欧拉工作的基础上,拉格朗日得出了知道 n 阶齐次方程的 m 个特解后,可以把方程降低 m 阶。这是18世纪解常微分方程的最高成就。

在弹性理论和天文学研究中,涉及了微分方程组。由研究两个物体在引力下运动导致了所谓"n 体问题"的研究,这样引出了多个微分方程。但是,即便是"三体问题"也难以求出精确解。寻求近似解就变成了这一问题研究追求的目标,"摄动理论"就是一例。所谓"摄动"是指两个球形物体在相互引力作用下沿圆锥曲线运动,若有任何偏离就称这种运动为摄动的;否则,称非摄动的。两个物体在所处的介质对运动有阻力,或者两个物体不是球形,或者涉及更多的物体,就会发生摄动现象。18世纪,物体的摄动运动的近似解成为一大数学问题。克莱罗、达朗贝尔、欧拉、拉格朗日以及拉普拉斯都作出

图8-5 拉普拉斯

了贡献,其中拉普拉斯(图 8-5)是最突出的。拉普拉斯与拉格朗日和勒让德一起并列为法国数学界的“3L”,他们为 18 世纪末 19 世纪初的法国数学复兴做出了重要贡献。

到 18 世纪中期,微分方程的课题成为一门独立的学科,而这种方程的求解成为它本身的一个目标。探索常微分方程的一般积分方法大概到 1775 年终止。其后,解常微分方程方法上没有多大突破,新的著作仍旧用已经得到的方法来解常微分方程的,直到 19 世纪末引进了算子方法和拉普拉斯变换。总的说来,这门学科还是各种类型的孤立技巧的汇编。

二、偏微分方程

偏微分方程创始于 18 世纪,发展于 20 世纪。

跟常微分方程的情况一样,数学家们并不是自觉地创立偏微分方程学科的。当数学家们对构成物理现象的原理基础有清楚认识后,就自然引导出这些物理现象的包含偏微分方程的数学表述。例如,对振动弦的力学问题(弦振动的位移看成是时间和一个端点到弦上点的距离的函数,这样,位移就是关于两个变量的函数。)与之相关的各种乐器的弦声在空气中的传播也导出偏微分方程。对这些问题的研究发展了另一门新的数学分支——偏微分方程。

图 8-6 达朗贝尔

达朗贝尔(图 8-6)在论文《张紧的弦振动时形成的曲线的研究》(1747)提出了偏微分方程:$\frac{\partial^2 u}{\partial t^2}=c^2\frac{\partial^2 u}{\partial x^2}$,并给出了通解。这一工作被看成是偏微分方程论的发端。在此之后,欧拉,丹尼尔·伯努利研究同样的问题并推进了达朗贝尔的工作,得到了二维和三维波动方程。但是,丹尼尔的工作引起了达朗贝尔和欧拉的反对。争论的焦点是“是否每个函数都能表示成无穷三角级数”。此后,许多数学家围绕用三角级数表示任意函数的问题卷入一场旷日持久的争议,直到19世纪傅里叶的工作。

18世纪对偏微分方程有重要影响的问题是确定一个物体对另一个物体万有引力的大小,特别是考虑一个物体的形状对万有引力的影响。其中,拉普拉斯的工作引导了位势理论的发展,后经格林(G. Green,1793—1841)、高斯发展成数学物理的重要部分。

拉格朗日发展了非线性一阶偏微分方程的一般理论(1772—1779),并被柯西推广(1819)。拉格朗日是从分析上来进行偏微分方程工作的。与之形成对照,蒙日(G. Monge,1746—1818)开创了几何来解释分析研究的方向,并引出“特征曲线”新概念。这一开创对后来的特征理论研究有重要影响。欧拉在流体动力学研究中引出了偏微分方程组。但是,18世纪在方程组的解方面的成就甚少。

18世纪偏微分方程的研究揭示了弹性力学、水力学和万有引力的重要性。但是,就其整个学科的系统理论来说还才刚刚开始。

三、变分法

变分法处理的对象是这样的问题:求 $J(y)=\int_{x_1}^{x_2}f(x,y,y')\,\mathrm{d}x$ 从(x_1,y_1)到(x_2,y_2)达到极大或极小的函数 $y(x)$。这里 $J(y)$ 可以看成是关于函数 $y(x)$ 的函数(变量),它与通常的函数具有本质区别。对这种问题的研究引出了一个全新的课题——变分法。

历史上第一个变分法重要问题是牛顿在研究轴向以常速度运动而使运动阻力最小的旋转曲面的形状问题中提出来的。这是关于函数积分的最小值问题:选择适当 $y(x)$,使 $J=\int_{x_1}^{x_2}\frac{y(x)[y'(x)]^3}{1+[y'(x)]^2}\mathrm{d}x$ 取得最小,这里 $y(x)$ 表示绕 x 轴旋转曲面上的曲线。

对变分法诞生最有影响的问题是“最速降线”问题:求两点之间的一条曲线,使质点在重力作用下沿着它降落最快。这个问题最初是有约翰·伯努利提出来向其他数学家挑战的问题(1696)。在1697年,牛顿、莱布尼茨、洛必达、雅各布·伯努利以及约翰·伯努利本人都得到了正确的解答。这些工作与同时期出现的等周问题、测地线问题等一起标志着一门新的数学分支——变分法的诞生。

对这门新的学科建立一般化方法是由欧拉作出的。1728年他开始研究变分法问题,1734年推广了最速降线问题,然后寻求解决这类问题的一般方法。1736年发表了$J(y)$取得极值,函数$y(x)$所满足的必要条件:$f_y - f_{y'x} - f_{y'y'}y'' = 0$。这个现称"欧拉方程"的二阶常微分方程至今仍是变分法的基本微分方程。其后,他改进了他的方法,将成果收于1744年发表的变分法名著《寻求具有某种极大或极小性质的曲线的技巧》中。这本书收集了1736年到1744年他关于变分法最小作用原理和一般求解问题的研究成果,奠定了变分法这门学科的独立基础。不过,欧拉广泛使用几何论证,没有提供系统的一般方法。

与欧拉的几何方法相对照,拉格朗日则在纯粹分析的基础上建立变分法。他在1760年发表了《论确定不定积分式的极大和极小值的一个新方法》中,首创了$y(x)$的"变分"概念,然后用分析方法导出了与欧拉一致的$J(y)$的必要条件。

纵观微积分在18世纪的发展,有如下的一些特点:

第一,微积分的应用领域及方法都被极大拓展了,不仅促进了相关微积分基础概念的演化,而且产生了一系列的新的分支,构成了与代数、几何并列的学科——分析学。近代数学围绕分析学开始进入繁荣时期。

第二,微积分基础被广泛争议,但是未能彻底严密化。新的工作证明是不严密的,因此导致了分析领域中的各种矛盾。

第三,代数分析是18世纪微积分发展的方法倾向。尽管18世纪前三分之一的时期内,几何方法被到处使用,特别是英国数学家继承牛顿的几何传统。但是以欧拉为代表的欧洲大陆数学家继承了莱布尼茨形式化代数传统,把几何论证逐步换成了分析方法,并被拉格朗日发展到顶峰。分析特征的强调,含蓄强调了数系、代数以及分析本身的真正基础,为19世纪建立分析基础提供了启示。不过,18世纪末蒙日复兴了纯粹几何方法,给几何已经枯竭时代注入新的活力。

第四,18世纪对数学工作的推动力直接来自物理问题的鼓励,数学被变成了物理学的工具。数学家对数学的信念是直观的,成果的获得往往注入了许多归纳和和物理经验化的成分。

8.3 数学分析基础严格化

18世纪对微积分基础的争论和基础概念的演化,为19世纪彻底解决微积分基础积累了丰富的经验和思路准备。19世纪对数学分析理论基础进行了系统化和严格论证的批判性运动。结果产生了极限理论、分析算术化、实数理论等重大成果,最终确定了数学分析现代体系,为数学分析奠定了严格的基础。这一课题的进一步拓展,产生了集合论,对20世纪数学产生深远影响。

8.3.1 极限理论

18世纪微积分的争议,最早是围绕"无穷小量"的性质,后用形而上学的方法避其逻辑矛盾,当级数的收敛与发散引出悖论时,人们思路就开始混乱,而有关三角级数表示函数的争议更加剧了这种混乱。18世纪这种混乱的状况很多时候都是来源于微积分基础概念:诸如,无穷小量、极限、连续、可导等都没有明确定义,甚至不加定义。19世纪的批判运动就是从这些概念的严格定义开始的。柯西是其中最突出的代表。

柯西(图8-7)是法国19世纪著名大学,也是世界数学中心的法国综合工科学校的学生,后成为执教于这所大学的教授。他的《分析教程》(1821)、《无穷小计算概要》(1823)和《无穷小计算在几何中的应用》(1826)是数学分析的发展史上具有里程碑意义的著作。这三部著作以分析严格化为目标,以极限和连续性为核心概念的极限理论作为分析严格化的基础,建立了现代分析体系。

图 8-7 柯西

在微积分中,准确定义和理解无限小量是至为关键。柯西定义无穷小量为:极限为0的变量,从而极限概念就成了分析体系的出发点。因此,柯西首先定义了变量和极限。变量:依次取许多互不相同的值的量叫变量;极限:当同一变量逐次所取的值无限趋向一个固定的值,最终使它的值与该定值的差要多小就多小,那么最后这个定值就称这个变量的极限。这两个定义可以看成是算术化的,但是采用了描述性的表达方式。柯西再用变量来拓展函数概念,用极限来定义函数的连续,进一步,函数的导数、微分与积分等概念就展开了。在这些概念的基础上,柯西重建已知的事实和定理,补充定理的限制条件。据说,当年德高望重的拉普拉斯在听完柯西在巴黎科学院宣读第一篇关于级数收敛性论文后,他急忙赶回家去检查他的名著《天体力学》里的级数,幸好所有的级数都是收敛的。柯西的工作为分析家族基础部分建立了秩序,为分析严格化迈出了关键的一步。他的工作推动并引导了级数收敛性判别和函数连续性研究,进而把函数概念本身精确化和一般化。

8.3.2 分析算术化运动

尽管柯西的基础概念是算术化的,但是概念定义方式是描述性的,使用了诸如“无限趋近、想要多小就多小”等直觉描述性语言。因此,他理论的严密性还不完全被人认同。19世纪,“分析算术运动”是影响更深远的分析基础严密化运动。

一、算术化运动的先导

对分析严密化的工作,与柯西同时代的捷克籍意大利数学家、哲学家波尔查诺(B. Bolzano,1781—1848)将载入史册。在柯西之前,他就对极限、变量有较深入理解,给出了函数连续性的恰当定义,并建立序列和级数收敛的正确概念,正确区分了连续性和可微性的差异。就其本质而论,已经考虑到极限理论中的 ε-δ 法则。但是,他的工作没有引起足够的重视,其思想未得到及时传播。

二、分析算术化运动

19 世纪后半世纪,在对分析基础的深入考察和批判的基础上,为建立分析严格的算术基础而展开了数学史上著名的"分析算术化运动"。这场运动最突出的代表是德国数学家魏尔斯特拉斯(K. Weierstrass,1815—1897)(图 8-8)。他是继柯西之后,对数学分析严密化的发展做出最重要贡献的数学家。

图 8-8 魏尔斯特拉斯

魏尔斯特拉斯反对柯西对变量和极限所采取动态观点,提出了完全不同的静态观点,其目的是要让分析彻底从运动和直观的依赖中解放出来。正如他所说"……直到为无穷小分析原理建立在纯粹算术的和完全严格的基础为止"。他创造了一套 ε-δ 语言来描述极限、连续等概念,从而避免了柯西的诸如"无限趋近"等动态概念。他引进一致收敛概念消除了微积分中不断出现的各种异议与混乱。魏尔斯特拉斯用形式化的方法揭示了微积分基础概念的算术本质,并重建了分析体系。

分析算术化运动的核心是对实数系的逻辑结构的考察。魏尔斯特拉斯通过对前人工作的批判性考察后认为:实数是极限和连续性概念的算术基础,要对分析严格化,就要抛弃对实数的直观理解,构建实数系严密的逻辑基础。而建构严格的实数逻辑结构最可靠的办法就是将实数归结为有理数的构造,而有理数又可从整数导出,最后整个分析就建立整数(自然数)的基础之上,而自然数是算术中最直观可信的概念。这就是魏尔斯特拉斯的“分析算术化纲领”。为这一纲领的实现,他本人及其学生作出了艰苦的努力并获得很大成果。因此魏尔斯特拉斯获得了“现代分析之父”的称号。

三、实数理论

19世纪后半叶,实数系的逻辑基础伴随分析严格化的过程发展起来。在此之前,有理数和无理数的最简单的性质也没有经过逻辑建立而是归纳假定,复数的逻辑结构在1837年由哈密顿(W. R. Hamilton,1805—1865)建立,但是必须预先假定实数系已经建立。大多数学家不仅没有清晰的意识研究实数系的逻辑结构,而且也因对实数系结构缺乏足够的理解而导致错误的结论。魏尔斯特拉斯的工作引导了实数系的逻辑基础方面的工作深入发展。1857年他给出了第一个严格的实数定义。1872年,戴德金(图8-9)、康托尔、梅雷(H. C. R. Meray, 1835—1911)和海涅(H. E. Heine,1821—1881)等几乎同时发表了他们各自的实数理论。他们的理论在本质上是没有

图8-9 戴德金

区别的。其中，戴德金和康托尔的实数构造方法正是现在通常所采用的。

德国数学家戴德金是高斯的学生，他的思想来源于直线的划分，即：直线可以分成两类，使其中一类中每一个点都位于另一类的左方。他类似地考虑有理数的划分并用来定义实数。假如把有理数集划分为两类，用(A_1,A_2)表示，使A_1中每一个数小于A_2中的每一个数。对于每一个划分(A_1,A_2)来说，就会出现两种情况：一种是要么A_1中有最大的数，要么A_2中有最小的数；另一种是正好相反。任何一个划分就决定一个实数，前者就确定一个实数意义下的有理数，后者就确定一个无理数。在此基础上，他定义了实数的大小、运算及其性质。

康托尔是用有理数的"基本序列"来定义实数的。他的"基本序列"是指：对于任取一个$\varepsilon>0$，序列(S_n)中除去有限个项以外，彼此的差都小于ε，即对于任意的正整数m一致地有$\lim\limits_{n\to\infty}(S_{n+m}-S_n)=0$。这样的基本序列就决定一个实数。然后定义实数相等、大小和运算，进而展开各种性质研究。

通过有理数来建立实数结构，确实反人们传统对数的理解。当时数学家几乎都认为实数是用逻辑定义出来的一个智慧怪物，似乎把数学推进了一个无限玄奥空间。接下来是对有理数进行逻辑构造，经过一系列数学家的工作，有理数建立在整数的基础之上，而整数建立在自然数的基础之上。正如德国数学家克罗内克(L. Kronecher，1823—1891)说："上帝创造了整数，而其他一切都是人造的。"伴随19世纪下半叶公理化的发展，皮亚诺(G. Peano，1858—1932)把自然数也公理化了，称之为"皮亚诺公理"。至此，可以看成把数学分析建立在完整的公理体系之上了。

8.3.3 集合论的诞生

对实数系的逻辑构造过程中，涉及无穷集合、无穷过程、无穷小和无穷大等这些无穷问题。康托尔在狄利克雷、黎曼(G. F. B. Riemann，1826—1866)等人的研究基础上发展了一般点集理论,并开拓了一个全新的研究领域——集合论。

图 8-10 康托尔

康托尔(图 8-10),德国数学家,生于俄国彼得堡,10 岁随家迁居德国。他自幼对数学有浓厚兴趣,23 岁获博士学位,以后一直从事数学教学与研究。他所创立的集合论已被公认为全部数学的基础。康托尔的创造性工作与传统的数学观念发生了尖锐冲突,遭到一些数学权威的激烈反对。由于强大的压力和过渡用脑,使他晚年犯有精神分裂症,并于 1918 年病逝于精神病院。

从 1886 年开始,康托尔开始对有无穷多个间断点的函数的三角级数展开式唯一性问题的研究。1872 年,他拓展了唯一性问题的研究,把实数理论和直线上的点的结构明确联系起来,走向无穷点集合的一般理论研究。《关于三角级数中一个定理的推广》(1872)的发表标志康托尔从间断点这一特殊问题的研究向点集合论过渡,从而使无穷点集成为数学研究对象。

1874 年,康托尔引进"可数集"和"基数(势)"的概念,证明了实数集和自然数集是两个基数不同的无穷集。1877 年,康托尔又证明了 n 维空间中点集与实数集(直线上点集)可构成一一对应的关系。1879—1884 年,康托尔发表一组论文,标志点集论体系正式确立,建立了基数理论和序数理论,构造了基数序列为的 $\aleph_0$、$\aleph_1$、$\aleph_2$……超穷集。1899 年证明了"康托尔定理":任一给定一个集合,其子集构成的集合(幂集)的基数大于集合的基数。根据这个定理可以构造基数序列为 $\aleph_0$、$2^{\aleph_0}$、$2^{2^{\aleph_0}}$……的超穷集,展现了无穷集的等级图景,并证明了 $2^{\aleph_0}=c$(c 表示连续统的基数,即实数系的基数)。康托尔还提出所谓"连续统猜想":在 $\aleph_0$ 和 c 之间没有其他超限数。这后来成为希尔伯特 23 个问题中的第一个问题,至今不能在绝对意义上解决。1895—1897 年,康托尔发表《超穷集合论基础》,标志他的研究已经由点集论提高到了抽象集合论。他把集合作为基本概念来定义其他概念,建立比数集和点集更抽象的非公理化集合论的体系和内容。至此,康托尔完成了古典集合论的创建工作。

康托尔创造的集合论给数学提供了一个新的基础。"集合"、"基数"、"序数"等概念揭示了"数"概念的本质属性。用集合概念来给数的概念下定义,大大减少了数学中不定义的概念。集合论不仅使得经典分析的理论基础得以巩固、严密、精确而体系完整,而且还渗透于代数、拓扑和包括泛函分析在内的分析学等现代数学的许多分支,为这些学科奠定基础。集合论是人类认识史上第一次给实无穷建立起抽象的形式符号系统和确定的运算法则,给无穷概念带来了一次革命性的变革,也给逻辑和哲学带来了深远的影响。正如希尔伯特热烈赞誉:"超穷基数理论是数学思想最惊人的产物,是纯粹理性范畴中人类活动最美表现之一。""没有人能把我们从康托尔所创造的乐园中赶走!"

19 世纪,对微积分的基础进行细致的分析,导致对整个分析的各种重要概念的精确化,并导致错综复杂的推广。这些工作与 19 世纪在其他领域的数学工作一起,引导数学经历了引人注目的一般化和抽象化的过程,数学家的数学信念也从物理特征回归数学内在的逻辑特征,这些特征正好形成了现代数学非常显著的特点。

8.4 19 世纪数学分析分支的拓展

19 世纪,数学家不仅为数学分析确立了牢固的奠基,而且数学大树依然蓬勃生长,数学分析分支不断拓展。

8.4.1　复变函数论

数学分析技术在19世纪的发展最具有创造性的成果是复变函数理论的创立。复变函数论又称“复分析”或“函数论”。这一分支的最早工作伴随18世纪分析发展就开始了，比如，欧拉、达朗贝尔和拉普拉斯在他们的工作中大量使用复数和复变量，利用复函数去求实积分的值，并得到了复变函数的一些重要性质。高斯1811年引入复变函数概念，并对后来复变函数工作产生重要影响。不过，早期工作局限是把复变函数的实部和虚部分开来进行分析工作的，复变函数不是作为一个基本的实体。

柯西、黎曼和魏尔斯特拉斯是复变函数论奠基人，他们在19世纪的工作把复分析变成了现代分析的一个重要研究领域。

柯西在复函数理论的工作第一篇重要论文是《关于定积分理论的报告》(1814)。最初柯西与欧拉和拉普拉斯一样利用复函来计算实定积分的值。1822年，柯西开始把一个复变数的实部和虚部结合起来考虑，从而得到了最简单情形下的柯西积分定理。这一定理在他的另一篇论文《关于积分限为虚数的定积分的报告》[①](1825)中发展了。这篇论文是复分析发展史上的第一座里程碑。在1830—1846年间，柯西利用自己引进复变量，得到了一系列复函重要的解析性质结果。1846年后，柯西改变了对复函的观点，从关心实积分及其求值转向复函理论本身，并为这个理论建立基础。

黎曼在高斯指导下写的博士论文《单复变函数的一般理论的基础》(1851)是复函数论的一篇基本论文。这篇论文引进了“黎曼面”重要概念，引导了他的多值函数研究。单从复变函数论而言，黎曼证明了一个解析函数所满足的充要条件是实部和虚部的实函数满足现称“柯西-黎曼方程”。他的研究揭示了复函数和实函数之间的深刻区别。由于黎曼面的引进，使他的工作具有很强

① 这篇论文1874年才开始发表。引自〔美〕莫里斯·克莱因:古今数学思想(三)[M],朱学贤,申又枨等译,上海:上海科技出版社,2002,14。

的几何特征。

魏尔斯特拉斯开拓了另一条发展复变函数理论的途径。他在幂级数的基础上建立起解析函数的理论,其核心是解析开拓方法。解析开拓方法是指从一个已知区域所定义一个函数的幂级数出发,根据幂级数的有关定理,推导出这一函数在其他区域的幂级数表示。

19 世纪末,魏尔斯特拉斯的方法占有主导地位,后来柯西和黎曼的思想经过严密性的改进,与魏尔斯特拉斯的方法融合在一起了。

8.4.2 解析数论

数论是一门古老的研究数的规律,特别是整数性质的分支。它反映了人们对整数问题的理论兴趣,常常可以给人提出很多高智力问题。数论最早可以追溯到巴比伦时代泥板勾股数,毕达哥拉斯学派明确开展了有关数论的研究,古希腊数论在丢番图的《算术》中达到顶峰。近代意义的数论开拓是从费马开始,他提出了一堆定理(事实上,更多是猜想)。比如:费马小定理:若 p 是素数,而 a 不是 p 的倍数,则 a^p-a 可以被 p 整除①;费马大定理:如果 n 是大于 2 的整数,方程 $x^n+y^n=z^n$ 没有非零整数解②。18 世纪数学家也提出了一些著名的数论猜想,其中最著名的是哥德巴赫(C. Goldbach ,1690—1764)猜想③和华林问题。不过,19 世纪以前,对数论的研究往往是一些孤立的结果。19 世纪,数论研究开创了全新的领域:与分析结合,形成解析数论;与代数结合,形成代数数论(将在第九章介绍)。

19 世纪解析数论的主要工作是解析方法的创造并用解析成果

---

① 这一定理欧拉在 1736 年首先证明。

② 参见 5.4 节。

③ 哥德巴赫猜想:每个偶数是两个素数和;每个奇数是 3 个素数之和。这一猜想和黎曼猜想、孪生素数问题一起构成后来希尔伯特23 个问题中第7 个问题。哥德巴赫猜想至今没有完全证明,我国数学家陈景润(1933—1996)保持了这一问题的最佳成果。

来表达整数性质。欧拉在 18 世纪就引进欧拉恒等式：$\prod_p (1-\frac{1}{p^s})^{-1}=\sum_{n=1}^{\infty}\frac{1}{n^s}$。这是算术基本定理的解析等价形式，它揭示了素数 p 和自然数 n 之间的积性关系。德国的雅可比(C. G. J. Jacobi, 1804—1851)也在分析工作中偶然得到数论副产品。19 世纪 30—50 年代，狄利克雷奠定了解析数论的基础。他用分析方法证明了欧拉和勒让德提出的一个猜想：算术序列 $a, a+b, a+2b, a+3b, \cdots$ 中有无穷多个素数，其中 a 和 b 是互素的。证明中引入的 L 函数成为后来研究数论的重要工具。

围绕分析方法应用主要问题涉及到函数 $\pi(x)$：表示不超过 x 的素数的个数。欧拉、勒让德、高斯都曾推测：$\lim\limits_{x\to\infty}\frac{\pi(x)}{x/\log x}=1$。这就是著名的素数定理，它反映了素数的分布情况。俄国数学家切比雪夫(П. Л. Чебышев, 1821—1894)和黎曼都对这一问题作出过重要贡献，但最后证明是阿达马(J. Hadamard, 1865—1963)和瓦莱·普桑(C. J. G. N. de la Vallée Poussin, 1866—1962)完成的(1896)。从此，解析数论迅速发展，并成为 20 世纪最为活跃的数论分支之一。

8.4.3 微分方程的进展

活跃在 18 世纪的微分方程，伴随 19 世纪物理应用深度和广度的扩展而继续发展，推动偏微分方程逐步成为数学物理的中心。不过，19 世纪数学家对微分方程研究兴趣还是集中在已有方程进一步应用于物理领域并在应用中产生新的方程，还没有达到对这门学科系统整理的程度。

法国数学家傅里叶为 19 世纪偏微分方程发展迈出了重要的第一步。他的《热的解析理论》(1822)是偏微分方程经典文献。其中，他研究吸收和释放热的物体内部，温度分布规律，导出了三维空间的热传导方程：$\frac{\partial^2 T}{\partial x^2}+\frac{\partial^2 T}{\partial y^2}+\frac{\partial^2 T}{\partial z^2}=k^2\ \frac{\partial T}{\partial t}$。在特定条件下解这一偏微分方程,傅里叶涉及到了任何一个函数表成三角级数这一被18世纪数学家广泛争议的问题,从而得到今天称之为傅里叶级数,还导出傅里叶积分。

偏微分方程的另一个重要发展是围绕位势方程展开的。这方面工作代表人物是格林。他用奇异点的方法解位势方程,发展了位势理论的关键定理与概念,其中以格林公式、格林函数的概念影响最为深远。

格林是一位自学成才的英国数学家。他继承并发展了牛顿的数学应用传统,培养了一批19世纪著名的数学物理学家,开创了剑桥数学物理学派。这个学派19世纪最突出的贡献是麦克斯韦1864年导出的电磁场方程。这一研究预言了电磁波的存在,给科学和技术带来了巨大的冲击。

19世纪数学家们还导出很多重要的偏微分方程。在求解方面,一方面考虑为特殊问题求定解,一方面考虑解的存在性。

常微分方程在19世纪求解方面没有多大的进展,仍然主要是用分离变量法求解偏微分方程得到的方程,并且多半使用级数求解。不过,由柯西开创的常微分方程解析理论和庞加莱开创的定性理论可以看成19世纪常微分方程展开的理论研究。

8.4.4　变分法的发展

变分法在19世纪继续发展,一方面在更广泛的物理学领域发展变分原理;另一方面它的数学理论意义被扩充。

19世纪早期,最小作用原理应用于弹性问题成为泊松(S. D. B. Poisson,1781—1840)、柯西等人讨论的活跃课题;高斯给出了著名力学贡献——“最小约束原理”。哈密顿推广了欧拉和拉格朗日以及柯西的工作,对变分法中的最小作用原理的叙述上作了巨大改变。他的工作鼓舞人们在其他数学物理分支导出变分原理。

对变分法本身作数学扩充,是变分法发展的另一个方向。对于 $J(x)=\int_{x_1}^{x_2} f(x,y,y')\,dx$ 的极大极小化,欧拉和勒让德首先提供了必要条件,而雅可比引进共轭点概念强化了勒让德的条件并使它提供了充分条件(1837),不过完全的证明是后人补上的。魏尔斯特拉斯把欧拉、勒让德和雅可比所建立的极大或极小判别准则称为弱变分,这些准则对于求得真正的极大或极小曲线是有局限的。为了更一般化,他考虑了强变分。他首先给出了4个必要条件,然后考虑充分条件,他引进场的概念证明了充分条件。1900年,希尔伯特提出不变积分,利用这个理论大大简化了魏尔斯特拉斯的充分性证明。

变分法在19世纪作了相当多的有意义的工作,但是对于推动新数学发展方向略显不足。可能在极小曲面这一课题是一个例外。这一课题刺激了更加复杂的微分方程解的研究。

阅读材料 第二次数学危机

微积分的创立,对数学的发展无论怎样赞誉都不过分,但同时也带来了广泛的争议。关于微积分基础的争议,与微积分的"优先权"的争议一样,是微积分里最令人瞩目的话题之一。这种争议产生于早期微积分基础的逻辑困难,随着传统与变革的思想冲突,以及新的数学分支的庞杂与混乱,使微积分基础的困难越来越显得突出,在历史上就形成了所谓"第二次数学危机"。下面对牛顿早期微积分的逻辑基础作简单分析来看"第二次数学危机"形成的原因。

牛顿"流数术"中无限小增量叫"瞬",是变量的不可分量,用在求一条曲线的变化率中。

比如①,如图8-11,设由一条曲线下面的面积设为 $Z=ax^m$(m 为有理数),记横坐标 x 的无限小增量叫 x 的瞬,记为 o,面积增量面积瞬为 oy,则新的面积为$Z+oy=a(x+o)^m$,等式右端用二项式展开

① 这个例子出现在1669年牛顿在他的朋友中散发了题为《运用无穷多项方程的分析学》的小册子,这本书直到1711年才出版。转引自〔美〕莫里斯·克莱因:古今数学思想(二)[M],朱学贤,申又枨等译,上海:上海科技出版社,2002,69。

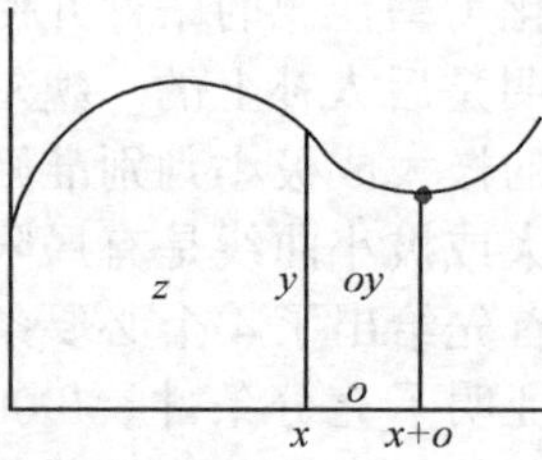

图 8-11

并在等式两边除以 o 之后再略去含有 o 的项,就得到 $y=kax^{m-1}$,则这就是构成此面积的曲线。

这里“o”是什么量,当时是不清楚的。很显然在作除数和增量时,它不是 0,然而在略去含有“o”的项的时候,又是把他作为 0 来处理。这就是“流数术”最基本的逻辑矛盾。

莱布尼茨的无穷小微积分比牛顿的流数术更注重形式化,强调形式化方法的有效性。但是,莱布尼茨对无穷小微积分的基本概念同样是含糊的。正如 M. 克莱因所评价的:“在某种程度上,他(莱布尼茨)确信只要他清楚地表述并且恰当地运用他的运算发展,就会获得合理而正确的结果,而不管所用符号的意义怎样可疑。”①

由于微积分没有严格的逻辑奠基,导致了对无穷小和函数概念无一致的见解,对微积分的基本概念诸如微分、积分、导数等概念混淆不清等问题。莱布尼茨、欧拉、拉格朗日等大数学家也因此对级数和函数有关性质得出过错误结论。18 世纪所形成的微分方程、解析力学、变分法和微分几何等新分支都是建立在这种不严格的基础之上的。法国数学家罗尔(M. Rolle,1652—1719)说“微积分是巧妙的谬论的汇集”。英国大主教伯克莱出于对科学的厌恶和宗教的维护攻击牛顿流数术的“无穷小量”是“消逝了的鬼魂”。马克思批评略去高阶无穷小是“暴力镇压”。18 世纪后半叶,微积分在逻辑基础和哲学上的弱点,使人们对微积分“一劳永逸地解决测量和运动的一切问题”,“是天衣无缝的教义”的观念发生了动摇,形成了“第二次数学危机”。19 世纪,数学家完成

---

① 〔美〕莫里斯 · 克莱因:古今数学思想(二)[M],朱学贤,申又枨等译,上海:上海科技出版社,2002,103。

了微积分基础严格化(见8.3),克服了第二次数学危机。

思考与研究问题

1. 探讨泰勒公式的形成过程。(提示:参考〔美〕莫里斯·克莱因. 古今数学思想(二)[M]. 朱学贤,申又枨等译. 上海:上海科技出版社,2002:166—167.)

2. 探讨18世纪对1和-1交错级数引出的讨论。(提示:参考同1:168"级数的妙用".)

3. 请从历史角度考察函数概念的衍变过程。并就这一过程对今天理解函数概念有何意义,作出你的评论。

(提示:参考同1第二册:122—125"函数概念";165—168"函数展开";第四册:3—10"函数及其性质".)

4. 查阅有关资料,证明有理数是可数的,而实数是不可数的。

9 代数抽象化

内容提要

本章主要内容是讲述19世纪代数学的发展。

从代数抽象化的角度来看，代数学发展应该包括符号化这一主题，这一主题的近代起点是从16世纪开始；从近代代数发展的主题来看，代数学主要是代数方程。这一主题的发展主要沿着两个方向进行：一是方程“元”的增加，一是方程“次数”的升高。前者主要从方程组理论出发，拓展了对行列式和矩阵理论的系统研究，而四元数的产生极大促进了这一领域向更高抽象的新数系线性结合代数发展；后者表现为高次方程理论，这一领域研究在19世纪最具创造性的是群概念的创立，促进近世代数学的产生与发展。两个领域的研究最终汇合在一起，引导数系不断扩张，新的代数系统不断产生，为20世纪更抽象的结构代数学奠定了基础。

9.1 数学符号化①的发展②

整个数学向近代数学迈进的过程中，符号化是重要的一环。虽然这一环节不产生新的数学思想，却是推动数学向近代数学发展最关键的要素，它引导人类的数学思维更加抽象和简练。数学符号化最突出的过程是伴随代数学的发展。

数学符号化的倾向在我国最突出的表现是宋元时期的“四元术”工作，但是最终未能演化成近代数学符号。直到16世纪韦达在自己的代数工作中引入符号体系，这一工作方法立即被后继数学家响应，最终引导数学逐步发展具有自己的语言和符号，彻底

---

① 这一方面的专著可详参见，徐品方，张红：数学符号史[M]，北京：科学出版社，2006。

② 本节主要参考：李文林：数学史概论（第二版）[M]，北京：高等教育出版社，2002：129。

完成数学符号化。

韦达(图 9-1),法国数学家。早年学习法律,后成为高级律师,业余研究数学,并为战争破译过密码。他的数学工作在三角学、几何作图和方程论等方面。特别是他在《分析术入门》(1591 年)中创设了大量的代数符号,引入未知量的运算,是最早的符号代数专著。

图 9-1 韦达

韦达在研究丢番图、卡尔达诺、邦别利(R. Bombelli, 1526—1572)、斯蒂文(S. Stevin,约 1548—1620,生于比利时的荷兰人)等的著作,特别是丢番图的著作中获得了使用字母的想法。他在《分析术入门》中用辅音字母表示已知量,元音字母表示未知量,并把符号代数称作"类的算术"。他区分了算术与代数,认为代数运算是施行于事物的类或形式,算术运算施行于具体的数。符号体系的引入导致在代数性质上产生重大变革,使代数成为研究一般类型的形式和方程的学问,因其抽象而应用广泛。

韦达的方法被后人赞赏并被继承。特别是通过奥特雷德(W. Oughtred, 1575—1660)的《实用分析术》使数学符号的风气流行起来。对韦达使用的代数符号的改进工作是由笛卡儿完成的,他首先用拉丁字母的前几个($a, b, c, d, \cdots$)表示已知量,后几个($x, y, z, w, \cdots$)表示未知量,成为今天的习惯。文艺复兴时期就形成了一系列初等数学符号。以后数学符号伴随新的数学对象产生。比如,莱布尼茨发明微积分符号,从而推动微积分形式化发展;欧拉引进分析领域中标准符号,高斯引进数论中的标准符号,都曾经推动数学的很大发展。

符号体系的建立是近代数学最为明显的标志之一，这对于代数学本身甚至以后整个数学的发展来说至关重要。符号成为数学的基本工具，也是学习数学的重要内容。数学中广泛使用数学符号，不仅体现了数学学科的高度抽象与简练，而且对人们高效把握数学思想，推动数学思维发展也是必不可少的。

9.2　线性代数的发展

线性代数是从解多元线性方程组中展开的理论，其本质是反映数的一种代数关系。矩阵和行列式最初是解方程组的简缩语言形式。当它们作为一个独立对象表现的时候，就开始引导了线性空间和线性变换等系统的理论的研究，与后来从四元数引导出的向量空间理论结合在一起，促进新数系的线性结合代数发展。

9.2.1　行列式的发展

图 9-2　关孝和

最早引入行列式概念的是日本数学家关孝和(Seki Takakazu，1642—1708)(图 9-2)。关孝和是日本传统数学——和算的奠基人，在日本被尊为算圣。他主要的成就是改进和完善了中国传入的数学成果，还有很多独立于和早于西方的近代数学发现以及在天文方面的应用。他的思想被他的弟子继承和发展了，对日本数学发展产生重要影响。

行列式的系统研究是

在17、18世纪解线性方程组的研究中发展起来的。莱布尼茨开创了用指标体系来表示方程组的方法，比如把方程组写成：$y_i=\sum_{j=1}^{n}a_{ij}x_j,i=1,2,\cdots,m$（不过，他只研究含3个未知量的方程组），然后研究含指标的系数。行列式这个术语以及把行列式表示为带双重脚标元素的方阵来表示都是柯西给出的(1815)。把方阵放在两条竖线之间来表示行列式则是凯莱(A. Cayley，1821—1895)创造的(1841)。

瑞士数学家克莱姆(G. Cramer，1704—1752)发展了莱布尼茨的思想，并在《代数曲线的分析术入门》(1750)上发表了著名的"克莱姆法则"①。贝祖(E. Bezout，1730—1783)简化了他的法则，并证明了系数行列式等于0是n元齐次线性方程组有非零解的充要条件(1764)。法国数学家范德蒙德(A. T. Vandermonde，1735—1796)第一个对行列式理论作了系统的阐述，使行列式成为独立的研究对象，因此他被作为行列式理论的奠基人。他的工作被拉普拉斯推广了，行列式展开方法今称作"拉普拉斯展开"。后柯西给出了普遍的行列式乘法原理，改进了"拉普拉斯展开"法，并给出证明。

欧拉给出了解方程组的两个消元方法。消元法应用于高次方程组的理论研究是从方程的解与曲线交点联系出发的。这一领域的研究者是贝祖、欧拉、雅可比、明金格(F. G. Minding，1806—1885)都作出过类似但是独立的研究。

19世纪行列式被广泛应用并拓展了性质。谢克(H. F. Scherk，1798—1885)拓展了行列式性质。西尔维斯特(J. J. Sylvester，1814—1897)改进了高次方程组的解法。而雅可比则讨论了关于某个变量的行列式，并应用于多重积分。

行列式与二次型的密切关系被揭示。行列式特征方程概

① 这个法则最早出现可能是麦克劳林在1729年给出的(发表于1748年)。引自〔美〕莫里斯·克莱因：古今数学思想(二)[M]，朱学贤，申又枨等译，上海：上海科技出版社，2002，362。

念首先在欧拉的工作中隐含引进,然后由拉格朗日和拉普拉斯明确化,进而柯西给出了特征方程这一术语,并利用它展开二次型化简的研究。魏尔斯特拉斯在研究平衡位置小振动的动力学问题中开始研究了二次型化简问题。西尔维斯特在二次曲线与二次曲面的行列式问题研究中引进了初等因子概念。在此基础上,魏尔斯特拉斯系统化了二次型理论并作了推广。

9.2.2 矩阵的发展

矩阵直接产生于线性方程组并运用于其求解,这方面的工作在我国最早出现在《九章算术》(公元前 1 世纪)中解方程组的“遍乘直除”法(见第 3 章),这与 19 世纪高斯创立的“高斯消元法”的思想是一致的。矩阵作为一个独立的概念是基于行列式的研究基础上,其基本性质在其概念产生之前就因为行列式的工作建立得很完善了。从逻辑上看,矩阵概念是行列式的前概念,是行列式概念的一般推广,而历史的次序却正好相反。行列式关注一个方阵所确定出来的一个值,而在很多问题中,并不需要确定这个方阵所确定的一个值,而是这个方阵本身的结构,并且方阵可以变成任意的 $m \times n$ 结构。这样,行列式向矩阵推广就是很自然的了。

“矩阵”这个名词是西尔维斯特给出的(1850),不过他仅仅是把矩阵用于表达一个行列式。把矩阵作为一个独立的对象进行研究,最早的是凯莱。同样,最初他也是把矩阵作为行列式的推广或者作为线性方程组的表达工具。不过,在《矩阵论的研究报告》(1855)中就开始把矩阵作为一个独立研究对象。他从基本的概念开始,定义矩阵的加法、乘法(包括数乘)、矩阵的逆、转置矩阵、方阵的特征方程(这一术语最早是柯西给出的,见“行列式的发展”)等。特征方程和特征根的工作被哈密顿、弗罗贝尼乌斯(F. G. Frobenius,1849—1917)等数学家推广了。矩阵的秩概念是弗罗贝尼乌斯提出的(1896),不变因子和初等因子是从西尔维斯特和魏尔斯特拉斯的工作中产生的,并被弗罗贝尼乌斯用于矩阵中,进一步合乎逻辑地系统化了不变因子和初等因子在矩阵中的理论(1878)。正交矩阵被赫尔默特(F. R. Helmert,1843—1917)

和弗罗贝尼乌斯研究,并引起很多注意。从魏尔斯特拉斯的行列式工作(1868)中可以直接导出相似矩阵的概念及其性质。相似矩阵和特征方程的关系被若尔当(M. E. C. Jordan,1838—1922)拓展了,而弗罗贝尼乌斯则用逆变换处理相似变换,并给出合同矩阵概念。梅茨勒(W. H. Metzler,1863—?)引进了矩阵的超越函数概念并将其写成矩阵的幂级数的形式(1892)。矩阵用来表示二次型和双线性型,将其简化成标准型是关于矩阵不变量工作的核心,这与超复数密切关系。凯莱提出了把超复数当作矩阵来看待的思想。

行列式和矩阵被推广到了无限阶,并与傅里叶级数相联系,这方面的工作在后来的积分方程理论中展示了广泛的天地。把矩阵和行列式的元素从整数到实数,再到复数是矩阵的另一个方向的推广,不过矩阵的性质还与元素的性质相联系,20 世纪对矩阵的研究已经完全将元素置于一般的抽象域,并在物理学中发挥了重要作用。

9.2.3　从四元数到向量空间

四元数并不是直接产生于线性代数有关概念,而是推广复数系结构时由英国数学家哈密顿(图 9-3)发明的(1837)。关于这一发明,他还有一段四元数诞生在布洛翰桥的生动描述的回忆,此处略。四元数是 19 世纪代数工作最重要的创造之一。

19 世纪初,复数因其几何表示被揭示之后,很快就被用来表示平面上的向量,从而成为物理学家手中重要的工具,用复数纯粹的代数运算来代替向量运算具有很多的优点。从应用的需要,立即就想到将这个向量的二维工具推广到三维。但是接下来的工作并不顺利。这与当时所理解普通代数的逻辑背景有关。

19 世纪前半叶,对代数系统的逻辑法则的认识几乎都是直接从数的性质的推广,并被作为代数系统的逻辑基础。皮科克(G. Peacock,1791—1858)首先系统考察了符号代数系统的基本原理(1833),后被德·摩根(旧译为"棣么甘",A. De. Morgan,1806—1871)推进(1841),建立普通代数基本法则公理。这些基

图 9-3 哈密顿

本法则在当时被作为代数永恒型原理而被接受。事实上,这并没有逻辑上的必要。

哈密顿首先建立了复数系的代数逻辑结构。他把复数 $a+bi$ 理解为一对有序实数对(a,b),进一步定义复数的加法:$(a,b)+(c,d)=(a+c,b+d)$;乘法:$(a,b)\cdot(c,d)=(ac-bd,ad+bc)$。减法和除法分别作为加法和乘法的逆运算。在此基础上,通常的结合律、交换律和分配律都能在原来代数的基础上推导出来。接着,他开始把复数向三维上推广。这一工作被许多数学家作过,但是包括哈密顿都没能成功(事实上,后来证明这一工作必然是徒劳的)。经过长期努力,哈密顿终于突破了乘法交换律对新的数系的束缚,创造了有 4 个分量的四元数,并在 1843 年爱尔兰皇家科学院会议上公之于众,发表在《四元数讲义》中(1853)。

四元数被定义为如下形式:$a+b\mathrm{i}+c\mathrm{j}+d\mathrm{k}$,其中 a、b、c、d 是实数,$\mathrm{i}^2=\mathrm{j}^2=\mathrm{k}^2=-1$,$\mathrm{ij}=-\mathrm{ji}=\mathrm{k}$,$\mathrm{jk}=-\mathrm{kj}=\mathrm{i}$,$\mathrm{ki}=-\mathrm{ik}=\mathrm{j}$。然后仿照复数定义加法和乘法,则新的数系除了乘法交换律不满足,其他的普通代数关系均满足①。哈密顿还给四元数函数引进微分运算,并把四元数用来表示空间向量的运算。四元数创立之后,立即引来

① 四元数是第一个布满足乘法交换律的数系;类似地,从四元数扩张到八元数,则八元数既不满足乘法的交换律,又不满足结合律。如果舍弃更多的运算性质,超复数还可扩展到十六元数、三十二元素等。

很多的注意力,其中在物理中的应用推广工作以电磁理论的发现者、最伟大的英国数学物理学家麦克斯韦(J. C. Maxwell, 1831—1879)最为突出。

在哈密顿建立四元数的时候,德国数学家格拉斯曼(H. G. Grassmann,1809—1877)对复数进行了更大胆的推广,称为“扩张的量”,实际上这是含有 n 个分量的超复数。他的工作发表在《线性扩张论》(1844)中。后来,格拉斯曼给出了超复数 16 种不同类型的乘积,作了几何解释,并应用在力学、磁学和结晶学等物理方面。尽管格拉斯曼的工作具有高度的创造性,但是影响较小。不过他的思想却有助于引导 20 世纪的张量理论。

从四元数转向三维向量开创了一个全新课题,这是 19 世纪 80 年代初由美国数学物理学家吉布斯(J. W. Gibbs,1839—1904)和英国数学物理学家希维赛德(O. Heaviside,1850—1925)作出的。从形式上看,一个三维向量不过是四元数的向量部分。但是,类似地定义向量的代数运算,这就使得它在物理上的应用与四元数并没有本质不同,而且更方便。这样,就展开了独立的向量理论,使向量从四元数中分离出来。后来,向量代数被推广到变量的向量,引进微积分,向量分析就展开了。这是一个非常广泛的新领域。

四元数的创造对代数的发展是革命性的。它使数学家认识到可以自由地根据需要构造有意义和有用的“数”系,这极大促进了后来向量代数和向量分析的发展,促进线性代数在更高的理论背景中发展。

9.3 高次方程代数解与近世代数的形成

9.3.1 高次方程代数解

一、进展——前期工作

从第 5 章我们知道,四次及以下的代数方程的根式求解(代

图 9-4　阿贝尔

数解)公式在16世纪就已经基本解决,经历17、18世纪,包括欧拉、范德蒙德、拉格朗日和意大利数学家鲁菲尼都试图解决四次以上方程的代数解问题,但是至迟18世纪末也未能根本解决。拉格朗日在1770年发表长篇论文《关于代数方程解法的思考》,他在分析了二次、三次、四次方程的根式解结构之后,提出了方程的预解式概念,并且进一步发现预解式和诸根排列置换下的形式不变性有关。他第一次宣布了对于一般的四次以上代数方程没有代数解,与此之前人们的信念是相反的。尽管拉格朗日关于这一课题的方向是对的,但是经过艰苦的努力之后,仍不得不宣布这是一个"向人类智慧挑战"的问题。鲁菲尼利用拉格朗日的方法去证明四次以上的方程不能用代数方法求解。但是,有一个关键性命题没有证明。这个命题就是后来被挪威数学家阿贝尔成功证明了的"阿贝尔定理"。高斯在棣莫弗定理的基础上,解决

图 9-5　伽罗瓦

了二项方程 $x^n-1=0$ 在某些条件下有根式解。因此,四次以上方程代数解这一课题需要完成两个工作:第一,证明对一般的四次以上的方程没有代数解,这是拉格朗日所指出的事实;第二,证明什么样的方程有代数解,即方程有根式解的充要条件。这两个问题分别被两个年轻的数学家解决:一是阿贝尔(图 9-4);一是法国数学家伽罗瓦(图 9-5)。

二、突破——阿贝尔工作

阿贝尔从中学阶段开始就阅读了拉格朗日和高斯关于方程论的著作,并着手探讨高次方程可解性问题。1824 年,他证明了下述定理:能用根式求解的方程的根满足条件:出现在根的表达式中每个根式都可表示成方程的根和某些单位根,即 $x^p=0$ 的根的有理函数。然后他用这个定理证明了高于四次的方程不能用根式求解。对他证明的改进是克罗内克作出的(1879)。阿贝尔还考虑了一些特殊的可用根式求解的方程,这些方程被称作“阿贝尔方程”。阿贝尔还引进了“域”这一重要的近世代数概念(不过没有给出这一术语)。

阿贝尔出生在一个贫困家庭,13 岁进入教会学校学习,15 岁被他的数学老师发现其天才并给予悉心指导和帮助。19 岁进入大学,22 岁解决高次方程根式解问题,开辟了近世代数方程论。除此之外,阿贝尔还是椭圆函数论的奠基人之一,研究无穷级数等。阿贝尔的工作在数学史上占有重要地位。不过,他的工作在生前没有引起注意,一生贫困,并最终导致他英年早逝。在他去世的第二天,柏林大学任命他为教授的聘书刚送到。

三、新视界——伽罗瓦工作与群概念的引进

阿贝尔工作只是证明了高于四次的一般方程用根式不可解问题,但是有特殊方程是可解的,他没有解决什么样的方程有根式解,这由同样年轻的数学家伽罗瓦来解决。

伽罗瓦出生在法国大革命时期,一生动荡并遭受各种打击,最后因爱情决斗结束了短暂一生。不过,他因在数学方面的贡献而名

留史册。同阿贝尔一样，他中学阶段就对数学产生强烈爱好，并表现出超人的天赋。中学阶段，他就开始阅读拉格朗日、高斯、柯西和阿贝尔等大师的著作。在大学阶段，他就在阿贝尔的基础上，彻底解决了困扰数学家250多年的高次方程代数解问题。

1829—1831年间，伽罗瓦完成几篇论文中，建立了判别方程根式可解的充要条件，从而宣告方程可解这一经历了近300年的难题得到彻底解决。由于他的思想大大超出了他的时代，又名不见经传，所以他的成果获得承认也是经历了一个曲折而漫长的过程。1829年，伽罗瓦把解方程的两篇文章送到法国科学院，文章转送到柯西，后被柯西遗失了。1830年，他又交给科学院另一篇他仔细写成的关于他研究的文章，文章被送到傅里叶那里，后因傅里叶病逝而不知去向。在泊松(S. D. Possion，1781—1840)的提议下，他第三次写成了一篇新的论文《关于用根式解方程的可解性条件》(1831)给科学院，但泊松以草率评语"不可理解"就给否定了。在决斗的前夜，他将自己的数学研究写成了一份手稿托给朋友，并坚信自己的工作"最终会有人发现它的益处"。终于，在伽罗瓦逝世后的14年，也就是1846年，法国数学家刘维尔(J. Liouville，1809—1882)在其主编的《数学杂志》上发表了伽罗瓦的两篇遗作。塞雷特(J. A. Serret，1819—1885)在他的《高等代数教程》(第三版)(1886)对伽罗瓦理论作了介绍，伽罗瓦思想再经若尔当的改进并全面而清楚介绍才逐渐被人理解。

伽罗瓦是通过改进拉格朗日的思想去探讨可用根式求解的特性的。伽罗瓦非常巧妙避开了构造多项式的拉格朗日预解式而考虑根的排列(也称之为"置换")。对 n 次方程的 n 个根组成的 $n!$ 个排列构成的集合，伽罗瓦定义了乘法，并称这样的集合就是一个"群"。然后，伽罗瓦考察这个"置换群"的某些元素组成的"子群"，这个子群今天称之为"伽罗瓦群"。如何确定一个方程的"伽罗瓦群"呢？首先考虑由方程系数的所有有限次加、减、乘、除运算组合成的集合，这个集合现在叫这个代数方程的"基本域"(伽罗瓦没有用"域"这个术语)，那么"伽罗瓦群"就是保持这个群中的"置换"以

"基本域"中的元素为系数的全部代数关系不变。"伽罗瓦群"的特征与方程根式解存在本质的联系,即当且仅当"伽罗瓦群"是可解的,方程才有根式解。也就是说,伽罗瓦建立并证明了判别多项式方程存在代数解的充分必要条件。他把阿贝尔的工作拓展了,并把"阿贝尔方程"概念推广为"伽罗瓦方程"概念。在他的这个工作的基础上,伽罗瓦证明了对于一般的五次及以上的方程没有根式解。在他的工作中,伽罗瓦给出了在不知道"根"的情况下如何构造一般的或者特殊的方程的"伽罗瓦群",并如何判断一个"伽罗瓦群"是可解的,进一步,如何把一个可解的方程的根表示出来等工作程序。附带强调一下,上述工作是针对一个方程的代数解作出的结论,但并不意味着不可能给出一个方程的任何形式的解。事实上,后来人们用椭圆模函数解出了一般的五次方程。

伽罗瓦的工作包含了丰富的理论意义。他不仅发展了拉格朗日的预解式方法,而且引进了全新的概念:群、子群、正规子群、最大正规子群和域以及同构等近世代数概念以及其相关重要的性质。从伽罗瓦工作出发,结合高斯和旺策尔的工作,人们很快发现了几何图形的尺规作图的代数判别方法。

9.3.2　群(置换群)理论的发展与近世代数的形成

伽罗瓦引进群(实质上是"置换群")这一概念不仅解决方程根式解这一难题,更重要的是,群概念的引进导致了代数学在对象、内容、方法上发生了深刻变革。群这一概念的起源可以从拉格朗日在关于方程可解性工作中考察根的排列开始。拉格朗日发现关于方程根的某些有理函数下对某些排列取同一个值(这就是后来"伽罗瓦群"对"方程域"保持代数关系的原型)。于是,拉格朗日开创了研究置换群的子群的一种方法。这一课题被鲁菲尼、阿贝尔和伽罗瓦的工作加强了重要性,同时,由于伽罗瓦的工作长期不为人所知,这一课题逐渐与方程可解性脱离开来,使直接研究置换群及其子群成为活跃的课题,并逐渐成为一种兴趣。置换群理论的研究是最终产生抽象群的第一个重要研究。19 世纪中叶,凯莱把置换群概念推广成一般抽象群概念(1849—1854),并举例矩阵和四元数(在加法下)构成群。但是,这样抽象的概念并没有立即被数学家接受。不过,19 世纪下半叶,围绕群这一课题数学家们展开了广泛的研究,比如物理和化学中晶体结构研究、群表示研究和无限群的研究等。数学家们对已有的各种代数系统重新进行考察并创造新的代数系统,产生了许多诸如环、理想、格等近世代数概念。这些研究不仅促进了从具体的代数对象向抽象对象转变,而且在 20 世纪,这些抽象对象也不是研究的中心,而是这些对象之间的运算结构,最后发展为影响深远的代数结构研究。因此,近世代数在 19 世纪下半叶和 20 世纪初的研究领域主要为群论、环论、域论、格论和向量空间等,并表现为近世代数的各个分支的拓广。

9.4　19 世纪代数学新分支的发展

9.4.1　布尔代数

图 9-6　布尔

17 世纪,莱布尼茨开始试图建立一门语言,借助这门语言来表达推理过程,通过符号的组合来表达复杂思想,从而“把一切正确的推理归结为一种计算”。莱布尼茨的思想核心就是把逻辑数学化。他的思想在 19 世纪被英国数学家布尔(G. Boole, 1815—1864)(图 9-6)深化了,建立了逻辑代数,今又称“布尔代数”。因此,布尔被作为数理逻辑的创始人。

布尔，父亲是一位鞋匠，家境并不富裕。小学毕业后就开始当代课教师，后通过顽强自学，掌握了多门语言，并开始学习数学大师著作。1844年发表论文《关于分析中的一个普遍方法》，初获数学声誉。布尔逻辑代数的思想集中在两本书中，一是《逻辑的数学分析》(1847)，一本是《思维规律的研究》。除数理逻辑外，布尔还对不变式理论、微分方程和差分方程等作出重要贡献。由于在数学上的杰出贡献，布尔1849年受聘为爱尔兰科克皇后学院教授，并被选为英国皇家学会成员。

布尔成功地将形式逻辑归结为一种代数演算。布尔的基本思路是：建立了一套符号系统，并从一组逻辑公理出发，像推导代数公式那样来推导逻辑定律。布尔代数起源于“谓词量化学说”。这个学说的主要思想是把亚里士多德逻辑所讨论的“主—谓”形式的命题进行量化。传统三段论中推理是建立在主词量化的基础之上，比如：所有的人会说话，张三是人，所以张三会说话。这个推理中，“所有”是全称量词，“张三”是特称量词，这里的推理是根据主词的量化关系进行的。如何将谓词也量化呢？如何用量化后的形式来表示命题呢？19世纪上半叶逻辑学家考虑了这些问题。布尔沿着这些思路和基础，以“类的演算”来展开自己的逻辑代数。类可以理解为今天的集合。布尔用1表示全类，0表示空类，而其他介于之间的类用x、y、z来表示，而相应个体元素的代表用X、Y、Z来表示。用加表示两个类的并(布尔不讨论两个有相交的类，后来被推广)，比如：$x+y$表示x、y的并。类似地，用相乘表示相交，相减表示差。这样，就可以把传统四种基本命题用符号表示出来。比如：“所有X是Y”用“$x(1-y)=0$”表示；“所有X不是Y”用“$xy=0$”表示；“有些X是Y”用“$xy\neq0$”表示；“有些X不是Y”用“$x(1-y)\neq0$”表示。联系普通代数的规则，诸如交换律、分配律等；并加上逻辑代数独有的规则：$x^2=x$，就可以展开逻辑代数演算了。后来,布尔对类演算作了命题演算[①]和概率演算的解释。

再加上一条演算规则:或者 $x=0$,或者 $x=1$,布尔代数就变成了我们现在通常理解的二值代数。这一点使布尔代数特别适合于对具有断开与接通两种状态的电路系统的逻辑基础,从而对 20 世纪计算机研究奠定了数学方法基础。

布尔之后,一些逻辑学家和数学家又对逻辑演算作了改进和发展。布尔学生杰文斯(W. S. Jevons,1835—1882)去掉了类相加必须要求不相交这一限制,从而使 $x+x=x$ 成为合法的演算规则。美国的皮尔斯(C. S. Peirce,1839—1914)引进了命题函数。施罗德(F. W. K. E. Schröder,1841—1902)的三大卷《逻辑代数讲义》把逻辑代数发展到顶峰。德国数学家弗雷格(F. L. G. Frege,1848—1925)则利用精密化的逻辑为数学建立一个可靠的基础。通过数学家 20 世纪的工作,逻辑代数与数学基础的研究交织在一起,构成了数理逻辑研究的主题。

9.4.2 代数数论

代数数论是从高斯(C. F. Gauss,1777—1855)(图 9-7)发表《算术研究》(1801)开始的[②]。这是高斯 20 岁时写成的一部伟大的著作。1800 年曾将这本书寄往法国科学院而被拒绝,但后来高斯自己把它发表了。

高斯是以"神童"著称的一位天才数学家,是历史上能与阿基米德、牛顿和欧拉并列的最著名的数学家之一。据说,他三岁时就发现了父亲账本中的一个错误;另一则从 1 加到 100 的故事则广为流传。高斯因有一位开通的母亲和具有远见卓识的舅舅才

---

① 命题演算的解释是:令 X、Y、Z 代表命题,命题只有真假两种情况,用赋值 1 和 0 来表示。X+Y 表示命题的析取,意为"X 或 Y";XY 表示命题的合取,意为"X 且 Y";1-Y 表示命题的否定,意为"非 Y"。X 为真,用 X=1 表示,否则,用 X=0 来表示;若 X 真则 Y 假,用 X(1-Y)=0 来表示;X 真且 Y 真,用 XY=1 来表示;等等。

② 代数数论的开创,除了高斯外,还有戴德金等人的重要贡献。

避免了“小时了了,大未必佳”的悲剧。母亲对儿子寄予厚望,而舅舅则有意识对他进行早期培养。后来,布伦瑞克公爵发现了他的天才,并资助他完成中学和大学的学业。正是处于对这位公爵的感激,他把《算术研究》献给了这位布伦瑞克公爵。

图 9-7 高斯

在《算术研究》中,高斯把数论记号标准化了,比如引进同余符号;把现存的定理系统化并推广;把研究的问题和攻题的已知方法进行了分类,并引进新方法;并确定了现代数论诸多课题直至今天的研究方向。本书有三个主要思想:同余理论、复整数理论和型的理论。其中同余理论派生出复整数理论,而复整数理论就是代数数论的开端。

在同余理论中,高斯从同余的基本概念着手,研究同余基本性质,展开同余多项式方程研究,并处理幂的同余式,证明:$x^n \equiv a(\bmod m)$(其中,$(a,m)=1$),这个性质可以推出费马小定理:若 p 是素数,而 a 不是 p 的倍数,则 $a^{p-1} \equiv 1(\bmod p)$。特别地,他研究了平方剩余:设 p 是素数,而 a 不是 p 的倍数,若 $x^2 \equiv a(\bmod p)$ 有解,就称 a 是 p 的平方剩余;否则,a 是 p 的非平方剩余。这个概念最早由欧拉引入,后来勒让德引入了一个简洁的符号:$\left(\frac{a}{p}\right)=\begin{cases}1 & a \text{ 为 } p \text{ 的平方剩余}\\ -1 & a \text{ 为 } p \text{ 的非平方剩余}\end{cases}$,来表示。在对此研究的基础上,高斯证明了一个最为著名的定理——二次互反律:设 p 和 q 是两个相异的奇素数,则 $\left(\frac{p}{q}\right)\left(\frac{q}{p}\right)=(-1)^{\frac{p-1}{2}\cdot\frac{q-1}{2}}$。这个定理是由欧拉最早发现并完整叙述,勒让德给出了两个不完全的证明。高斯在1796年19岁的时候给出了第一个完整的证明,后来一生高斯至少给出8个证明,而包括后来其他数学家的证明至少有50个以上的证明。高斯非常欣赏这一定理,被他誉为是“算术中的宝石”。

类似于数向式的推广,同余也被推广为多项式同余,例如:若$A_1=P\cdot Q_1+R$,$A_2=P\cdot Q_2+R$,其中A_1,A_2,Q_1,Q_2,P,R都是关于x的多项式,R的次数小于P,则称A_2,A_2模P是同余的。这种思想从柯西就开始了,并且把复数引进了这一领域的研究。高斯发展了柯西的思想,并在二次剩余理论的基础上研究三次和四次剩余。早在欧拉和拉格朗日工作中就把复整数:$a+bi$(其中a、b为整数),引入了数论研究,高斯继承了这一方法并应用于自己的工作,从而打开了一片新天地。高斯把整数性质在复整数域上进行了类比推广,比如,算术基本定理、最大公约数等。通过复整数,高斯把四次剩余互反定律的表述得非常简单。

复整数理论为代数数论开辟了无限丰富的领域。首先是引导库默尔(E. E. Kummer,1810—1893)在费马大定理(见8.4.2)方面的工作。但是,他在证明费马大定理时犯了一个关键性错误,即错误地认为“代数数对唯一因子分解定理成立”。为了重建唯一因子分解定理,他创立理想数理论。理想数引导了对费马大定理的研究。戴德金以全新的思路展开了唯一因子分解问题,把高斯复整数和库默尔代数数一般化,从而开拓了现代代数数的理论。在戴德金用他的代数数替代了库默尔的理想数后,为了纪念库默尔就把他的理想数称为理想。库默尔的学生克罗内克在前人的基础上继续研究代数数问题,并参考了刘维尔和康托尔等人的工作,创立了有理性域,这是更一般的概念,从而建立了他自己的代数数理论,这是独立于代数基本定理和完备实数系的理论。代数数理论在19世纪被希尔伯特在其著名报告《论代数数》(1897)发展到高峰。这个报告总结了前人的工作并发展了新的方法,推动代数数里的所创造的新的概念,连同伽罗瓦和阿贝尔等工作中的新概念一起刺激着20世纪大量的数学工作。

阅读材料 数系的扩张

数系的发展是数学发展的指南针。从数学的最初发展起源于数,到19世纪,数学成了分析与代数的基础,最终导致把现代数学的基础建立在数的基础之上,这是一个不断深入认识数的过程。

由于生产实践中计数的需要,经过长期的朦胧的数觉意识孕育,数的概念结合着量的概念产生了。在今天可考证的产生于河谷地区的早期古代文明中,我们发现了原始的记数系统和运算方法。这时,数的大小是根据记数需要来确定,也产生了原始的分数概念。

人类对0的认识是对记数系统的深化。各地区的早期文明对0都有一定的认识,不过对0认识的系统化并作为记数系统中的空位是从印度开始的,后来逐渐演变成印度——阿拉伯数码十进位值制记数系统,流传世界至今。

人类对数认识的第一次推进,应该是对负数的认识。负数是从解方程中扩展出来的,最早产生于中国古典著作《九章算术》中的"方程术"。

人类对数认识的第二次推进是复数的引入。文艺复兴时期,意大利学者卡尔达诺在三次方程的求解中遇到复数(也就是"虚数"问题),后由意大利数学家邦别利(R. Bombelli,约1526—1573)引进"虚数"(比如用R[om9]表示虚数$\sqrt{-9}$)。

到18世纪,通常熟知的数系成员都被人们发现了——整数、分数、无理数、负数和复数并获得直观的认识和使用。但是,人们对使用负数和复数总有介意。

对无理数的认识是人类对数的认识第三次推进。尽管在毕达哥拉斯时代就产生了"不可公度量"的困惑,在我国的古代筹算体系中也涉及开方开不尽的问题,但是,直到18世纪,人们对无理数概念没有明确概念。不过,18世纪对某些特定的无理数开始从逻辑上证实。首先,欧拉基本上证明了e和e^2是无理数(1737);

后兰伯特证明了 π 是无理数(1761);勒让德猜测说 π 可能不是有理系数方程的根,导致了对无理数的分类:代数数和超越数。对无理数的逻辑结构的分析是在19世纪分析严格化工作的推动下完成,最终导致对实数理论的建立(参见第8章)。

沃利斯于1685年引入复数的几何表示,后经18世纪对复数激烈的长期争议,在达朗贝尔、欧拉、拉格朗日和高斯的工作推动下,终于在19世纪为复数建立了算术的逻辑基础(哈密顿,1837)。后与实数理论一起,推动建立了数系的现代理论体系。此后,数系进一步发展,由哈密顿的四元数理论到超复数,与向量理论结合一起,推动线性空间理论发展(参见:9.2.3),融于现代数学发展洪流。

思考与研究问题

1. 请探讨数学符号化对于数学学习和数学思维的意义。

2. 查阅有关资料,请分析从伽罗瓦"置换群"抽象出一般"群"的概念。

3. 请分析布尔代数是如何用在计算机理论上的。

4. 请分析本章的著名数学家的发展之路对你有什么启示。

10 几何学的突破和发展

内容提要

在数学的历史上，很少有一个分支能像非欧几何一样对人类认识发生如此直接的影响，它被认为是19世纪所有复杂的技术创造中最深刻的一个。①它的创立迫使数学家们从根本上改变了对数学性质的理解，并引发了数学基础的许多问题。

下面主要就非欧几何、微分几何、黎曼几何、射影几何和几何基础，以及克莱因完成用群论的统一以上几何学等方面来讲述几何学在18世纪和19世纪的突破与发展。

峰回路转，从17世纪至近代的数学开创了五光十色的新天地，衍生出许多新的数学分支。人称17世纪是天才世纪，诞生了解析几何、微积分，告别了初等数学时期；18世纪是发明的世纪，数学分析严格化，代数抽象化；19世纪是几何复兴世纪，突破了几千年天经地义的欧氏几何体系，诞生了非欧几何，正如希尔伯特说："19世纪最富有启发性和最值得注意的成就是非欧几里得几何的发现。"

10.1 欧氏几何学的突破

非欧几何(罗巴切夫斯基几何)的产生与著名的第五公设问题密切相关，它是数学家们为解决这个问题而进行的长期努力的结果。

10.1.1 罗巴切夫斯基几何的诞生

公元3世纪初，古希腊数学家欧几里得编著的《几何原本》是

---

① ［美］M. 克莱因：古今数学思想(第三册)［M］，北京大学数学系译，上海：上海科学出版社，1980。

几何史上的一个里程碑。它是由公理方法建立的演绎数学体系的最早典籍,至今流传最为广泛,影响最为深远的一部世界级数学名著。在《几何原本》的第一卷中,首先列举了23个定义,接着就规定了5条公设和5条公理,著名的欧几里得第5公设就是这五条公设中的最后一条:

"如果一条直线与另外两直线相交,在一侧构成两个同侧内角之和小于两直角,那么这两条直线无限延长时,就在同侧内角和小于两直角的那一侧相交。"

这个第5公设(亦叫平行公设或平行公理)不像其他公理(公设)那样简单明了,因此很快就引起人们的争议,认为欧几里得把它放在公理(公设)之列,不是因为它不能证明,而是找不到证明,这是欧几里得几何体系中唯一"污点"①。两千多年来,许多数学家用不同的方法证明第5公设,但均以失败告终。因为,他们在证明过程中往往自觉或不自觉地引进了第五公设等价的命题。数学家们从失败中吸取了教训,不能直接证。于是走上了间接证明的途径。1773年萨凯里(G. Saccheri,1667—1733)开始用反证法证明第五公设,并遇到了一连串奇妙的事,例如三角形内角和小于两直角,过直线外一点可以有无数条直线不与该直线相交等。1763,克吕格尔(G. S. Klugel, 1739—1812)在博士论文中指出,萨凯里的工作并未导出矛盾,也就是说,假设第5公设不成立,并不矛盾。兰伯特则明确地认识到,一组假设如果不引出矛盾,可以提供一种新几何。

到了19世纪20年代,沿着兰伯特的思路,运用萨凯里的方法,高斯,匈牙利的波尔约(J. Bolyai,1802—1860),俄国的罗巴切夫斯基(Н. И. Лобачевский,1793—1856)几乎同时提出了非欧几何的思想,创立了非欧几何。

高斯最早研究这种新的几何,并且深信它在逻辑上相容,现在流行的术语"非欧几里得几何"就是起源于高斯。在1816年与

---

① 王青建:数学史简编[M],北京:科学出版社,2004。

1822 年的评论中和 1829 年给贝塞尔(F. W. Bessel,1784—1846)的信中,高斯确认欧几里得第五公设不能从《几何原本》的其余公设、公理导出,并且认为不能证明现实世界的几何一定是欧几里得的几何。高斯除对欧几里得第五公设问题有深刻的见解外,还对非欧几何进行了具体的研究,并且实际测量以三个山峰为顶点的三角形的内角和,试图检验那种几何学更符合实际。但是高斯深知传统思想的顽固,为了避免“引起波哀提亚人的叫嚣”①,因此,他生前并没有发表任何自己有关第五公设和非欧几何的工作的文章。

非欧几何的另一位创始人是匈牙利的青年数学家波尔约(图 10-1)。1823 年,波尔约经过不懈努力,得出了非欧几何的基本原理,后来写成论文并把这一成果附在其父的一部数学著作之后以附录的形式出版,共 26 页,并给出了一个非欧几里得的完整而无矛盾的新几何体系。1832 年,老波尔约(高斯的同学和密友),把儿子的那篇名为《绝对空间的科学》附录送给高斯,请高斯对论文进行评价,高斯很快回了信,在信中他称赞了小波尔约的工作,但又委婉地表示他本人在更早的时候已经得到了同样的结果。看到高斯的回信后,小波尔约十分恼火,误认为高斯想剽窃自己的成果。等到 1840 年罗巴切夫斯基的有关非欧几何的德文

图 10-1 波尔约

① 李文林:数学史概论(第二版),北京:高等教育出版社,2002,229。

著作发表时,他更为愤怒,以后便不再发表任何数学论文了[①]。尽管如此,他那篇唯一的《绝对空间的科学》还是被公认为世界第一流的科学经典。

正如老波尔约安慰儿子所说:“春天的紫罗兰在各处盛开。”让儿子不要怀疑别人剽窃了他的成果,其实,除了高斯与波尔约之外,还有一个更为坚强的、成就卓著的非欧几何的创造者和捍卫者,他就是俄国的罗巴切夫斯基(图10-2)。

图10-2 罗巴切夫斯基

在1826年2月23日喀山大学数学物理系的学术会议上,罗巴切夫斯基宣读了他的论文《几何原理的概述和平行线定理的严格证明》,向享誉两千年之久的几何学经典发起挑战,他说:“直到今天,几何学中的平行线理论是不完全的,从欧几里得时代以来,两千年徒劳无益的努力,使我们怀疑在概念(指第五公设)本身之中,并未包含那样的真实情况!”1826年2月23日被公认为非欧几何诞生之日,罗巴切夫斯基被誉为“几何学上的哥白尼”[②]。而后罗巴切夫斯基又在1829年发表了题为《论几何原理》的论文,这是历史上第一篇公开发表的非欧几何文献,但由于是用俄文刊登在《喀山通讯》上未引起数学界的注意。1840年,他用德文写成专著《平行线理论的几何研究》,此书是影响最大的非欧几何的专著。

① 徐品方:数学王子高斯[M],济南:山东教育出版社。

② 〔美〕E. T. 贝尔:数学精英[M],徐源译,北京:商务印书馆,1991,341—355。

罗巴切夫斯基非欧几何的基本思想与高斯、波尔约是一致的，即用与欧几里得第五公设相反得断言：通过直线外一点，可以引不止一条而至少是两条直线平行于已知直线，由此推导下去，他得到一系列前后一贯的命题，形成逻辑上没有任何矛盾的但与欧氏几何完全不同的另外一种新几何系统的理论。罗巴切夫斯基称这种新几何系统叫"虚几何学"，即非欧几里得几何学。为了较直观理解这种"虚几何"，他用下例说明。

设给出一条直线 AB 与一点 C（图 10-3），通过点 C 的所有直线关于直线 AB 而言可分为两类，一类直线与 AB 相交，另一类不相交。p 与 q 属于后一类，构成两类间的边界。这两条边界线称为平行直线。更确切地说，若 C 是与直线 AB 的垂直距离为 a 的一点，于是存在一个角 $\pi(a)$，平行角是 a 到直线的距离的函数。罗巴切夫斯基发现：当 $\pi(a)=\frac{\pi}{2}$，则得出欧氏几何平行公理；当 $\pi(a)\neq\frac{\pi}{2}$ 时，则当 $a\to 0$ 时，$\pi(a)$ 单调增加且趋于 $\frac{\pi}{2}$；而当 $a\to\infty$ 时，$\pi(a)$ 单调减少且趋于零。这样，过 c 有无数条平行线与给定的直线平行。

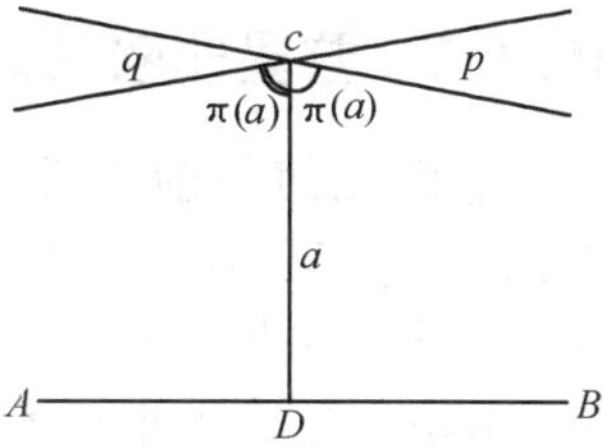

图 10-3

另外，罗巴切夫斯基还发现许多惊奇的结果：三角形的内角和恒小于 π，且随三角形面积的增大而减小，当面积趋于零时，它就趋于 π；若两个三角形相似，则它们全等；不存在面积任意大的三角形等等。

在非欧几何的三位奠基人中，只有罗巴切夫斯基最早、最系统地发表了自己的研究成果。但他的研究工作也并非顺利。他的新几何一问世，果然遭到了"波哀提亚人"的嘲笑，但罗巴切夫斯基表现出了伽利略式的"追求科学需要的特殊勇气"，寸步也不退让，一直到 1855 年，当他已是一位双目失明的老人时，他还发表了一本叫《泛几何学》的著作,在书中他坚信这种新的几何学的正确性终有一天可以像别的物理规律一样用实验来检验。罗巴切夫斯基的思想和精神都受到后人的高度评价,鉴于罗巴切夫斯基对新几何学在发表时间,论述完整,内容丰富,以及坚忍不拔的信念等方面均较突出,目前这种几何学成为罗巴切夫斯基几何。1871 年德国数学家 F. 克莱因则将它改称为“双曲几何学”,沿用至今。

10.1.2 黎曼非欧几何

非欧几何在创立后的三、四十年的时间内完全被学术界忽视,对于它很少有人问津。这种冷淡的态度持续到 19 世纪中期,这时黎曼的工作导致了突破。

1846 年,黎曼进入哥廷根大学学神学,后在数学家的影响下,放弃神学改学数学,有幸成为高斯晚年的学生。获博士后留校工作。1854 年发表就职演说《关于几何基础的假设》(1868 年发表),这篇著名文献,已经建立了黎曼空间概念,即创立了黎曼几何学的基础。

就在这篇文献中,他提出的空间的几何,并不只是高斯微分几何的推广,实际上他重新考虑了研究空间的整个途径。他认为欧氏几何公理与其说是自明的,不如说是经验的。于是,他从这一点出发,把对三维空间的研究推广到了 n 维空间,并把这样的 n 维空间用于 n 个可变参数 $x_1,x_2,\cdots,x_n$ 的一组指定的特定值来表示,而所有这种可能的点的总体就构成 n 维流形本身,正如在一个曲面上的点的全体构成曲面本身一样。这 n 个可变参数就叫做流形的坐标。当这些 x_i 连续变化时,对应的点就遍历这个流形。

黎曼认为,我们只能局部地了解空间,他以两个一般点之间的距离为基本定义,这两个点对应地坐标只相差无穷小,假定距离的平方是:$ds^2=\sum\limits_{i=1}^{n}\sum\limits_{i=1}^{n}g_{ij}dx_idx_j$,其中 g_{ij}是坐标 $x_1,x_2,\cdots,x_n$ 的函数，$g_{ij}=g_{ji}$，并且上式的右边对 dx_i 的所有可能值总是正的。由于 g_{ij} 是坐标的函数，所以空间的性质是可以逐点而异的。上述表达式后来以“黎曼度量”著称。

在此基础上，黎曼又定义了曲线的长度，两曲线在一点的交角等，所有这些度量性质都是仅由 ds^2 表达式中的系数 g_{ij} 确定的。

另外，黎曼还引入了一个流形曲率这个重要的概念。黎曼推广了曲面的高斯曲率，从而建立起黎曼空间的曲率概念。它成为刻画欧氏空间以及各种非欧空间之间差异的量度。

在引进曲率之后，黎曼进而考虑特定的流行（即在每一点上曲率都相等的流形）。如果设曲率为 α，黎曼指出，当 $\alpha=0$ 时，这个空间的模型便是欧氏平面，与之对应的正好是欧氏平面几何；当 $\alpha<0$ 时，得到罗氏平面，对应的恰好是罗氏非欧几何；而对于 $\alpha>0$ 时，则是黎曼本人的创造，它对应于另一种非欧几何学，后来称之为黎曼几何。实际上，普通球面上的几何就是黎曼非欧几何。在球面上，每个大圆都可以看成是一条“直线”，不难想像，这样的“直线”在球面上都不可能永不相交。黎曼几何把非欧几何又向前推进了一步，1909 年，黎曼几何在爱因斯坦（A. Einstein, 1879—1955）的广义相对论中成为最有力的数学工具之一。

10.1.3　非欧几何的模型与确立

黎曼的工作蕴涵了极为丰富和深刻的思想，正是在黎曼的工作中，非欧几何产生的意义更加充分地显露出来。但非欧几何的数学地位仍并没有因此得到改观，因为要达到这一目标，需要确实地建立非欧几何自身地无矛盾性和现实意义。

到 19 世纪 70 年代以后，意大利数学家贝尔特拉米（E. Beltrami, 1835—1899），德国数学家克莱因（F. Klein, 1849—1925）和法国数学家庞加莱等人先后在欧几里得空间中给出了非欧几何的直观模型，从而揭示出非欧几何的现实意义。

1868 年,贝尔特拉米发表论文《非欧几何解释的尝试》[1],其中给出了第一个罗氏几何的模型。它是由一种"曳物线"绕一轴旋转而成的,形状颇似两只喇叭状对口焊接而成的。按照微分几何的话来说,这是一种负常曲率曲面。这种伪球面上任意三条短程线围成的三角形,其内角和总是小于两直角的。这也就是说,如果伪球面上的短程线看作"直线"做成的模型,恰好实现了罗巴切夫斯基平面几何的全部公理。但这种解释也有其缺点,它不是整体的,只是局部的。这就是几何学史上出现的第一个非欧几何模型。正是这个模型使得许多数学家第一次看到了一个"可见的非欧几何",不再认为它是荒诞不经的东西(图 10-4)。

第一个整体的罗巴切夫斯基几何的模型则是由德国数学家克莱因给出的。他在 1871 年发表《论所谓欧几里得几何》,首次指出欧氏几何和非欧几何皆可用纯射影的方法构造出来。克莱因把单位圆作为罗巴切夫斯基几何的平面,把圆中的开弦作为罗巴切夫斯基几何的"直线"(图 10-5),论文拓广了射影几何中度量等概念,为欧氏几何、非欧几何提供了所谓射影的模型,把它们在椭圆的、双曲线的、抛物线的几何学的名目下统一起来,从而使非欧几何占据了与欧氏几何同等的地位,并且非欧几何的相容性问题也归结为欧氏几何的相容性。这些结果最终使非欧几何获

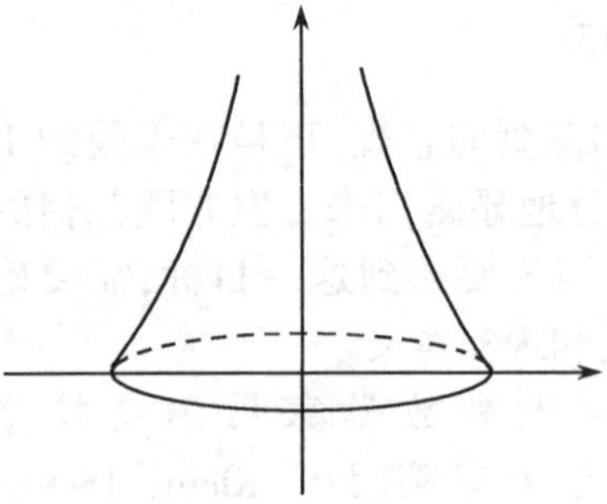

图 10-4

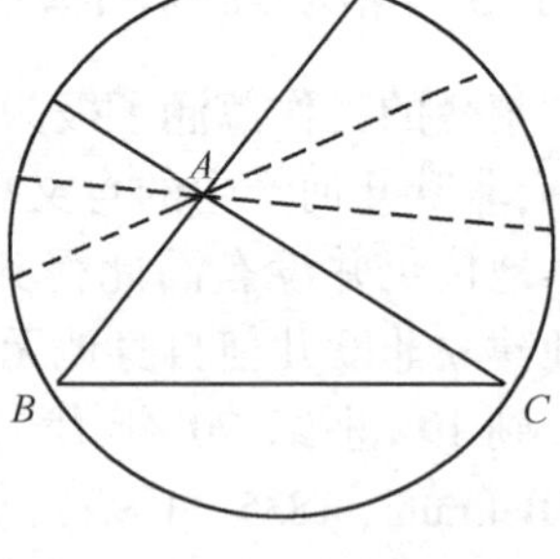

图 10-5

① 李文林:数学珍宝[M],北京:科学出版社,1998,614—616。

得普遍的承认。克莱因之后,法国数学家庞加莱也给出了另一个罗巴切夫斯基几何模型。他把克莱因模型中的弦改为垂直于单位圆周的圆弧,并把非欧几何与分式线形变换联系起来。庞加莱的模型为罗巴切夫斯基几何的应用开辟了更广阔的道路。至此,非欧几何才真正获得广泛的理解。

10.2 微分几何的发展

微分几何是随着坐标几何与微积分的创立而产生的。微分几何采用无穷小①的方法来研究曲线和曲面,就如同用显微镜观察物质一样,便出现了曲线和曲面的一系列平时无法发现的结构和规律,这样便产生了几何学新的一个重要分支。

10.2.1 微分几何的开端

微分几何成为独立的数学分支主要是在 18 世纪,法国青年数学家克莱罗开创了空间曲线的理论。1731 年他发表了《关于双重曲率的曲线的研究》,是建立微分几何的重要一步。克莱罗通过在两个垂直平面上的投影来研究空间曲线,首先提出空间曲线有两个曲率的想法。他认识到一条空间曲线在一个垂直于切线的平面上可以有无穷多条法线,同时给出了空间曲线的弧长公式与某些曲面的面积求法。

虽然克莱罗在空间曲线的理论方面迈出了几步,但是在 1750 年前后在空间曲线理论或曲面理论方面所做的工作是微不足道的。空间曲线微分几何发展中的第二个重大步骤是由欧拉采取的。1736 年欧拉首先引进平面曲线的内在坐标概念,即以曲线弧长作为曲线上点的坐标,开始了曲线的内在几何研究。1748 年,他出版了《无限小分析引论》,介绍了平面和空间图形的微分几何,将曲率描述为曲线的切线方向和一固定方向的交角相对于弧

---

① 武锡环,郭忠明:数学史与数学教育[M],成都:电子科技大学出版社,2003,287。

长的变化率,引进了曲面上的法曲率、总曲率、法曲率的欧拉公式及球面映射等概念方法。他还深入探讨测地线,将测地线描述为某些微分方程的解。1760年,欧拉又在曲面理论中得到欧拉定理等结果,成为微分几何发展的里程碑。

图 10-6 蒙日

18世纪微分几何发展则由于蒙日的工作而臻于高峰。蒙日(图10-6)在1795年发表的《关于分析的几何应用的活页论文》是第一部系统的微分几何著述。1807年蒙日在著作中系统阐述了他在微分几何方面几十年的研究成果,还独立研究了可展曲面的课题,将同一问题分别置于几何和分析领域进行讨论。这样蒙日极大地推进了克莱罗、欧拉的空间曲线与曲面理论。后来的蒙日不仅创立了画法几何,还独立地从可展曲面开始研究曲面理论。1807年,他总结自己1795年的活页论文和前人的研究成果,完成了第一本系统的微分几何课本《分析在几何中的应用》,他的工作比克莱罗、欧拉更加深入。其特点是微分方程的紧密结合。

曲线与曲面的各种性质用微分方程来表示,有共同几何性质或用同一种方法生成地一簇曲面应满足一个偏微分方程。蒙日借助这些偏微分方程对曲面簇可展面及直纹面进行研究而获得了大量深刻的结果。

10.2.2 高斯对微分几何的重要贡献

19世纪微分几何的发展则是由高斯推动的。高斯从1816年起就在测量和地图绘制方面做了非常大量的工作。他亲身参加实际的物理测量,在这方面他发表了许多文章,激起了他对微分几何学的兴趣①。1827 年高斯完成他的决定性文章《关于曲面的一般研究》,这是微分几何发展史上继欧拉之后又一个里程碑。

在这篇论文中,高斯用两个参数 u,v 表示曲面:

$$x=x(u,v),y=y(u,v),z=z(u,v) \tag{1}$$

从这些参数方程中,高斯得到曲面上弧长元素的表达式:

$$ds^2=E(u,v)du^2+2F(u,v)dudv+G(u,v)dv^2 \tag{2}$$

其中 $E=x_u^2+y_u^2+z_u^2$,$F=x_ux_v+y_uy_v+z_uz_v$,$G=x_v^2+y_v^2+z_v^2$,下标 u、v 表示对 u 的偏导数和对 v 的偏导数。

在论文中,高斯证明了曲面(1)的几何性质仅由 ds^2 的表达式(2)中 E、F 和 G 确定。另外,他在文章中还得到:曲面上距离与角度也由 E、F 和 G 确定。从而揭示了曲面的性质(面积、测地线、测地曲率和总曲率等)仅仅依赖 E、F 和 G 这一重要事实。由此可证,两个等距离的曲面的对应点一定有相同的总曲率。两张等距曲面有共同的几何。

然而比他这篇关于三维空间中曲面的微分几何的决定性论述所作出的贡献更为重要的是,高斯提出了一个完全新的空间概念,即一张曲面本身就是一个空间。在此之前,曲面一直当作三维欧氏空间的图形进行研究。高斯论文表明,可以将曲面本身看成是一个空间,它的全部性质由 ds^2 确定。这一极其重要的思想表明:第一,曲面几何可以集中在曲面本身上进行研究,而不依赖三维空间。第二,如果在同一张曲面上采用不同的 ds^2,这就得出该曲面上的一个完全不同的几何。

高斯这一思想的意义是极其深刻的。随着 ds^2 的不同选取,同一张曲面可以有不同的几何,于是这些几何对于曲面来说是内蕴的(标记)。这样,在思维空间中选取不同的距离函数,就可得到不同的几何——欧氏几何与非欧几何。之后,黎曼的研究正是以高斯关于曲面的内蕴微分几何为基础的,并将此推广到任意空间。

① 张顺燕:数学的源与流[M],北京:高等教育出版社,2000,213—214。

10.3　射影几何的发展

在数学的大厦中有许多巨宅,其中最精美之一的是射影几何。其概念之优美、结构的逻辑严密性及其在几何中所起的基本作用都值得推崇。射影几何与解析几何几乎是同时创立的,但解析几何使用的代数方法很快受到数学家的欢迎,并成为分析方法的基础,射影几何使用的综合方法却被人们遗忘了,射影几何在17 世纪昙花一现,连原始文献也险些失传。

直到 18 世纪末与 19 世纪初,蒙日 1799 年的《画法几何学》以及蒙日的学生卡诺(L. Carnot,1753—1823)等人的工作。重新激起人们对几何学的热情。复兴纯粹几何成为一部分数学家的心愿,射影几何应运复出,它在综合法与解析法两方面展示了广阔的发展前景。

10.3.1　综合射影几何

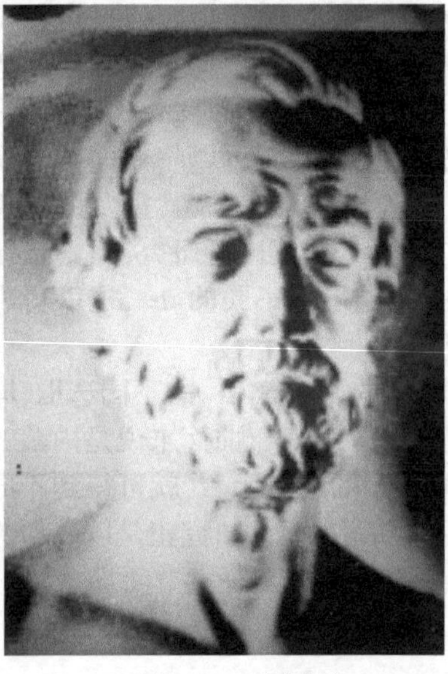

图 10-7　庞斯列

射影几何学的真正变革则是由庞斯列(J. V. Poncelet,1788—1867)(图 10-7)推动的。庞斯列是法国巴黎理工学校的毕业生,曾受教于蒙日,深受老师综合几何思想的影响。后来,他作为拿破仑的一名军官在入侵俄罗斯时被俘而于 1813—1814 年间关在俄国监狱里。然而,正是这两年,庞斯列不借助任何书本,以炭代笔,在俄国萨拉托夫监狱中缭乱记录下 7 大本研究成果,人称“狱中笔记”。庞斯列获释后对自己在狱中的工作进行了修订、扩充，于1822年出版了《论图形的射影性质》，这部著作立即掀起了19世纪射影几何发展的巨大波澜，这门铁窗下诞生的射影几何也因庞斯列的工作而臻于高峰。

庞斯列在狱中就开始研究圆锥曲线的射影性质，提出中心射影法。1822年他发表了《图形的射影性质》，系统阐述了连续性原理，他指出："如果一个圆形从另一个圆形经过连续的变化得出。并且后者与前者一样地一般，那么可以马上断定，第一个图形地任何性质第二个图形也有。"①借助这一原理，庞斯列考察了无穷远点消失或变成虚无元素的点和线，引入了圆上的无穷远点、球上的无穷远点等新概念，由于采用了中心射影法，使对圆锥截线性质的研究变成对圆的性质的研究。使一般四边形问题变成平行四边形问题。他还发展了对合与调合点列的理论。指出经过中心射影，直线上的四点的交比保持不变。直线上的四点的交比保持不变。庞斯列是第一位充分认识到射影几何是只有独特方法的目标的新数学分支的数学家，这篇论著也成为射影几何学的第一部系统论著。在此基础上，他继续深入研究有关理论。

从1824—1829年，庞斯列在其几篇论文中，给出了从极点到极线和从极线到极点的交换的一般表述，称之为配极对应关系。为射影几何中对偶原理奠定了基础。虽然庞斯列的配极关系需要一个圆锥曲线作中介，但他已给出对偶原理的基本方法。这种方法使得对几何学的研究能起到事半功倍的效果，令数学家们耳目一新，极大鼓舞了人们投身几何学研究的热情。

10.3.2 代数射影几何

与综合几何数学家们发现射影几何的同时，一些热衷于代数

① 〔美〕M.克莱因：古今数学思想（第三册）[M]，北京大学数学系译，上海：上海科学出版社，1980，253。

方法的几何学家沿用自己的方法研究同一学科,同样取得令人瞩目的结果。

1827 年德国天文学家麦比乌斯(A. F. Mobius, 1790—1868)出版《重心的计算》,引入了射影几何学和仿射几何学的若干概念,并以浅显易懂和清晰严格的论述表达了这一新理论,他第一次引进齐次坐标,并给出直射变换的一种解释表达式,并证明了每一个直射变换都是个射影变换的重要理论;并由此证明了交比在投影与截影下的不变性,对这一学科起了不可估量的作用。

赋予射影几何的代数方法以效率和活力的人是普吕克(J. Plücker, 1801—1868)。在他的著作《解析几何学的发展》,第二卷中用解释方法阐述了对偶原理,引入另一种齐次坐标,即三角形坐标。它相当于笛卡儿坐标 x,y 换成了 $x=x_1/x_2, y=x_2/x_3$,因而曲线的方程变得对 x_1,x_2,x_3 为齐次的。利用齐次坐标,普吕克能够给几何观念以优美的代数式表示。他还在 1839 年出版的《代数曲线理论》中考察了无穷远点邻域内代数曲线的性质,得到平面上无穷远线的方程与无穷远圆的坐标等结果。齐次坐标也因此成为用代数推导许多射影几何基本结果的有效工具。

10.3.3 射影几何的完善

19 世纪初,分析的方法还不完善,逻辑上也不健全。因此,几何学家怀疑解析证明的正确性,分析学家则以几何证明太笨拙来反唇相讥。

在 1850 年前后,射影几何与欧氏几何的逻辑关系尚没有搞清楚。当时,交比的概念还是用长度定义的,但长度不是射影概念,因为它在射影变换下是要改变的。使交比不依赖于长度和选合的是德国数学家斯陶特(K. G. C. Von. Staudt, 1798—1867),他在《位置几何学》里提出了称之为“投”的“代数”方案,既在直线上选取 3 个点,给它们指出符号 0,1,…,∞,然后用一种作图法——“投”,给任意一点配上一个符号,如果这个上的坐标,既并未用长

度的标号是 $x_1, x_2, x_3, \cdots, x_k$，那么交比定义为：

$$\frac{x_1-x_3}{x_1-x_4}\bigg/\frac{x_2-x_3}{x_2-x_4}$$

这样斯陶特不依靠长度和迭合的概念，从而使射影几何摆脱了度量关系，成为与长度等度量概念无关的全新学科。斯陶特在《位置的几何者》里，还指出射影几何比欧几里得几何学史为基本。至此，射影几何学形成一个较完善的体系。在几何学中占一席之地。

10.4 几何学的统一与 F. 克莱因

19 世纪射影几何的复兴、非欧几何的建立以及微分几何、黎曼几何等分支的发展与创立都使人们对几何学的认识大大提高。这样一来，人们不禁要产生疑问：不同的几何学之间有没有内在的本质联系呢？F. 克莱因、贝尔特拉米等人的工作更是把人们的目光转移到如何用统一的观点来解释这些几何学。

图 10-8 F. 克莱因

非欧几何的建立，以射影几何为中心对其他几何进行概括的成功，代数学心概念（例如群）的确立，导致 19 世纪 70 年代实现了几何学的一次大综合——变换群和相应的几何学。德国数学家 F. 克莱因（图 10-8）首先于 1869—1870 年研究球几何学氏引进了连续群的概念。其后于 1872 年在德国爱尔朗根大学作了题为《近代几何研究的比较评述》的演讲,F. 克莱因在这次演说中所表述的观点后来以爱尔朗根纲领著称于世。

克莱因用群的观点来研究几何学。他的基本观点是,每种几何都由变换群所刻划,并且每种几何所要做的实际就是在这种变换群下考虑其不变量。再者,一个几何的子几何是在原来变换群的子群下的一簇不变量。简言之,所谓几何学,就是研究几何图形对于某类变换群保持不变的性质的学问。于是,19 世纪涌现的几种重要的、表面上互不相干的几何学就被联系在一起了,并且变换群的任何一种分类也对于几何学的一种分类。

例如在欧氏几何中,按克莱因群的观点,刚性平面变换可以用代数式表示出来:$\begin{cases}x'=a_{11}x+a_{12}y+a_{13}\\y'=a_{21}x+a_{22}y+a_{23}\end{cases}$其中 $a_{11}a_{22}-a_{11}a_{12}=1$;另一方面,可进行第二个变换:$\begin{cases}x''=b_{11}x'+b_{12}y'+b_{13}\\y''=b_{21}x'+b_{22}y'+b_{23}\end{cases}$其中 $b_{11}b_{22}-b_{12}b_{21}=1$。那么相继进行这两个变换的结果,就等价于某个单一的这种类型的变换将点(x,y)变成点(x'',y''),从而欧氏几何研究中的长度、角的大小,任何图形的大小和形状将保持不变。同样,按照克莱因的观点,射影几何(比如说是二维的)是:研究从一个平面上的点到另一个平面上的点或者到同一平面上的点(直射变换)的变换群下的不变量。而欧氏几何研究的就是在旋转、平移和反射这类变换下的一组不变量。克莱因的工作表明,射影几何在逻辑上是独立于欧氏几何的,非欧几何与欧氏几何是射影几何的子几何。

第二年(1873)克莱因又发表《论所谓欧几里得几何》,清楚地指出欧氏几何、非欧几何均可用纯射影的方法构造出来,为射影几何的公理氏铺平了道路。他还将几种经典几何看作射影几何的子几何,既研究原来变换群的子群下的不变量,这种思想在其后的几十年产生了巨大影响。

10.5 几何基础与希尔伯特

另外,在一般人的心目中,几何学是严密性的象征。两千多年来,欧几里得几何在这方面堪称楷模。面对非欧几何的创立,人们不可能不对此产生极大怀疑:回首非欧几何,只是对欧几里得第五公设深入追究的结果?人们自然地要问,欧几里得其他公理公设合理吗?严密吗?

事实上,对欧几里得定义和公理的批评早在希腊数学发展后期就已出现,文艺复兴时期,《几何原本》传入欧洲时一些不严格的表述,再次引起人们的指责。例如莱布尼茨、高斯等大数学家也分别指出过欧氏几何证明中过分依赖直观。《几何原本》中模糊的定义及逻辑的缺陷,最终迫使数学家们重建欧氏几何以及其他同样有缺陷的非欧几何的基础。

1889 年皮亚诺出版《几何原理》,其中给出欧氏几何的一个公理集。包括了运动的定义,但缺乏合适的公理基础。他的学生皮耶里(M. Pieri,1860—1904)等人也构造过类似的公理体系,然而各有优劣。目前,在欧氏几何的所有公理系统中,公认概念和陈述最简单的公理集则是希尔伯特所著的《几何基础》①。

德国数学家大卫·希尔伯特(图 10-9)是 20 世纪最伟大的数学家之一。他对数学的贡献是巨大的和多方面的,研究领域涉及代数不变式、代数数域、几何基础、变分法、积分方程、无穷维空间、物理学和数学基础等。他在 1899 年出版的《几何基础》成为近代公理化方法的代表作,且由此推动形成了“数学公理化学派”,可以说希尔伯特是近代形式公理学派的创始人。1900 年希尔伯特 38 岁时在巴黎举行的第二届国际数学家大会上作了题为“数学问题”的著名讲演. 在讲演中,他根据 19 世纪数学研究的

---

① D. 希尔伯特:几何基础(第二版)[M],江泽涵,朱鼎勋译,北京:科学出版社,1995,1—41。

图 10-9　希尔伯特

成果与发展趋势，以卓越的远见和非凡的洞察力，提出了新世纪所面临的 23 个问题。这 23 个问题涉及现代数学的大部分重要领域（著名的哥德巴赫猜想就是第 8 个问题中的一部分），对这些问题的研究有力地推动了 20 世纪各个数学分支的发展。

希尔伯特比任何前人都更加透彻地弄清了公理系统的逻辑结构与内在联系。在他的《几何基础》中，他给出了他的公理集的第一个叙述（后来进行了很多次修改），即给出了第一个完备的欧氏几何形式的几何公理系统，其中不依赖于任何空间，直觉推出了欧氏几何的所有定理。并且他认为，无须给不定义的概念指定明晰的意义。在他的公理系统中包括三个基本元素：点、线、面（他生动地比喻为桌子、椅子、啤酒杯）；三个基本关系：结合关系、顺序关系、合同关系；此外，在《几何基础》中，希尔伯特还成功地运用公理化方法。公理化方法是从公理出发来建造各种几何。希尔伯特将所用公理清楚地划分为五组：

第一组，联系公理，包括 8 条公理，又叫结合公理或关联公理；

第二组，顺序公理，由 4 条公理组成；

第三组，合同公理，包括 5 条公理；

第四组，平行公理；

第五组，连续公理，由阿基米德公理和直线完全性公理构成。

希尔伯特对几何公理集的这种处理，使几何学的逻辑结构异常清晰地显示出来，同时这种处理方法也为关于公理集的基本逻辑问题的进一步研究提供了一个适当的基础。

提出有关公理系统的基本问题使几何基础研究和公理方法的重要发展。由于几何学的现代处理使几何对象进一步抽象化，几何学在某种程度上与现实空间相对脱离，关于几何系统的逻辑要求问题自然突出出来。希尔伯特认识到了这一点。他明确提出了选择和组织公理的原则。这就是相容性、独立性和完备性。在上面的三个条件中，相容性是构成一个公理系统的首要条件。希尔伯特证明了该公理系统的相容性和独立性①。他采取的方法是，通过解析几何将几何积极概念作出算术解释，使得全部几何公理转化为实数的算术命题。于是欧氏几何的相容性就合理地归结为算术系统的相容性。

希尔伯特关于几何基础的工作彻底结束了两千年来对欧氏《原本》的整理工作。然而还和希尔伯特的其他工作一样，他为完善欧氏几何逻辑基础的有限日的而完成的工作，其影响已大大超出了问题本身。《几何基础》一书揭示了公理法的实质，开创了现代公理法思想的新阶段，并通过所谓"公理化运动"对整个数学以至自然科学的理论建设发生了深远的影响。二十世纪许多数学分支在公理法的基础上重新建立起来，甚至在自然科学的许多部门中（如力学、电磁学、量子力学等）也出现了公理化的趋向。公理方法的使用，一方面，为寻求一些旧的和新的数学分支之间的联系提供了帮助；另一方面，希尔伯特后来把几何基础方面的工作扩展的到对整个数学基础的研究，这更是一个意义深远的进展。

阅读材料　黎曼几何和爱因斯坦相对论

本章第2节曾提到，黎曼空间在什么时候可以是一个常曲率空间，或者甚至是一个欧几里得空间。这一结论在物理学上起了积极的作用。特别是其表达形式与记号，微分形式不变量等方面

① 李文林：数学珍宝[M]，北京：科学出版社，1998，646—659。

对爱因斯坦广义相对论的建立更是有直接推动作用。

爱因斯坦建立广义相对论，其主要想法起源于想给引力以新的解释。伽利略(Galileo Galilei,1564—1642)的比萨斜塔实验，发现重物和轻物同时落地，这和人们的意料相反。照理，重物较轻物所受引力大，应有较大的加速度，所以应当早些落地。爱因斯坦由此想到，引力也许根本不是一种外在的力量。自由落体运动只是思维时空中的几何位移所造成的，重物和轻物经过时空中的同一几何曲线，经历的位移相同，所以才有相同的加速度，即同时落地。爱因斯坦在1912年发表的论文，认识到引力场不是均匀分布的。他所创立的广义相对论，把四维时空想像为弯曲的，其上定义有曲线距离，即黎曼几何学中的黎曼流形。

在三维的欧氏空间，由于x,y,z是彼此独立的变量，其中的微小的位移ds的平方是$(ds)^2=(dx)^2+(dy)^2+(dz)^2$。在平坦的闵科夫斯基空间，因为$x,y,z,ict$也都是相互独立的，所以应有$(ds)^2=(dx)^2+(dy)^2+(dz)^2-c^2(dt)^2$。

但在广义相对论中，四维时空是弯曲的，即应将它看成由含有四个独立参数x_1,x_2,x_3,x_4的四个方程来表示：

$$x=x(x_1,x_2,x_3,x_4),y=y(x_1,x_2,x_3,x_4),$$
$$z=z(x_1,x_2,x_3,x_4),t=t(x_1,x_2,x_3,x_4),$$

这样一来，

$$(ds)^2=g_{11}dx_1dx_1+g_{12}dx_1dx_2+g_{13}dx_1dx_3+g_{14}dx_1dx_4+g_{21}dx_2dx_1+g_{22}dx_2dx_2+g_{23}dx_2dx_3+g_{24}dx_2dx_4+g_{31}dx_3dx_1+g_{32}dx_3dx_2+g_{33}dx_3dx_3+g_{34}dx_3dx_4+g_{41}dx_4dx_1+g_{42}dx_4dx_2+g_{43}dx_4dx_3+g_{44}dx_4dx_4$$

在发表这篇论文之后，爱因斯坦并没有停止研究的脚步。因为此时他突然认识到，19世纪大数学家高斯所建立的曲面理论是有物理意义的。从此，爱因斯坦进行了废寝忘食的研究，其主要工作正是围绕黎曼几何和张量理论而展开。

终于，在1915年11月25日这一天，爱因斯坦提交了《引力场方程》的论文，标志着广义相对论的诞生。文章提出的引力使光线弯曲的计算，正是引用了黎曼几何最恰当的数学表述。

思考与研究问题

1. 为什么说非欧几何的创立是数学自我更新的结果？

2. 非欧几何在数学思想发展上有何突破？

3. 几何统一观是怎样形成的？数学分支的不断分化和综合说明了什么？

11 发展中的现代纯粹数学

内容提要

本章主要简介发展中的一些现代纯粹数学:抽象代数、拓扑学、泛函分析、代数几何、模糊数学和突变理论等。

20世纪是现代数学发展的繁荣时期,这一时期数学主要研究的是最一般的数量关系和空间形式。抽象代数、拓扑学、泛函分析是整个现代数学的主体部分。同时,变量数学时期新兴起的许多学科也在蓬勃地发展,内容和方法不断地充实、扩大和深入。集合论悖论的出现引发了数学史上的第三次危机,并最终导致了关于数学基础的深入探讨。

11.1 更抽象的现代纯粹数学

现代数学在19世纪积累的基础上呈现出飞速的发展,成为了一个分支众多的、庞大的体系。与变量数学时期相比具有更高的抽象性,并且导致了抽象代数、拓扑学和泛函分析等具有标志性的抽象分支的崛起。

11.1.1 抽象代数

抽象代数又称近世代数,包含有群论、环论、域论等许多分支,并与数学其他分支相结合产生了代数几何、代数数论、代数拓扑、拓扑群等新的数学学科。

从前面第九章已知,被誉为天才数学家的伽罗瓦是近世代数的创始人之一。他深入研究了一个方程能用根式求解所必须满足的本质条件,提出了"伽罗瓦群"和"伽罗瓦域"等概念,给方程可解性问题提供了全面而透彻的解答,解决了困扰数学家们长达数百年之久的问题。最重要的是,伽罗瓦群的概念使得代数学的研究对象突破了数的范畴,对近世代数的形成和发展产生了巨大影响。

在伽罗瓦之后,群和域的概念得到进一步的发展。1870 年,克罗内克给出了有限阿贝尔群的抽象定义;戴德金和克罗内克创立了环论;1893 年,韦伯(H. Weber, 1842—1913)提出了域的抽象理论,等等。但是直至 1920 年代,爱米·诺特(A. E. Noether, 1882—1935)及其学派才最终确立了公理化方法在代数学领域的统治地位。

图 11-1　爱米·诺特

爱米·诺特(图 11-1)是迄今为止最伟大的女数学家。她生于德国埃朗根,是家里 3 个孩子中最大的一个,父亲马克斯·诺特(Max Noether, 1844—1921)是埃朗根大学的数学教授。最初她的兴趣主要在于语言学,高中毕业后曾在学校教法文和英文,18 岁时开始对数学感兴趣。由于当时禁止女子进入大学,所以她只能在班上旁听,并一直坚持了两年,1907 获得博士学位。诺特对连续群不变式论的研究引起了 F. 克莱因和希尔伯特的注意,于是他们特邀请她去哥廷根工作。但是在哥廷根她却长期得不到正式职位,原因是当时德国大学评议会的大多数成员反对妇女出任讲师和教授。经过 3 年的抗争,她才取得了薪金微薄的讲师资格。1933 年,纳粹的排犹运动迫使诺特移居美国,先后在普林斯顿高等研究所和布林莫尔学院任教,1935 年因肿瘤手术去世。

诺特的工作在代数拓扑学、代数数论、代数几何的发展中有重要影响。1907—1919 年,她主要研究代数不变式及微分不变式,1920—1927 年间主要研究交换代数与交换算术,1916 年后,开始由古典代数学向抽象代数学过渡。1920 年,她已引入“左模”、“右模”的概念。1921 年的《整环的理想理论》是交换代数发展的里程碑。建立了交换诺特环理论,证明了准素分解定理。1926 年发表《代数数域及代数函数域的理想理论的抽象构造》,给戴德金环一个公理刻画,指出素理想因子唯一分解定理的充分必要条件。诺特的思想通过她的学生范德瓦尔登(B. L. Van der Waerden, 1903—1996)的名著《近世代数学》得到广泛的传播。她是抽象代数当之无愧的奠基人之一。

抽象代数使代数结构成为代数学研究的中心,而代数结构的研究对现代数学的发展有着深远的影响,布尔巴基学派正是受抽象代数思想的启发提出了一般的数学结构观点。到目前为止,数学家们已经研究过 200 多种这样的代数结构,它们使一般化和抽象化的思想在现代数学中得到了充分的反映。

11.1.2　拓扑学

拓扑学研究几何图形在连续变形下不变的性质(所谓连续变形,形象地说就是允许伸缩和扭曲等变形,但不许割断和粘合)。“拓扑学”是英文 Topology 的音译,起初称为“位置几何”。1847 年高斯的学生利斯廷(J. B. Listing, 1808—1882)首先使用了“拓扑学”一词,它源自希腊文 τοπος(位置、形势)和 λογος(学问)。

拓扑学的萌芽最早可以追溯到著名的哥尼斯堡七桥问题。哥尼斯堡(今俄罗斯加里宁格勒)是东普鲁士的首都,普莱格尔河横贯其中。18 世纪在这条河上建有七座桥,将河中间的两个岛和河岸联结起来。人们闲暇时经常在这上边散步,一天有人提出:能不能每座桥都只走一遍,最后又回到原来的位置。这个问题看起来很简单又很有趣的问题吸引了大家,很多人在尝试各种各样的走法,但谁也没有做到。1736 年,有人带着这个问题找到了当时的大数学家欧拉,欧拉经过一番思考,很快就用一种独特的方法给出了解答。他把这个问题首先简化，把两座小岛和河的两岸分别看作四个点，而把七座桥看作这四个点之间的连线。那么这个问题就简化成，能不能用一笔就把这个图形画出来。经过进一步的分析，欧拉得出结论——不可能每座桥都走一遍，最后回到原来的位置。并且给出了所有能够一笔画出来的图形所应具有的条件。

拓扑学在20世纪发展成为三个分支：组合拓扑学、点集拓扑学和代数拓扑学。1895—1905年，庞加莱（图11-2）通过组合方法来研究拓扑学，成为组合拓扑学的奠基人。庞加莱的拓扑学工作源于他的定性理论以及天体力学等的工作，其核心思想是，在许多情况下，我们可能求出精确解，这时可以通过定性的或较为粗糙的方法抓住解的本质特征，而拓扑学实际上就是反映诸如流形的这类最基本、最普通的特征的。

图 11-2　庞加莱

1906年，法国数学家弗雷歇（M. Fréchet，1878—1973）从点集论的观点研究连续性从而形成"点集拓扑学"或"一般拓扑学"。1914年，德国数学家豪斯多夫定义了抽象的拓扑空间，而且囊括了这类空间的初等性质以及有关概念，标志着点集拓扑学的正式诞生。此后，波兰学派和前苏联学派对拓扑空间的性质进行了深入的考察。

20年代末，抽象代数的巨大发展进一步推动了拓扑学的发展。诺特指出，拓扑不变量可以不限于数，而归结成群和环之类的代数结构。这大大地启发了拓扑学家,他们引进了同调群的概念,后来又引进了上同调群和上同调环等概念。1935—1936 年间,波兰数学家胡勒维茨(W. Hurewicz, 1904—1957)引进了 n 维同伦群概念。这样一来,拓扑学的组合方法被推广成为代数方法,从而形成代数拓扑学。1942 年,美国数学家莱夫谢茨(S. Lefschetz, 1884—1972)《代数拓扑学》一书的出版标志着代数拓扑学的正式成立。

目前,拓扑学已成为数学学科中最重要、最基础的一个分支。此外,拓扑学与其他学科结合产生、发展了一系列新学科,如大范围变分法等,并且已渗透到所有数学领域,甚至物理学、化学、生物学也都受到它的影响。

11.1.3　泛函分析

泛函分析是研究无限维抽象空间及其分析的学科,起源于变分法、微分方程、积分方程、函数论以及量子物理等。

1887 年意大利数学家沃尔泰拉(V. Volterra, 1860—1940)首先引进泛函演算及原始泛函和线性算子的概念。但是"泛函"这个名词却是由法国数学家阿达马提出的,他还鼓励自己的学生弗雷歇等研究沃尔泰拉的理论。1906 年,弗雷歇利用当时的集合论观念给出了一种关于函数和空间概念的崭新理解。这时候,函数概念被赋予了更为一般的意义。古典分析中的函数概念是指两个数集之间所建立的一种对应关系,现代数学的发展却是要求建立两个任意集合之间的某种对应关系。"空间"则被理解为某类元素的集合,这些元素按习惯被称作"点",它们之间受到某种关系的约束,这些关系被称之为空间的结构。弗雷歇在将普通的微积分演算推广到函数空间方面做了大量先驱性工作,是 20 世纪抽象泛函分析理论的奠基人之一。

大约与弗雷歇同时,希尔伯特对积分方程进行了系统的研究。他在前人研究的基础上,深刻认识了积分方程与无穷维多变元线性方程组之间的相似性,指出积分方程的有解性与无穷维多变元的收敛性条件有关。这样他实际上得到了具体的希尔伯特空间理论。然而,希尔伯特本人当时只是把它当作研究积分方程论的工具,并没有意识到它的革命性意义,而且也没有使用几何语言。抽象的希尔伯特空间理论是他的学生施密特(E. Schimidt, 1876—1959)得到的。他引进实和复的希尔伯特空间的几何观念,把函数看成是平方可和序列空间的点。

20世30年代起,泛函分析正式发展成为一门独立学科。波兰数学家巴拿赫(S. Banach, 1892—1945)进一步把希尔伯特空间推广成巴拿赫空间,并用公理加以刻画,形成了系统的理论。他在1932年出版的《线性算子理论》一书中统一了当时泛函分析的众多成果,成为泛函分析第一本经典著作。巴拿赫无疑也是现代泛函分析的奠基人。1926年冯·诺依曼(J. von Neumann, 1903—1957)来到埃朗根,把希尔伯特空间公理化,并把量子力学的数学基础建立在泛函分析的基础上。他还吸收抽象代数的思想,把希尔伯特空间的有界线性算子组成代数,开辟了算子代数的新分支。

20世纪40年代起,泛函分析取得了飞速的发展。施瓦尔茨(L. Schwartz, 1915—)将狄拉克函数发展为广义函数论,又称为"分布论",标志着函数概念发展史上的一个新阶段。

总之,泛函分析的产生有力地推动了其他分析分支的发展,使整个分析领域的面貌发生了巨大变化。泛函分析的观点与方法还广泛渗透到其他科学与工程技术领域。

11.2 代数几何

代数几何是用代数方法研究几何思想的学科,其兴起主要是源于求解一般的多项式方程组,后来推广到高维欧氏空间中的代数方程组所定义的代数簇。它的研究对象是平面的代数曲线、空间的代数曲线和代数曲面。

从笛卡儿创立解析几何之后,对代数曲线和代数曲面的研究已经相当系统。解析几何学的出发点是引进了坐标系来表示点的位置，同样，对于任何一种代数簇也可以引进坐标，因此，坐标法就成为研究代数几何学的一个有力的工具。

代数几何学的产生应该说是从黎曼开始的。黎曼 1857 年引入并发展了代数函数论，从而使代数曲线的研究获得了一个关键性的突破。他把函数定义在复数平面的某种多层复迭平面上，从而引入了所谓黎曼曲面的概念。运用这个概念，黎曼定义了代数曲线的一个最重要的数值不变量：亏格。这也是代数几何历史上出现的第一个绝对不变量。

在黎曼之后，德国数学家马克斯·诺特等人用几何方法获得了代数曲线的许多深刻的性质。诺特还对代数曲面的性质进行了研究。他的成果给以后意大利学派的工作建立了基础。从 19 世纪 80 年代末起，意大利的代数几何学派继承了诺特等的几何思想，开始对代数几何学，尤其是代数曲面进行研究，其代表人物是卡斯特尔诺沃（G. Castelnuovo, 1865—1952）、恩里奎斯（F. Enriques, 1871—1946）和塞维里（F. Severi, 1879—1961），他们主要的结果是代数曲面的分类。与此同时，以庞加莱、皮卡（C. E. Picard, 1856—1941）和莱夫谢茨为代表的法国学派直接继承了黎曼研究代数曲线的观点，使用超越方法，把单变量代数函数论推广成两个变量代数函数论。

20 世纪以来，代数几何学最重要的进展之一是它在最一般情形下的理论基础的建立。20 世纪 30 年代，范德瓦尔登在爱米·诺特的影响下着手把抽象理想论作为代数几何的新基础。他首先在代数几何研究中引进了交换代数的方法。韦依（A. Weil, 1906—1998）和美国哈佛大学数学家扎里斯基（O. Zariski, 1899—1986）的工作为代数几何学奠定了严格的基石。韦依于 1946 年出版经典名著《代数几何学基础》，把相交理想论建立在抽象域的基础上，同时把几何思想引入抽象代数的理论之中。此后代数几何学的研究进入了一个全新的阶段。

代数几何与数学的许多分支学科有着广泛的联系，如数论、解析几何、微分几何、交换代数、代数群、拓扑学等。代数几何的发展和这些学科的发展起着相互促进的作用。同时，作为一门理论学科,代数几何的应用前景也开始受到人们的注意,其中的一个显著的例子是代数几何在控制论中的应用。

11.3　模糊数学

模糊数学亦称不分明数学或弗晰数学。它不是让数学变得模糊的东西,而是要让数学进入具有模糊现象领域中去。

现代数学是建立在集合论的基础上的。集合可以通过外延来表示概念,而集合论中的关系和运算又可以表现判断和推理,一切现实的理论系统都可能纳入集合描述的数学框架。然而,经典集合论只能把自己的表现力限制在那些有明确外延的概念和事物上,它明确地限定:每个集合都必须由明确的元素构成,元素对集合的隶属关系必须是明确的,绝不能模棱两可。但是,在日常生活中,人们却经常遇到许多模糊事物,这些事物没有分明的数量界限,必须使用一些模糊的词句来形容、描述。比如,年老、高个子、大胖子、好、漂亮、善、热、远等等。有一个古老的希腊悖论:"一粒种子肯定不叫一堆,两粒也不是,三粒也不是……另一方面,所有的人都同意,一亿粒种子肯定叫一堆。那么,适当的界限在哪里?我们能不能说,123 585 粒种子不叫一堆而 123 586 粒就构成一堆?"确实,"一粒"和"一堆"是有区别的两个概念。但是,它们的区别是逐渐的,而不是突变的,两者之间并不存在明确的界限。换句话说,"一堆"这个概念带有某种程度的模糊性。模糊数学就是为了处理这些模糊的概念而产生的。

1965 年,美国控制论专家、数学家扎德(L. A. Zadeh, 1921—)发表了论文"模糊集合",标志着模糊数学的诞生。扎德 1921 年生于苏联巴库,1942 年毕业于伊朗德黑兰大学电机工程系,获学士学位。1944 年获美国麻省理工学院(MIT)电气工程系硕士学位,1949 年获美国哥伦比亚大学博士学位,随后在哥伦比亚、普林斯顿等著名大学工作。从 1959 年起,在加利福尼亚大学伯克利分校电气工程、计算机科学系任教授至今。

扎德大胆地对现代数学的基石——集合论进行了修改和扩充,提出用模糊集作为表现模糊事物的数学模型。他引入“隶属度”的概念来描述处于中介过渡的事物对差异一方所具有的倾向性程度。经典集合论中,确定一个元素是否属于某集合时,只能有两种回答:“是”或者“不是”。我们可以用两个值 0 或 1 加以描述,属于集合的元素用 1 表示,不属于集合的元素用 0 表示。然而上面提到的“年老”、“高个子”、“好”、“漂亮的人”等情况要复杂得多。假如规定身高 1.8 米算属于高个子范围,那么,1.79 米的算不算?照经典集合论的观点看:不算。但这似乎很有些悖于情理。如果用一个圆,以圆内和圆周上的点表示集 A,而且圆外的点表示不属于 A,A 的边界显然是圆周。这是经典集合的图示。现在,设想将高个子的集合用图表示,则它的边界将是模糊的,即可变的。因为一个人虽然不是 100% 的高个子,却还算比较高,在某种程度上属于高个子集合。这时一个元素是否属于集合,不能光用 0 和 1 两个数字表示,而可以取 0 和 1 之间的任何实数。例如对 1.75 米的身高,可以说具有 70% 属于高个子集合的程度。这样做似乎啰嗦,但却比较合乎实际。

事实上,对模糊性的讨论可以追溯得很早。20 世纪的大哲学家罗素在 1923 年一篇题为“含糊性”的论文里专门论述过今天称之为“模糊性”的问题,并且明确指出:“认为模糊知识必定是靠不住的,这种看法是大错特错的。”尽管罗素声名显赫,但这篇文章并未引起当时学术界对模糊性的很大兴趣。长期以来,人们一直把模糊看成贬义词,只对精密与严格充满敬意。但是,随着科技的不断发展,尤其是电子计算机的飞速发展,模糊性越来越受到人们的重视。可以说,模糊数学是伴随这计算机的发展而出现的。

模糊数学的研究可分三个方面:一是研究模糊数学的理论,以及它和精确数学、统计数学的关系;二是研究模糊语言和模糊逻辑;三是研究模糊数学的应用。在模糊数学的研究中,目前已有模糊拓扑学、模糊群论、模糊凸论、模糊概率、模糊环论等分支。

虽然模糊数学是一门新兴学科,但它已初步应用于自动控制、模式识别、系统理论、信系检索、社会科学、心理学、医学和生物学等方面。总之,模糊数学将越来越显示出它的巨大生命力。

11.4 突变理论

突变论是研究客观世界非连续性突然变化现象的一门新兴学科,自20世纪70年代创立以来,十数年间获得迅速发展和广泛应用,引起了科学界的重视。

在自然界和人类社会活动中,除了渐变的和连续光滑的变化现象外,还存在着大量的突然变化和跃迁现象,如水的沸腾、岩石的破裂、桥梁的崩塌、地震、细胞的分裂、生物的变异、人的休克、情绪的波动、战争、市场变化、经济危机等。突变论正是试图用数学方程描述这种过程。突变论的研究内容简单地说,是研究从一种稳定组态跃迁到另一种稳定组态的现象和规律。

"突变"一词的原意是指灾难性的突然变化,即"灾变",是强调变化过程的间断或突然转换的意思。突变论的主要特点是用形象而精确的数学模型来描述和预测事物的连续性中断的质变过程。它的创始人是法国数学家菲尔兹奖获得者托姆,他于1975年出版的《结构稳定性和形态发生学》一书阐述了突变理论,宣告突变理论的诞生。

突变理论主要以拓扑学、奇点理论为工具,并通过对稳定性结构的研究,说明了有的事物不变,有的渐变,有的则是突变,从而提出了一系列的数学模型,用以解释自然界和社会现象中所发生的不连续的变化过程,描述各种现象为何从性状的一种形式突然地跳跃到根本不同的另一种形式。按照突变理论,自然界和社会现象中的大量的不连续事件,可以由某些特定的几何形状来表示。

突变论认为,系统所处的状态,可用一组参数描述。当系统处于稳定态时,标志该系统状态的某个函数就取唯一的值。当参数在某个范围内变化,该函数值有不止一个极值时,系统必然处于不稳定状态。托姆指出:系统从一种稳定状态进入不稳定状态,随参数的再变化,又使不稳定状态进入另一种稳定状态,那么,系统状态就在这一刹那间发生了突变。突变论给出了系统状态的参数变化区域。

托姆是一位卓有成就的拓扑学家,他以协边理论的创造驰名于世。20 世纪 60 年代以来,他致力于高维空间曲面的研究,用微分拓扑的方法分析曲面的奇点,并进行分类。托姆提出,发生在三维空间和一维时间的四个因子控制下的突变,有七种突变类型:折叠型、尖顶型、燕尾型、蝴蝶型、双曲脐型、椭圆脐型以及抛物脐型等。其中折叠型最简单,尖顶型应用最广。例如,水由液体转化为气体或者由液体凝结为固体,都可以用尖顶型来描述。

齐曼(E. C. Zeeman, 1925—)在突变理论研究起了很大的推动作用,他是英国沃里克大学著名的数学教授,早年也致力于拓扑学,颇有建树。当他接触到托姆的理论后,便被吸引住了。他组织了一个研究团体,悉心钻研,扩展应用,短短几年间连续发表 400 多篇论文。俄国拓扑学家阿诺尔德(V. I. Arnold, 1937—)对突变理论的数学基础也做了许多杰出的工作。

通过突变论能够有效地理解物质状态变化的相变过程,理解物理学中的激光效应,并建立数学模型。通过初等突变类型的形态可以找到光的焦散面的全部可能形式。应用突变论还可以恰当地描述捕食者-被捕食者系统这一自然界中群体消长的现象。过去用微积分方程式长期不能满意解释的,通过突变论能使预测和实验结果很好地吻合。突变论还对自然界生物形态的形成做出解释,用新颖的方式解释生物的发育问题,为发展生态形成学做出了积极贡献。此外,应用突变论还可以设计许许多多的解释模型,例如经济危机模型等。总之,突变理论正被越来越多地应用到各个领域。

11.5 第三次数学危机与三大学派

11.5.1 第三次数学危机

19 世纪 70 年代,康托尔创立了著名的集合论。集合论刚产生时,曾遭到许多人的猛烈攻击,如克罗内克等,但不久这一开创性成果就为广大数学家所接受,并成为现代数学的基础。庞加莱在 1900 年国际数学家大会上宣称:"借助集合论概念,我们可以建造整个数学大厦……今天,我们可以说绝对的严格性已经达到了。"但就在第二年,英国逻辑学家罗素提出的一个"悖论"却指出,作为现代数学基础的集合论存在漏洞！这一发现直接导致了第三次数学危机。

罗素悖论是:集合 S 由一切不是自身元素的集合所组成。然后问:S 是否属于 S 呢? 如果 S 属于 S,根据 S 的定义,S 就不属于 S;反之,如果 S 不属于 S,同样根据定义,S 就属于 S。无论如何都是矛盾的。

1919 年罗素又以通俗的形式给出上述悖论,即"理发师悖论":某乡村理发师宣布了一条原则,他给村子里所有不给自己理发的人理发。那么试问,理发师是否给自己理发呢? 如果他给自己理发,则不符合自己提出的原则,因此,不应该给自己理发;如果他不给自己理发,那么根据他的原则,又应该给自己理发。

其实,在罗素之前集合论中就已经发现了悖论。如 1897 年,布拉利-福蒂(C. Burali-Forti, 1861—1931)提出了最大序数悖论。1899 年,康托尔自己发现了最大基数悖论。但是,由于这两个悖论都涉及集合中的许多复杂理论,所以只是在数学界揭起了一点小涟漪,未能引起大的注意。罗素悖论则不同。它非常浅显易懂,而且所涉及的只是集合论中最基本的东西。所以,罗素悖论一提出就在当时的数学界与逻辑学界内引起了极大震动。如德国数学家弗雷格在收到罗素介绍这一悖论的信后伤心地说:"一个科学家所遇到的最不合心意的事莫过于是在他的工作即将结束时,其基础崩溃了。罗素先生的一封信正好把我置于这个境地。”

为了消除悖论,数学家纷纷提出自己的解决方案。人们希望能够通过对康托尔的“朴素集合论”进行公理化改造来排除悖论,这就需要建立新的原则。“这些原则必须足够狭窄,以保证排除一切矛盾;另一方面又必须充分广阔,使康托尔集合论中一切有价值的内容得以保存下来。”1908 年,策梅罗(E. F. F. Zermelo, 1870—1953)在自己这一原则基础上提出第一个公理化集合论体系,后来经弗兰克尔(A. A. Fraenkel, 1891—1965)改进,称为策梅罗-弗兰克尔公理系统。这一公理化集合系统很大程度上弥补了康托尔朴素集合论的缺陷,成功排除了集合论中出现的悖论,而对集合论中开展全部经典分析所需要的主要内容得以保留。但策梅洛-弗兰克尔系统本身是否保证不会出现新的矛盾呢?庞加莱曾形象地评论道:“为了防狼,羊群已经用篱笆圈起来了,但却不知道圈内有没有狼。”

11.5.2　三大学派

罗素悖论对数学而言有着更为深刻的影响,它导致了数学家对数学基础的深入研究。围绕着数学基础之争,形成了关于数学基础的三大学派,即:以罗素为代表的逻辑主义;以布劳威尔(L. E. J. Brouwer, 1881—1966)为代表的直觉主义和以希尔伯特为代表的形式主义。

一、逻辑主义

罗素在 1903 年出版的《数学的原理》中提出了逻辑主义的基本思想。他与怀特海(A. N. Whitehead, 1861—1974)合著的《数学原理》(1910—1913)是逻辑主义的权威性论著。在这部著作中,罗素企图把数学还原为逻辑,他认为全部数学可以由逻辑推导出来——数学概念可以借助逻辑概念来定义,数学定理可以由逻辑公理按逻辑规则推出,逻辑的展开则是依靠公理化方法进行。

逻辑主义从一开始就遭到批评,“因为如果数学只是一套逻辑演绎系统,那么它怎么可能反映广泛的自然现象呢?它又怎样能够有创造力呢?它又怎样能够产生新观念呢?”罗素悖论的出现,使得这一派遭到的攻击更大。庞加莱挖苦他们“逻辑主义的理论倒不是不毛之地,什么也不长,它滋长矛盾,这就更加让人受不了”。罗素-怀特海用了几年时间写出了《数学原理》论证了自己的观点,仍不免遭到讥讽。庞加莱挖苦他们费很大力气去定义1,说“这是一个可钦可佩的定义,它献给那些从来不知道1的人”,别人也说这一套完全是中世纪的教条。更有人指出这种方法的人为性、烦琐性。尤其是可化归公理,显然是硬加上的,没有任何自然之处。尽管如此,逻辑主义总算还能自圆其说。

对逻辑主义致命打击的是哥德尔的不完全性定理,它证明了从逻辑并不能推出算术的正确性来,显然把数学全部化归为逻辑彻底失败了。但是,罗素等人的历史功绩是不可磨灭的,他们为数学奠定了逻辑基础。在一段时期内,《数学原理》是一部引导数学逻辑家的经典,至今它还有一定的意义。

二、直觉主义

直觉主义的先驱是克罗内克和庞加莱,但作为一个学派则是荷兰数学家布劳威尔创立的。他在1907年博士论文《论数学基础》中阐述自己对数学基础问题的观点,1912年以后又大大发展了这方面的理论。

布劳威尔认为数学直觉的世界和感觉的世界是互相对立的,日常的语言属于感觉世界,不属于数学。数学独立于语言存在,而逻辑是从属于语言的,它不是揭露真理的工具,而是运用语言的手段。正因为如此,数学中最主要的进展不是靠逻辑形式完美化而得到,而是靠基本理论本身的变革。

直觉主义坚持数学对象的“构造性”定义,要求证明任何数学对象的存在,必须同时证明它可以用有限步骤构造出来。因此,直觉主义不承认使用反证法的存在性证明,在集合论中也只承认可构造的无穷集合。这种有限的可构造性主张导致了对古典数学中普遍接受的“排中律”的否定。

布劳威尔像康德(I. Kant, 1724—1804)和庞加莱一样,认为数学定理是先验综合真理。他在1912年的阿姆斯特丹大学就职演说中,他承认由于非欧几何的发展,康德的空间学说不可信。但他同弗雷格和罗素相反,仍然坚持康德的观点,算术是从对时间的直觉导出的。由于现代数学是建立在算术基础上的,所以整个数学也是如此。正是时间单位的序列产生序数的概念,而连续统[0,1]只是不可用新单位穷尽的居间性,他认为几何学也依赖于这种直觉。他认为除了可数集合之外,没有其他集合,所以ω以上的超穷数都是胡说八道,像0与1之间所有实数的集合是毫无意义的。这点他在1908年罗马召开的国际数学家大会上讲过,数学无穷集合只有一个基数,即可数无穷。

布劳威尔的学说获得了一定的拥护者,外尔早在1920年左右就表示效忠于直觉主义,从而激起希尔伯特的极大愤怒。他在批判的同时,给出了自己思索已久的方案。这一方案以“希尔伯特”纲领著称,通常也叫形式主义纲领。

三、形式主义

一般认为形式主义的奠基人是希尔伯特,但是他自己并不自命为形式主义者。1904年,希尔伯特在德国海德堡召开的国际数学家大会上提出第一个证明算术无矛盾性的打算。在这篇题为《论逻辑和算术的基础》的报告开头,希尔伯特评论对于算术基础的不同看法。他认为所有困难都可以通过给数的概念建立完全而严格的基础而得到克服,这就是公理化方法。

从1917年起的二十多年时间里,希尔伯特将主要精力放在了数学基础的研究上。1917年他在苏黎世发表一篇演说,题目是“公理思想”。他认为,要想深入研究就必须对数学证明的概念进行深入的研究。既然逻辑推理可以符号化,进行数学的研究,为什么证明不行呢?他提出了证明论的一般思想和目标,但是没有具体化。

希尔伯特第一篇证明论的工作是1922年发表的,在《数学的新基础:第一篇》中,他论述如何把数论用有限方法讨论,而数学本身却一般需用超穷方法。他指出用符号逻辑方法可以把命题和证明加以形式化,而把这些形式化的公式及证明直接当作研究对象。在 1922 年在德国自然科学家协会莱比锡会议上,他做了《数学的逻辑基础》的演讲,更进一步提出了证明方法。要求有限主义,即经过有限步不推出矛盾来即为证明可靠,这称为希尔伯特计划。

其实早先弗雷格已经坚持认为需要有明显的符号系统,明显的公理及推演规则,明显的证明。希尔伯特定走的更远,他提出这样一种明显理论本身也作为一种数学研究的对象,且应用适当的方法来判定它是否无矛盾,这种做法一般称为元数学。

希尔伯特建议两条最基本的原则:一、形式主义原则,所有符号完全看作没有意义的内容,即使将符号、公式或证明的任何有意的意义或可能的解释也不管,而只是把它们看作纯粹的形式对象,研究它们的结构性质;二、有限主义原则,即总能在有限机械步骤之内验证形式理论之内一串公式是否一个证明。应用数学方法于这样一个形式理论,避免涉及无穷的推断,这就排除了康托尔集合论的方法。这个思想是只应用靠得住的方法,因为要证明数学或其一部分无矛盾的方法是大家公认可靠的,整个数学才有牢固的基础。

昔日争论“势不两立”的三大派,关于数学基础的认识都未果。后来淡化了争论,三大派都转向与数学家一道把精力投入到数理逻辑的研究,共同推动了现代数理逻辑的产生与发展。

11.6 数学发展中心的迁移

数学发展中心的形成及其转移对数学发展有着重要的影响。近代以来,由于数学教育的发展,数学迅速地在意大利、英国、法国、德国、俄罗斯等国发展起来,形成了一个又一个的研究中心。文艺复兴时期的意大利是当之无愧的数学中心,17 世纪时这一中心逐渐转移到英国,18 世纪时又转移到法国,并一直延续到 19 世纪后期。但是,在第一次世界大战中,法国把年轻的数学家和大学生都送到前线大批死亡,加上过分狭窄的研究领域,使得法国逐渐失去了国际数学中心的地位。

对 20 世纪数学的开创和发展起着核心作用的是德国哥廷根学派。哥廷根是德国中部一座历史悠久的大学城,1737 年建立了哥廷根大学。1795 年,高斯来到哥廷根,从此开创了哥廷根的学术传统。狄利克雷和黎曼继承并发展了高斯的事业,然而,哥廷根学派的全盛时期却是从克莱因和希尔伯特开始的。1886 年,克莱因来到了哥廷根,他巨大的学术威望,加上非凡的组织能力,对哥廷根数学的繁荣做出了很大的贡献。他做的第一件事就是把希尔伯特请到哥廷根。在他们两人的携手努力下,20 世纪初的 30 多年间,哥廷根成为名副其实的国际数学中心,世界各地的大批青年学者涌向那里,特别是美国。据统计,1862—1934 年间获外国学位的美国数学家 114 人,其中 34 人是在哥廷根获得博士学位的。

然而,哥廷根这个盛极一时的数学中心却在法西斯的浩劫下毁于一旦。1933 年希特勒上台,掀起了疯狂的种族主义与排犹风潮,使得哥廷根的主要数学家移居美国,希尔伯特也在极其孤寂和抑郁悲愤的情况下离世。外尔和冯·诺依曼在美国的普林斯顿高等研究所任教授,诺特则在布林莫尔学院,库朗(R. Courant, 1888—1972)在纽约大学任教,并创办了举世闻名的应用数学研究所。从此以后,美国数学居国际领先地位,普林斯顿取代哥廷根成为国际数学的中心,一直至今。

俄罗斯是当今的又一数学大国。俄国的数学有良好的传统,早在 18 世纪,欧拉这位大数学家在彼得堡工作过 31 年,19 世纪俄国出现了创立非欧几何蜚声全球的数学家罗巴切夫斯基。19 世纪后半叶,形成了以切比雪夫为首的彼得堡学派。进入 20 世纪以后,莫斯科学派发展迅速,在函数论方面做出巨大世界贡献,自 20 年代以来,莫斯科的函数论学派取代法国跃居首位,60 年代以后,苏联数学更有重大进展。现在的莫斯科也被人们视为世界的数学中心之一。

当今世界数学发展的格局是，美国和俄罗斯继续领先，西欧紧随其后，日本正在迎头赶上。

阅读材料　希尔伯特的23个数学问题

1900年8月，德国数学家希尔伯特在巴黎国际数学家大会上作了题为《数学问题》的著名演讲。他根据19世纪数学研究的成果和发展趋势提出了23个数学问题，这些问题涉及现代数学的许多重要领域，一直激发着数学家们浓厚的研究兴趣。

1. 连续统假设。1963年获得解决。

2. 算术公理体系的相容性。

3. 只根据合同公理证明两等底等高四面体体积之相等是不可能的。1900年已获证明。

4. 直线作为两点间的最短距离。该问题尚未完全解决。

5. 不要定义群的函数的可微性假设的李的连续变化群概念。1952年已解决。

6. 物理公理的数学处理。希尔伯特首先提到的概率论的公理化已于1933年完成。

7. 某些数的无理性与超越性。

8. 素数问题。黎曼猜想、哥德巴赫猜想均未解决。

9. 任意数域中最一般的互反律之证明。已解决。

10. 丢番图方程可解性判别。已有人证明希尔伯特所期望的一般算法不存在。

11. 系数为任意代数数的二次型。已获重要结果。

12. 阿贝尔域上的克罗内克定理在任意代数有理域上的推广。此问题尚未解决。

13. 不可能用仅有两个变数的函数解一般的七次方程。连续函数情形1957年解决。

14. 证明某类完全函数系的有限性。1958年给出了否定解答。

15. 舒伯特计数演算的严格基础。代数几何已建立,但演算的合理性仍未解决。

16. 代数曲线与曲面的拓扑。未解决。

17. 正定形式的平方表示。1926 年已解决。

18. 由全等多面体构造空间。1910 年解决了一部分。

19. 正则变分问题的解是否一定解析。未解决。

20. 一般边值问题。

21. 具有给定单值群的微分方程的存在性。

22. 解析关系的单值化。

23. 变分问题的进一步发展。

思考与研究问题

1. 20 世纪现代纯粹数学发展有什么特点?
2. 数学的发展与社会、政治、文化环境之间有何关系?

12 发展中的现代应用数学

内容提要

现代社会中,随着自然科学、技术与人文科学的发展,数学的作用于日趋广泛。综不仅是解决各种现实问题的工具,而且成为自然科学、技术发展的重要思想方法,在国计民生的方方面面发挥着巨大的作用。与此同进,不断涌现出的现实问题也为数学的发展注入了不竭的动力。

本章简介发展中的现代应用数学的产生与发展:独立的应用数学学科;渗透其他应用的学科;计算机等。

12.1 独立应用学科

12.1.1 算法思想的特征

算法这个名称最早源于9世纪阿拉伯数学家花拉子米的一本著作。在这本著作中花拉子米用算法概括算术四则运算的法则。20世纪初,希尔伯特提出了著名的23个数学问题,其中很多都涉及问题解决的判定问题。即对某些函数,能否用明确规定次序的有限步计算过程,来达到该函数所要求的结果。如果有这样的算法,函数是“可计算的”,如果肯定不存在这样的算法,则称该函数是“不可计算的”。

1935年,正在剑桥皇家学院读书的图灵(A. M. Turing,1912—1954),在听了数理逻辑学家纽曼的课程后,开始注意希尔伯特的判定问题,并进行了潜心的研究。该问题要求判定是否存在一种有效的算法(今天在计算机科学中称为“程序”),把某个结论从一组给定的假设中用逻辑方法推演出来。图灵将算法看作一个机械的过程或者是一组规则,它规定了人们在任何情况下必须执行的某类操作的指令。

1936年4月,图灵发表了“论可计算数及其在判定问题上的一个应用"的论文,形成了"图灵机"的重要思想。他用反证法证明了:任何可计算其值的函数都存在相应的图灵机;反之,不存在相应图灵机的函数就是不具有可可函数值算法的函数。他对计算的概念进行了令人折服的机械化论证,回答了"什么是计算"这个听似简单,实则非常深刻的问题。

20 世纪 60 年代,柯勃汉与爱德华兹创立了算法有效性的一种判定法则:区分算法是否有效,要以图灵机为基本的计算工具,用图灵机上完成计算的步数(即图灵程序)来评估一个算法是否有效。如果存在确定的整数 A 和 k,对于长度为 n 的输入数据,计算可以在至多 An^k 步内完成(对任意的 n 值),这个算法则称为多项式时间算法,它是"有效"算法。

12.1.2 概率论与数理统计

概率论是一门较早的学科,但由于古典概率中概念含糊,对"任意选择"的不同理解,造成"一题多解",出现了不唯一的答数!为了克服古典概率的缺点,人们开始从创建概率的公理系统入手来改造古典概率,1905 年法国数学家波莱尔(E. Borel,1871—1956)用他创立的测度论语言来表述概率论,为克服古典概率的弱点打开了大门。从 20 世纪 20 年代起,苏联的大数学家柯尔莫戈罗夫(А. Н. Колмогоров)开始从测度论的途径来改造概率论。1929 年,他发表论文《概率论与测度论的一般理论》,首次给出了测度论为基础的概率论公理结构。1930 年他的作品《概率论中的解析方法》开创了无后效随机过程一般理论(即马尔科夫过程)。1933 年他以德文出版了经典名著《概率论基础》,建立了柯尔莫戈罗夫公理化概率论。

1934 年,柯尔莫戈罗夫的学生辛钦(А. Я. Хинчин,1894—1959)提出所谓"平稳过程"理论,所谓平稳过程是指随机现象中其统计性质不随时间变化的随机的过程。1942 年,日本数学家伊藤清(Itô. Kiyosi,1915—)引进了随机积分与随机微分方程,为随机分析的建立奠定了基础。1949 年柯尔莫戈罗夫与格涅坚科

(B. B. Гнеденко)合作写出《独立随机变量和极限分布》一书，成为弱极限理论的经典著作。20 世纪 50 年代中期，柯尔莫戈罗夫与他的学生阿诺尔德(V. I. Arnold,)以及美国数学家莫泽(J. Moser)合作，研究微扰之下的 Hamilton 系统的动力学基本问题，建立了著名的 KAM 定理。20 世纪 60 年代，柯尔莫戈罗夫开创了“演算信息论”和“演算概率论”两个新分支，讨论了如何判定一个二进数列是随机的。

下面看下数理统计的历史。从 19 世纪末到第二次世界大战结束，数理统计得到蓬勃发展并日臻成熟。英国数学家皮尔逊(K. Pearson,1857—1936)是使用数学方法系统研究生物统计的第一人。他用数理统计的方法得出生物统计学和社会统计学的基本法则，他用回归和相关理论系统地将生物进化数量化，潜心研究数据的分布理论，并先后提出标准差、正态曲线、概率、相关等一系列数理统计学名词和概念。进一步发展了回归分析和相关的理论，他于 1900 年提出检验拟合程度的 χ^2 统计量和 χ^2 分布，建立了 χ^2 检验法。

英国科学家戈塞特(W. S. Gossett,1876—1937)是小样本统计理论的创造者。他在酿酒公司担任酿造化学技师期间，注意到供酿酒用的每批麦子质量相差很大，每批样本在不同的温度下做实验，其结果相差很大。这样一来，实际上取得的麦子样本只能是小样本。小样本理论就是在这样的背景下孕育的。1908 年，他以“Student”为笔名发表了论文《平均数的规律误差》，提供了 t 检验的基础，此举成为统计推断理论发展史上的里程碑。

作为一门独立的学科，现代数理统计的奠基人是英国数学家和生物学家费希尔(R. A. Fisher,1890—1962)，1922 年出版了他的现代统计的基础性著作《理论统计的数学基础》，对统计中的多元分析、相关系数、样本分布及其在生物遗传与优生方面的应用，进行了系统深入的阐述。他的主要贡献在估计理论、假设检验、实验设计和方差分析等方面。在他的手里，数理统计学脱离生物计量学的范围获得独立。他提出“统计总体”的概念，脱离具体事物而进行抽象的研究。他所提出的 z 分布由他的学生改进后被称为 F 分布。他领导的伦敦大学数理统计学派在 20 世纪上半叶一直处于领先地位。中国的许宝騄(1910—1970)也在伦敦大学获博士学位,在多元分析、极限定理方向上有杰出的工作。

1940 年,瑞典数学家克拉默(C. H. Cramer,1893—)发表《统计学的数学方法》,这部书收集了半个多世纪以来的数理统计研究成果,它标志着数理统计作为一门独立的数学分支正式确立。这本书运用测度论方法总结数理统计的成果,使现代数理统计趋于成熟。

第二次世界大战期间,美籍罗马尼亚数学家瓦尔德(A. Wald,1902—1950)为解决军方提出的军需验收的实际问题提出"序轴抽样"方法。1947 年,他的专著《序贯分析》出版,使序贯分析成为数理统计的一个新分支,瓦尔德的思路是:先抽少量样本,根据分析结果决定是否继续抽样以及再抽取多大的样本,直至一定精度而止。这种方法在战后获得巨大的发展。瓦尔德还用博弈的观点看待数理统计,定义统计推断的风险函数,于 1950 年出版他的名著《统计决策函数》一书。

12.1.3 运筹学

运筹学是运用数学方法解决生产、国防、商业和其他领域中的安排、筹划、控制、管理等有关问题的应用数学的分支。

运筹学一词原意为作战研究,最早产生于第二次世界大战中的英国,用以解决空防雷达信息系统与战斗机系统的协同配合问题。运筹学研究在 1940 年英国对付德军空袭的战斗中建有奇功,由于决策正确及其他因素,英国最后取得了不列颠空战的胜利。这一研究不仅影响了第二次世界大战的进程,也为运筹学争得了荣誉。此后不久,美国、加拿大等国军队也成立了以运筹学命名的研究小组。到第二次世界大战结束时,军事运筹学的研究工作者,估计在 700 人以上。

美国海军的运筹学小组研究用飞机搜寻潜艇、轰炸德国潜艇的效益问题。为保证大西洋上的运输船队的安全,美国运筹学小组提出了若干建议包括如何配备护航舰队减少受潜艇攻击造成的损失,提高战机搜索潜艇的效率,确定深水炸弹投放深度以提高命中潜艇的概率。这些研究成果都曾付诸实施,取得实际战果。现在,它已发展为一门独立的学科:搜索论。

战后运筹学被引入民用方面,研究内容不断扩充而形成一门蓬勃发展的新兴的应用科学。目前,运筹学已包括数学规划论、博弈论、排队论、决策分析、图论、可靠性理论、库存论、搜索论等许多分支,统筹与优选也可列入运筹学的范畴。

第二次世界大战结束之后,军队中的运筹学工作者在英国成立了"运筹学俱乐部",定期讨论运筹学如何从军事转入民用工业。1950 年,世界上第一种运筹学杂志在英国出版。1952 年,美国运筹学学会成立。1959 年又成立了国际运筹学会联盟。各国都有自己的运筹学杂志。运筹学研究已成为国家发展的重要研究课题。

运筹学的分支学科中,以线性规划的研究最为深入,实用效果也最为明显,经济效益惊人。1939 年,苏联的坎托罗维奇(Л. В. Канторович)发表《生产组织和计划中的数学方法》一书是规划论的开始。这本书被认为是数理经济学和管理科学的早期经典著作。1947 年,美国的丹齐格(G. B. Dantzig,1914—)独立地在美国发展了线性规划理论,特别是他设计了一种叫单纯形法的算法,作为求解线性规划问题的计算工具,这一方法一直沿用至今。这之后数学家们得到了线性规划论沿不同方向的推广。如果目标函数或约束条件中出现非线性表示,就称为非线性规划。贝尔曼(R. Bellman,1920—1984)1957 年发表专著《动态规划》,标志着动态规划学科的建立。动态规划寻求使含有时间变量的目标函数取最大或最小的策略即最优策略。

12.1.4 信息论

信息论的创始人是美国的仙农(C. E. Shannon,1916—2001)。

他在贝尔电话实验室从数学上和技术上研究“通信”、“信息”、“消息”等概念,其顶点则是1948年在《贝尔系统技术杂志》上发表的《通信的数学理论》,这篇分两期刊出、长达80余页的文章成了信息论的开端。

仙农首先采用严密的数学方法对信源、信息、信息量、信道、编码、解码、传输、接收、滤波等一系列基本概念,进行严格的数学描述和定量度量,使得信息研究由粗糙的定性分析阶段进入精密的定量阶段,并因此而发展成一门真正的科学学科。

仙农在1948年发表的原始论文,并未期望对通信系统会有广泛的工程技术应用,然而人们很快就意识到仙农所提供的工具对实际通信十分有效。仙农的论文一发表就震撼了科学界。全新的思想,独创的方法,一时成为人们争相仿效典范。过去的几十年,现代的信息技术在仙农的基础上迅猛发展,诸如信号的数字化、微波技术、卫星通信都成为巨大的产业。由于电子计算机的长足发展和迅速普及,信息科学正向医学、生物学、遗传工程、管理科学、经济学等几乎所有的社会科学和自然科学的各个学业科渗透、融合,甚至渗入到人们的日常生活中。

12.1.5　控制论与维纳

控制论是解决通信中的“滤波问题”和战争中“预报问题”而发展起来的应用数学。自20世纪初发明了无线电波通信之后,设计过滤噪声、复原信息的装置,就成为技术领域中的一项重要课题——滤波问题。第二次世界大战中,飞机速度不断提高,为使火焰能有效击中高速飞行的飞机,美国数学家维纳(N. Wiener, 1894—1964)受命设计高射炮控制系统。这就是所谓的“预报问题”。独具慧眼的维纳发现滤波和预报两类问题可以用统计的观点给出统一的处理,从而建立起控制理论。维纳注意到,一项信息,不论它是以电的、机械的还是神经的方式传送,都可以看作依时间分布的可测量事件的序列,即统计学家所称的时间序列。

维纳意识到这些问题的研究与生物神经的控制活动有着极

大的类似性。于是他来到墨西哥国立心脏研究所,与生理学家、电工学家、数学家、逻辑学家们一道探讨,逐步形成了系统的控制理论。1948 年,维纳的名著《控制论》发表,宣告经典控制论诞生。维纳使用数理统计和调和分析的数学理论,用时间序列观点处理信息的转换、提取、加工和预测。它依赖于系统的传递函数和频率特性。

20 世纪 60 年代以后,逐渐形成了研究系统调节与控制的一般规律的现代控制论。现代控制论的奠基者主要有苏联的庞特里亚金(Л. С. Понтрягин)、美国数学家卡尔曼(R. E. Kalman, 1930—)、贝尔曼。庞特里亚金极大值原理、卡尔曼滤波以及前面提到的贝尔曼动态规划最优化原理,是现代控制论的三大基石。现代控制论与经济管理、运筹学相结合,产生了系统工程学,成为应用广泛的一门学科。

维纳是把纯数学和工程技术紧密结合的典范。他认为:"数学家不能无视客观世界,必须运用数学而且承担解决应用问题的道义责任。"

12.2 数学渗透其他学科

12.2.1 数理经济学

20 世纪 40 年代以来,经济学研究的数学化,导致了数理经济学的诞生。参与这门交叉学科建立和发展的有冯 · 诺依曼等著名数学家。冯 · 诺依曼与摩根斯顿(O. Morgenstern, 1902—)合著的《博弈论与经济行为》提出竞争的数学模型并应用于经济问题,成为现代数理经济学的开端。20 世纪 50 年代以来,数学方法在西方经济学中占据了重要地位,以致大部分诺贝尔经济学奖都授予了与数理经济学有关的工作。

线性规划论被美籍荷兰经济学家库普曼斯(T. C. Koopmans, 1910—1985)应用于经济学而获得极大成功,其详细情况前已提及,不再赘述。

用数学工具(包括数理统计方法)对经济指标进行统计、分析、确定一些经济要素之间的函数关系,以及对生产组织和资源分配进行最优规划等,已经成为经济学家和经济管理计划人员发现和掌握经济规律、降低成本创造财富的常用基本手段。特别是一个大经济模型其中饮食的数学方程少则数百多则上万,变量可达数万个,如果没有数学的帮助,这种模型是无法建立的。经济计量模型曾经多次满意地预测到一些经济形势的变化趋势,从而证明它是有效的。

数理经济学的一个突出成果是关于一般经济平衡的理论。1954 年,阿罗(K. J. Arrow,1921—)和德布洛(G. Debreu,1921—)合作,他们运用拓扑学中的角谷静夫不动点定理,终于在很一般的假设条件下,证明了平衡价格的存在。1970 年,德布洛运用微分拓扑学中著名的萨德定理证明了平衡价格的存在唯一性问题。

1994 年的诺贝尔奖授予数学家纳什(J. F. Jr. Nash,1928—)。他的获奖论文只有两页,内容是说在一个多人有关的对策问题中,一定存在一个平衡点,此时每个参与者为了改善自己的利益而采取的对策都无效。该理论现称为“纳什平衡论”这类从抽象公理出发 20 世纪中叶的经济学中变得十分时髦,形式主义公理化的一般平衡理论所提供的数学框架,先后被许多其他经济学理论广泛使用。

1972 年布莱克(F. Black)和斯科尔斯(M. S. Scholes)将期权定价问题转化为一个随机微分方程的解,从而导出了期权定价公式。大量的经验数据符合他们的公式,从此,衍生证券理论就蓬勃地发展起来了。

12.2.2 生物数学

生物数学最早发源于生物统计学,1901 年英国的皮尔逊把统计思想用于进化论,创办《生物计量学》杂志。后来英国的费希尔也为统计学和生物学结合作出了重大贡献,前面已论述。

20 世纪 20 年代中期,意大利生物学家达松纳研究地中海各种鱼群的变化及彼此影响,不能解释鲨鱼的增长比一般小鱼的增长更快这一现象,求教于他的同事——意大利数学家沃尔泰拉,1926年沃尔泰拉建立了一个数学模型,用微分方程描述了捕食者与被食者之间的相克相生的图景。这一模型称为沃尔泰拉原理,已在许多生物学领域中应用。从此微分方程成为建立各种生物模型的重要工具。

另一种方法就是用概率论的方法研究种群的增长。其中一个重要的工具是马尔可夫过程理论。1945年,莱斯利创造了一个矩阵模型法,建立了离散年龄等级的离散时间模型。它不仅能算出经过时间 t 后种群的大小,还能从初始年龄分布,找出经过一段时间以后的种群年龄分布。这一方法已应用于构造种群的生命表,在人口问题上当然更有重要意义。

20世纪50年代是数学与生物学结缘的良好时期。这一时期,科学家们发现了脱氧核糖核酸(DNA)的双螺旋结构,这拉开了抽象的拓扑学与生物学结合的序幕。1969年以来,数学家与生物学家合作在计算双螺旋"环绕数"(刻画两条闭曲线相互缠绕情况的拓扑不变量)方面取得了许多进展。1984年,关于纽结的新的不变量——琼斯多项式的发现,使生物学家有了一种新的工具对他们在DNA的结构中观察到的纽结进行分类。

生物界现象的复杂程度远远超过物理现象和化学现象,它所使用的工具必然多样化。目前,数学方法几乎已渗透到生物学的每一个角落,统计生物学、数学生态学、数学遗传学、数学生物分类可作为其中的四大分支。从1960年代以来,这四大分支几乎每年都有国际会议,全世界以生物数学为主的杂志已达40余种。生物数学的发展正方兴未艾。

12.2.3 数学物理

物理学应用数学的历史较长,进入20世纪后,数学相继在应用于相对论、量子力学以及基本粒子理论等方面取得了一个又一个突破,极大地丰富了数学物理的内容,同时也反过来刺激了数学自身的进步，成为产生新思想、新问题及新方法的一个源泉。

1905 年，爱因斯坦（A. Einstein，1879—1955）发表了狭义相对论。物理学界迅速给以认可，数学家也立刻加入研究。法国数学家庞加莱从洛伦兹群作用下的不变量的角度研究狭义相对论的数学基础；而电磁理论和引力场的研究使德国数学家闵可夫斯基（H. Minkowski，1864—1909）给相对论提供了新的几何框架。前三维是用通常的 x, y, z 轴标志，第四维则模仿复数的虚数部分，加入了想像的第四维 $\mathrm{i}ct$，i 是虚数单位，c 是光速。这样的空间被称为闵可夫斯基空间，其中距离 s 是 $\sqrt{x^2+y^2+z^2-c^2t^2}$，这一重大改变，使闵可夫斯基空间和欧氏空间有本质的不同。牛顿力学是研究欧氏空间中伽利略变换下的不变量，而爱因斯坦的相对论力学则是研究闵可夫斯基空间中在洛伦兹变换下的不变量。

爱因斯坦的下一目标是建立广义相对论，他把四维时空想像为弯曲的，其上定义有曲线距离，即黎曼几何学中的黎曼流形。于是他向数学家格罗斯曼（M. Grossmann，1878—1936）请教。格罗斯曼告诉他，研究高维流形需要黎曼几何和张量理论。1913 年，爱因斯坦和格罗斯曼联合发表论文，把距离看作张量，用张量理论来表述广义相对论。但有一些疏漏。1915 年 11 月 25 日，爱因斯坦提交了《引力场方程》的论文，标志着广义相对论的诞生。在爱因斯坦提交该论文的前五天，希尔伯特也送出一篇论文，其中有和爱因斯坦一样正确的引力场方程，许多结果是爱因斯坦文章中所没有的，特别是他运用了变分理论，得出了一些新的成果。

另一方面，物理学家向微观世界进军。对原子核内部的研究，积累了大量牛顿力学所不能解释的现象：波粒二象性、测不准原理。1920 年代初，矩阵力学开始出现，1925 年薛定谔（E. Schrdinger，1887—1961）的波动力学诞生，它们所预言的事实和实验完全符合。后来，狄拉克（P. A. M. Dirac，1902—1984）又证明矩阵力学和波动力学是一致的。量子力学用波函数描述微观粒子的运动状态，以薛定谔方程确定波函数的变化规律，物体在某处出现的概率，用波函数加以描述。数学家们立即为量子力学提供了合适的数学架构。1927 年,冯 · 诺依曼出版《量子力学的数学基础》成为一时的经典总结。其所用方法就是泛函分析,即在希尔伯特空间上的自伴算子理论。

1918 年,大数学家外尔提出了规范理论,这一理论启发了杨振宁(1922—),可以把规范理论从电磁学推广出去,这就产生了杨振宁-米尔斯(R. L. Mills,1927—)在 1954 年提出的非交换规范场理论,并推动了纤维丛理论的发展。这一规范理论在粒子物理中显示了强大的生命力。数学家们很快发现物理规范势实际上是微分几何中纤维丛上的联络,不仅如此,人们还发现规范场的杨-米尔斯方程是一组在数学上有重要意义的非线性偏微分方程。1975 年以来,对杨-米尔斯方程的研究取得了许多重要成果,展示了统一场论的诱人前景,同时也推动了数学自身的发展。

1981 年以来兴起的"超弦理论",正成为数学家与物理学家携手合作的又一个活跃领域。超弦理论也是以引力理论、量子力学和粒子相互作用的统一数学描述为目标,其中用到的数学已涉及微分拓扑、代数几何、微分几何、群论与无穷维代数、复分析与黎曼曲面的模理论等。

12.3 计算数学

12.3.1 数值机械计算的产生与发展

人们现在大都把第一台机械计算机的荣誉归功于法国的帕斯卡,但鲜为人知的是,在帕斯卡之前,德国科学家席卡尔德(W. Schiccard,1592—1635)曾经制作出一台更出色的计算机器。

1623 年,席卡尔德教授为自己的挚友、天文学家开普勒制作了一种机械计算机。人们是在他的一封信里发现了该机器的示意图, 才知道了这个事实。席卡尔德计算机能做 6 位数加减法,也能进行乘除运算,不幸被一场大火烧毁样机模型。1960 年,席卡尔德家乡的人根据示意图重新制作出席卡尔德计算机,惊讶地发现它确实可以工作。1993 年 5 月,德国为席卡尔德诞辰 400 周年举办展览会,隆重纪念这位被一度埋没的计算机先驱。

17世纪最值得称颂的计算机发明当然属于法国科学家帕斯卡。在电脑史前史里,帕斯卡被公认为制造出机械计算机的第一人。自16岁开始,帕斯卡就在构思一种计算机。1642年,帕斯卡19岁那年他获得了成功,他称这架小小的机器为"加法器"。帕斯卡发明的加法器第一次确立了计算机器的概念。

18世纪末,法国数学界调集大批数学家,组成了人工手算的流水线,经过长期艰苦奋斗,终于完成了17卷《数学用表》的编制,但是,手工计算出的数据出现了大量错误。这件事情强烈刺激了巴贝吉(C. Babbage,1792—1871),20岁那年,他着手开始计算机的研制工作。巴贝吉的第一个目标是制作一台"差分机"。巴贝吉耗费了整整10年时间,于1822年完成了第一台差分机,可以处理3个不同的5位数,计算精度达到6位小数,当即就演算出好几种函数表。1833年他构思了一台新的机器——分析机。这台机器在设计思想即有程序控制的完全自动计算的思想和现代计算机已很接近,但由于当时历史条件所限没能成功。

1873年,美国人鲍德温(F. Baldwin)利用自己过去发明的齿数可变齿轮,设法制造出一种小型计算机样机,并立即申报了专利。两年后专利获得批准,鲍德温开始大量制造这种供个人使用的小机器。由于它工作时需要摇动手柄,被人称为"手摇式计算机"。3年后,即1878年,寄居俄国的瑞典工程师奥涅尔(V. T. Odenr,1845—1905)在欧洲也生产出类似的手摇式计算机。19世纪末,奥涅尔与企业家合作,在俄国大批量生产这种机器。其他国家的许多公司也纷纷上马,根据奥涅尔计算机的原理生产计算机。在电子计算器发明前手摇计算机一直是办公室和家庭主要的计算装置。

1890年,美国人口普查局的统计学家霍勒里斯(H. Hollerith)博士,首先用穿孔卡完成了第一次大规模数据处理。在霍勒里斯制表机支持下,第12次人口普查的统计工作仅用了6个星期时间,其中一部分时间还被用来处理上次普查的遗留问题。这种制表机为人口普查局节省了约500万美元费用。制表机穿孔卡第一次把数据转变成二进制信息。在早期计算机系统里，用穿孔卡片输入数据一直沿用到20世纪70年代，数据处理也发展成为电脑的主要功能之一。

1937年11月，美国AT&T贝尔实验室研究人员斯蒂比兹(G. Stibitz，1904—1995)用继电器充当计算机的开关元件。做成了世界上第一台电磁式的数字计算机。1938年，他在这台机器的基础上，设计出用于复数计算的全电磁式计算机，使用了450个二进制继电器和10个闸刀开关，由3台电传打字机输入数据，能在30秒钟算出复数的商。一年后，他带来一台电传打字机到新罕布什尔州的达特默斯，出席在那里召开的美国数学协会年会。斯蒂比兹将电传打字机用电话线连接上远在纽约计算机，异地操作进行复数计算，又开创了计算机远程通讯的先河。这台机器后来被贝尔实验室命名为Model-1，一直使用到1949年。

另一位发明家德国人楚泽(K. Zuse，1910—1995)也发明出了电磁式计算机。楚泽在不知美国科学家研制计算机的消息，甚至也没有听说巴贝吉和霍勒里斯的名字的情况下，在黑暗中摸索，靠着顽强的毅力，居然在1938年完成了一台可编程数字计算机Z-1。第二年，他的朋友给了他一些电话公司废弃的继电器，楚泽用它们组装了第二台计算机Z-2。这时，他的工作引起德国飞机实验研究所的关注，他得到了一笔资助。1941年，第三台电磁式计算机Z-3完成，使用了2600个继电器，用穿孔纸带输入，实现了二进制数字程序控制。然而，在一次空袭中，楚泽的住宅和包括Z-3在内的计算机统统都被炸毁。1945年，楚泽又建造了一台比Z-3更先进的Z-4计算机。

在计算机发展史上占据重要地位的电磁式计算机叫Mark Ⅰ，它是电脑“史前史”里最后一台著名的计算机。Mark Ⅰ发明人、美国哈佛大学艾肯(H. Aiken)博士在图书馆里发现了巴贝吉和阿达的论文后，他写了一篇《自动计算机的设想》的建议书，提出要用机电方式，而不是用纯机械方法来构造新的“分析机”。为了获得研制经费,已在海军军械局任职的艾肯中尉,找到IBM公司沃森求助。沃森慷慨地提供了100万美元,有IBM作坚强后盾,计算机研制在哈佛大学里进行,艾肯为它取名Mark Ⅰ,又叫做“自动序列受控计算机”。1944年,经过4年的努力,Mark Ⅰ在哈佛大学正式启动。它装备了3000多个继电器,共有15万个元件和长达800公里的电线,每分钟能够进行200次以上运算。女数学家霍波(G. Hopper,1906—1992)为它编制了计算程序,并声明该计算机可以进行微分方程的求解。Mark Ⅰ计算机能自动实现人们预先选定的系列运算,甚至可以求解微分方程,终于实现了巴贝吉分析机的夙愿,但是,这种机器从它投入运行的那一刻开始就已经过时,因为人类社会已经跨进了电子时代。

12.3.2 电子计算机

在这之前的计算机,都是基于机械运行方式,尽管有个别产品开始引入一些电学内容,却都是从属与机械的,还没有进入计算机的灵活:逻辑运算领域。而在这之后,随着电子技术的飞速发展,计算机就开始了由机械向电子时代的过渡,电子越来越成为计算机的主体,机械越来越成为从属,二者的地位发生了变化,计算机也开始了质的转变。

计算机的历史和未来在第二次世界大战期间,美国宾夕法尼亚大学摩尔电工学院为陆军计算炮火火力表,提出了高速计算工具的紧迫需求,于1943年开始研制第一台电子计算机,设计师是美国计算机界的先驱莫希莱(J. W. Mauchly,1907—1980)和埃克特(J. P. Eckert,1919—1995)。其间,冯·诺依曼加入这项工作,并以过人的智慧对一些关键问题作出了贡献。在他们的共同努力下,世界上第一台电子计算机ENIAC于1946年2月投入运行。这台计算机用了18000个电子管,重30吨,耗电150千瓦,占地面积达170平方米,每秒钟仅能完成5000次加减运算,最重要的特点是,它能按照人们所编好的程序自动地进行计算。从此,计算机进入了一个飞速发展的崭新时代。

冯·诺依曼于1945年6月提出一个全新的存贮程序通用电子计算机方案(EDVAC)并付诸实践,这是第一台程序内存的自动计算机,这台机器在第一颗氢弹的研制中起了很大作用。

12.3.3　数学定理机械化证明简介

计算机发展的最终目标是模拟人类智能,用机器代替人的思维,而不仅仅是进行计算。定理机器证明在人工智能的发展中有重要影响。这里所说的机器证明是指针对一整类问题的一般的机械化证明,而且有别于像四色定理证明中那样通过完成必要的巨量数值或组合计算来得出定理的证明。

定理机械化证明的早期研究者有波兰数学家塔斯基(A. Tarski,1901—1983)和美籍华人数学家王浩等。20世纪50年代,塔斯基用代数方法证明了初等几何的机械化证明是可能的。王浩在1960年公布了他的成果,在一台速度不高的计算机(IBM704)上证明了罗素-怀特黑德《数学原理》中一阶逻辑部分的全部350条定理。

20世纪60年代,斯拉格和莫色斯实现了符号积分,代数与分析计算问题的机械化已经初具规模。接着,格兰特等提出用逻辑方法建立几何推理机,科林斯等改进了塔斯基的代数方法,但是直到1975年,仍找不到能用计算机判定几何命题的有效算法。正当这一领域的热情由于进展缓慢而趋于冷落之际,中国数学家吴文俊提出了定理的机器证明的方法——“吴方法”,使困难的几何定理证明可以在计算机上得到实现,作出了“自动推理”领域开拓性贡献(其他情况见13.4节)。

用计算机证明几何题,必须为计算机提供一种机械的“计算”程序。一般机器证明包括三个步骤:首先,从几何公理系统出发,引进数式与坐标系,使任何几何定理的条件和结论都写成代数式,从而几何证明成为纯代数问题。其次,将定理假设部分的代数关系式进行整理。第三,依确定的步骤,验证定理结论部分的代数式可由假设部分的代数式推出。最后,按上述步骤编写程序,并在计算机上实现。由一些代数式出发去推出另一些代数式成立,一般没有什么固定的方法可以套用。所以,机器证明的关键是上述的第三个步骤。

机器证明研究一般又称为自动推理研究,其涉及的领域相当广泛。在我国近些年的国家重点科研项目——攀登计划项目中,研究的主要方向是几何定理的机器证明和非线性代数方程组理论、算法、应用。目前,在几何定理机器证明方面,我国处于国际领先地位。在非线性方程组研究领域,我国也已进入先进行列。

阅读材料　数学的用处难以预计

在几十年前,一个名叫 Allan M. Cormack 的工程师,寻找一个不经手术而能准确确定一个体内物体的位置和密度的方法,在那时,只有 X 射线是可以利用的,而它们只给出二维信息。

(假定)在平面上有一密度不均匀的物体,我们不能看见里面的阴影部分,但是通过用射线穿过它,来看一下从另一边出来多少,我们能测量出沿一条直线的物质总量。问题是从该信息重现物体内部的密度。

结果,这个问题的数学解已经历了许多年,可以追溯到名为 Radon 这位数学家的工作。由于 Radon 的解答,Cormack 明白了把 X 射线从许多不同角度照射,你就能够决定体内目标位置和形态。因而导致 CAT 扫描,即人体器官的三维图像。这一原理已被扩张为磁共振图像 MRI,分辨率更高。在这两个技术中,本质上我们只是大量测量 1-维的度量,然后应用数学技巧来重造三维图像。更近的 PET 扫描即正电子发射层面 X 光照相术,也是利用这一相同的技术发展而成。它可以测出代谢作用以及人体结构,这次应用了 Dirac 的反粒子。

顺便说一下,发射层面 X 光照相术中的数学使用了一种算法,那是在 20 世纪 60 年代分析苏联的通信密码而产生的。

Cormack 对 Radon 变换的应用已远不限于医学,正如他自己最近注意到,在古人类学中,它已被用于某个生活在大约200万前的Pless夫人,对Pless夫人耳室的CAT扫描证实了其他方法认为是对的结论,我们的曾曾曾直至第N代曾祖母是直立行走的。

Radon技术也被用于海洋学,在这里,它能用来决定海洋的温度,这不仅仅是一个学术上的问题,因为海洋的部署度极大地影响陆地上天气模式。传统的用于测量比方说为300平方公里这样大的区域的方法是,把温度计从船上扔到水中,然后船只沿格子来回行驶,船只速度是这么慢,以致在测量完成前温度已发生了变化。然而,利于声音发射器及探测器,海洋学家能够测量出水温的声音波动的速率。通过许多次的发射及探测后,很快他们就有足够我的住处来使用Radon技巧。为完成这个不平凡的事情,用老办法,他们需要一个能行驶接近3000节(海里/小时)的船只。

有多得多的技术可以利用Radon问题,但我们只提两个,1938年,一个美国天文学家使用它来测量靠近太阳的恒星的速率分布;在1958年,一个澳大利亚的天文学家利用它来描述一张月球亮度分布图。

顺便提一下,Cormack大夫在1979年获得了诺贝尔医学奖。

(选自P·A·格列菲斯在普林斯顿高等研究所新数学楼落成式上的讲话:《Mathematics——From Servant to Partner》)

思考与研究问题

1. 数学的应用在信息时代有什么特点,请作出你的分析。
2. 今日数学应用对数学教育有什么影响,请谈谈你的看法。

13 中国数学的现代化

内容提要

本章主要介绍明清时期的西方数学传入与数学翻译,中国现代数学教育和现代数学发展概要。

西方数学经过文艺复兴后,迅速发展为近代数学,而中国传统数学在经过了宋元的辉煌后,到明代则转入低潮。此消彼涨下中国传统数学逐渐落后于西方数学。16、17 世纪,天主教传教士来华,出于传教的目的,他们向中国人介绍了西方当时的数学等科技知识。从此拉开了中国数学现代化历程的帷幕,至 20 世纪中国传统数学已经基本退出了历史的舞台。

13.1 明清之际西方数学的传入

耶稣会士在西方数学传入的过程中扮演着重要角色。1534 年,西班牙人罗耀拉(I. de Loyola, 1491—1556)在巴黎创立了耶稣会,1540 年该会得到教皇保罗三世的正式认可。耶稣会成立的宗旨是增进耶稣基督的荣耀,为此,耶稣会士可以不惜一切代价地去征服和消灭全世界的异教徒,他们甚至可以远渡重洋,到美洲大陆和亚洲传教。耶稣会在各地的传教事业均取得了很大的成功,这些都与他们自身的特点是分不开的。首先,耶稣会士很重视教育,他们大都具有较高的文化和科学素养。该会规定,每个学员都必须通过一定的自然科学知识训练。其次,耶稣会士不仅对宗教事业极度狂热,而且个个富有计谋,传教策略灵活多变。在西方文献中,"耶稣会士"的另一个意思就是"狡猾的人、伪善者"。

利玛窦是耶稣会在华活动的奠基人物。1552 年 10 月 6 日,利玛窦出生于意大利马切拉塔的一个药店老板家庭,1561 年进入耶稣会学校学习。1568 年离开家乡,前往罗马,最初学习法律,1571 年加入耶稣会。此后曾在罗马学院学习天文和数学知识。

1577 年离开罗马，前往葡萄牙，1578 年到达印度。

在罗马时，利玛窦因为善于数学而闻名，也正是因此而被选派往中国传教。1582 年他奉远东传教团视察员范礼安(A. Valignano, 1539—1606)神父之命前往中国，首先到达澳门，次年转往肇庆。他在此期间努力学习汉语，并应中国士人的要求而绘制了第一幅中文世界地图。一段时间后，利玛窦逐渐有名起来，拜访的人日益增多，其中的一个叫瞿太素。瞿太素是江苏人，自幼聪颖却整日游手好闲，沾染各种恶习，终因迷恋炼金术而穷困潦倒，靠其父往日朋友接济过活。他 1589 年去肇庆拜访朋友时听说利玛窦会炼金术，便去拜师学习，后来在利玛窦的影响下开始学习西方数学，并翻译了欧几里得《几何原本》第一卷。这是《几何原本》最初的中文译本。

1598 年利玛窦到北京，想拜见万历皇帝却没有成功。第二年，他回到南京，在那里广交朋友，宣扬基督教，传播西方天文学、地理学和数学等。特别在 1596 年 9 月 22 日，他在南昌成功地预测了一次日食，并因此而声名鹊起，被誉为数学家和天文学家。由于这个原因，也由于瞿太素的诱发，向利玛窦学习数学的人逐渐多起来。

图 13-1　徐光启与利玛窦

利玛窦为了传教的目的把西方数学介绍到中国，起初这些数学知识仅在少数士人之间流传，虽然瞿太素等人也曾自发地学习、翻译西方数学著作，但是由于条件的限制并没有产生大的影响。1600 年，徐光启到南京，初次拜访了尚在南京传教的利玛窦(图 13-1)。第二年，利玛窦又一次进

图 13-2 李之藻

入北京,并结识了李之藻(1565—1630)(图 13-2)。此后,在徐光启和李之藻二人的努力下,利玛窦开始正式翻译西方数学著作。1606 年由利玛窦口译,徐光启笔录开始翻译欧几里得《几何原本》,次年完成了前 6 卷。同年,他们又合作翻译《测量法义》,于 1608 年完成。1608 年起,利玛窦与李之藻合作,相继完成了《圜容较义》和《同文算指》等著作。《测量法义》是一部关于陆地测量的数学著作,《圜容较义》介绍比较图形的几何学,其中包括多边形之间、多边形与圆之间、锥体与棱柱之间、正多面体之间等的关系。《同文算指》(1613 年)主要是介绍欧洲笔算的一部著作,内容包括整数和分数四则运算、比例、级数、方程以及多元一次方程组等。虽然此书的主要内容来自西方数学,但也有部分内容取自中国传统数学。

天文历法、气象关系农业收成,每个朝代都关切这个问题,在明代,历法改革的需要也客观上刺激了西方数学的传播。1629 年历官推五月乙酉朔日食失误,而徐光启依新法预推密合。于是礼部决定开设历局,命徐光启督修历法。出于改历的需要,徐光启招龙华民(N. Longobardo, 1565—1655)、邓玉函(J. Terrenz, 1576—1630)、汤若望(J. A. S. Von Bell, 1592—1666)、罗雅谷(G. Rho, 1592—1638)等传教士到局编译《崇祯历书》。这是一部介绍当时欧洲天文学家第谷(Tycho Brahe, 1546—1601)地心说的巨著,全书卷帙浩繁。为了给历法计算的方法建立一个有力的数学理论基础,他们翻译了欧洲当时的几何学和三角学,包括邓玉函的《大测》和《割圆八线表》以及罗雅谷的《测量全义》等。

入清以后,有更多的传教士来中国传教,他们吸取前辈们成功的经验,采取了科技传教的策略,继续向中国人介绍西方数学知识,其中以法国耶稣会士最为著名。1678年,南怀仁(F. Verbiest,1623—1688)写信给欧洲耶稣会总会,要求派遣更多懂得天文、数学的耶稣会士来中国帮助开展传教事业。与此同时,法国皇家科学院也准备派遣耶稣会士到东方进行舆地调查以及天文观测。1684年,耶稣会士洪若(J. de Fontaney, 1643—1710)、白晋、刘应(C. de Visdelou, 1656—1737)、张诚被法国皇家科学院任命为通讯院士,同年,法国国王路易十四派他们及其他两位耶稣会士前往中国。这些耶稣会士大都精通数学,而且是由国王派遣,所以被称为"国王数学家"。洪若等人到达北京后受到了康熙皇帝的接见,其中,张诚和白晋被留在宫中教授康熙数学。应康熙的要求,张诚和白晋曾用满语给他讲解欧几里得《几何原本》,此本是后来编写《数理精蕴》时的底本之一,对清代学者有较大影响。

在"国王数学家"以后,又有多名法国耶稣会士来华。其中傅圣泽(J. F. Foucquet, 1665—1741)还接替白晋,为康熙皇帝讲授数学。有一天他在伴读时,皇帝谈起代数,并希望知道他对代数的想法。傅圣泽回答时提到了一种"新代数",它比"旧"代数更简单且具一般性。康熙要傅圣泽以此为题写一篇文章。于是,傅圣泽便写了《阿尔热巴拉新法》,并呈送给皇帝。该文是介绍欧洲符号代数的最早著作,"阿尔热巴达"即 Algebra 的音译。虽然康熙试图和他的几个儿子一起学习符号代数,但是由于他不能领会符号代数的优越性,而最终舍弃了这一方法,使得符号代数的传播一出生便夭折。

虽然由于康熙个人的原因而使得符号代数的传播受到阻碍,但是他对数学的浓厚兴趣,也极大地促进了西方数学在中国的传播,《数理精蕴》的编纂则是对当时传入的西方数学的一次总结。

1713年,康熙皇帝下旨在畅春园之蒙养斋设立算学馆,并由他亲自任教,由皇子掌管。算学馆设立的目的就是为了编纂天文、音律和数学书籍。该馆编纂的书籍为《律历渊源》,是一部百科全书式的大型著作,包括《历象考成》、《数理精蕴》和《律吕正义》。《历象考成》和《律吕正义》分别为关于天文历法以及音律方面的著作。《数理精蕴》53卷,分上下两编。上编"立纲明体"共5卷,分别为《数理原本》、《几何原本》和《算法原本》。下编"分条致用"共48卷,分为首部、线部、面部、体部和末部。总之,《数理精蕴》主要是一部对西方数学知识的翻译著作,其中也收入了中国传统数学的部分内容。由于《数理精蕴》是奉皇帝之命编纂,所以在清代流传很广,成为当时数学教育和学习的主要教材和参考书,对清代中国数学的发展有深远的影响。

在西方数学传入的初期,中国学者便致力于中西数学的会通,徐光启首先提出了"会通以求超胜"的思想,李之藻在编纂《同文算指》时做了初步尝试。薛凤祚(?—1680)的《历学会通》、方中通(1633—1698)的《数度衍》都是会通中西的著作。清初学者研究中西数学有心得的著作中影响较大的有王锡阐(1628—1682)《圜解》、梅文鼎(1633—1721)《梅氏丛书辑要》以及年希尧《视学》等,其中《视学》是第一部介绍西方透视学的著作。梅文鼎是集中西数学之大成者。他对传统数学中的线性方程组解法、勾股形解法和高次幂求正根等方面进行了整理和研究,使濒临枯萎的传统数学出现了生机。总之,明清之际既是西方数学大量传入的过程同时也是中西数学相互融合的过程。

13.2 清末的数学翻译

雍正朝采取闭关锁国的政策,禁止传教士在华活动,暂时终止了西方数学的传入。以焦循、汪莱、李锐(1768—1817)等为代表的乾嘉学派对宋元以来的传统数学进行的发掘整理,并在此基础上取得了一定的成果。第一次鸦片战争后,西方数学再次由传教士传入中国。与第一次数学的传入不同,这一时期以翻译和学习西方数学为主。

1860 年以前,在翻译西方科学技术书籍方面贡献最大的是上海墨海书馆。1843 年,英国伦敦会传教士麦都斯(W. H. Medhurst, 1796—1857)在上海居住,并将他早年在巴达维亚开办的印刷所迁到上海,是墨海书馆之始。此后曾有多位传教士相继在墨海书馆工作,其中对西方数学传播影响最大的是伟烈亚力。

伟烈亚力是英国伦敦会传教士,1847 年到达上海。他在英国时并未受过系统的科学教育,后来借助于马若瑟的《汉学启蒙》和一本汉文《新约全书》开始自学汉语,并着手编写英汉词典。1846 年,他被伦敦会传教士理雅各(J. Legge, 1817—1890)选中,被派去负责经营墨海书馆。出于传教的目的,伟烈亚力来华后不久便开始致力于西方数学知识的传播。1852 年,伟烈亚力结识了李善兰,并请他翻译西方的数学和天文学书籍。伟烈亚力在李善兰的帮助下学习了中国传统的数学,1853 年,他自撰《数学启蒙》,在书中介绍了霍纳数值开方法,并将之与秦九韶的增乘开方法做了比较,认为二法实质相同。伟烈亚力认为《数学启蒙》只是适用于学生的启蒙读物,真正的高深的数学是代数和微积分,于是在数年后与李善兰合作翻译了《代数学》和《代微积拾级》等著作。

图 13-3　李善兰

李善兰(图 13-3),字壬叔,浙江海宁人。他自幼嗜好数学,三十岁以后渐渐有研究心得,开始著书。1852 年,结识伟烈亚力后开始翻译并研习西方数学,曾任京师同文馆算学总教习。

1852年,李善兰开始与伟烈亚力合译《几何原本》后9卷,完成后由韩应阶出资刊刻。1865年曾国藩将其与利马窦、徐光启合译的前6卷一起刊刻,至此《几何原本》终于有了完整的中译本。但是全本《几何原本》的译成并未对后来的中国数学发展起到太大的作用。相反,伟烈亚力和李善兰合译的《代数学》和《代微积拾级》引起了清末数学家的极大兴趣。

《代数学》是根据英国数学家德摩根所著《代数学基础》(1835)翻译而成的。该书是一部代数学原理性著作,同时也包括微积分初级知识。这是自傅圣泽介绍符号代数失败后,首次系统讲述符号代数学的中文读本。

《代微积拾级》是根据美国数学家罗密士(E. Loomis, 1811—1899)所著《解析几何与微积分基础》(1850)翻译而成的。全书主要分解析几何、微分和积分三部分,由于罗密士原著并不是一部学术著作,而是一般的教材,所以其理论性并不是很强。然而,正是这部教材性的著作,一经翻译就引起了中国学者的重视。徐有壬(1800—1860)、华蘅芳等都曾做过研究。

除上述三部著作外,李善兰在墨海书馆时还与伟烈亚力合译了《数理格致》,与艾约瑟合译《重学》附《圆锥曲线说》等书籍。《数理格致》译自牛顿《自然哲学的数学原理》,是牛顿《原理》的第一个中文译本。《圆锥曲线说》则是对《重学》中数学方法的解释。

第二次鸦片战争以后,清政府的部分官员开始进行"求强致富"的洋务运动,主张学习西方的科学技术,来达到富国强兵的目的。1865年,曾国藩会同李鸿章在上海创办江南机械制造局,进口美国的机器设备,聘请"洋匠"制造西式枪炮和轮船。1867年,徐寿(1818—1884)建议在江南制造局设置翻译馆,翻译西方科技书籍,得到曾国藩的支持,并于1868年正式设立。该馆的数学著作主要是由傅兰雅和华蘅芳两人译成的。

傅兰雅出生于英国肯特郡,1861年毕业于伦敦海伯里师范学院,同年被选中到香港圣保罗书院教书。1863年,他到北京担任京师同文馆英文教习,1865年到上海任英华学塾校长,1866年起兼任《上海新报》编辑。1868年,傅兰雅受聘到江南制造局任翻译。此后,他与中国学者合作翻译了大量书籍,内容涉及数学、物理、化学、矿冶、机械等多个方面。

图13-4　华蘅芳

华蘅芳(图13-4),字若汀,江苏常州人。他少年时不善诗文,却对算学有浓厚的兴趣,曾广泛收集各类算书,在中国传统数学方面有着坚实的基础,20岁时购得《数理精蕴》,开始接触西方数学。1859年,华蘅芳在上海墨海书馆时认识了李善兰,见到了《代数学》和《代微积拾级》。但是他认为这两部著作不适合初学者学习,于是与傅兰雅合作翻译了《代数术》和《微积溯源》等书籍。

《代数术》和《微积溯源》两书均译自19世纪初英国数学家沃利斯为《大英百科全书》第四版写的词条。这两部著作内容浅显易读,全书结构清晰,因此,刊刻后立即成为学习代数学和微积分的主要教材。

除上述两部著作外,傅兰雅和华蘅芳还翻译了《三角数理》和《决疑数学》等书籍。《三角数理》译自海麻士(J. Hymers, 1803—1877)所编的《平面和球面三角》。该书系统论述了以代数法表述及解决三角函数的方法及理论。《决疑数学》译自伽洛瓦(T. Galloway, 1796—1851)为《大英百科全书》写的词条"概率",并补以安德生(R. E. Anderson)为《钱伯斯百科全书》撰写的《概率论,或然性,或平均理论》。此为西方概率论知识第一次系统传入中国。

除江南制造局以外,当时还有传教士翻译或撰写一些数学著作,其中较为重要的有狄考文(C. W. Mateer, 1836—1908)与邹立文合译的《形学备旨》、《代数备旨》、《笔算数学》,以及潘慎文(A. P. Parker, 1850—1924)和谢洪赉(1873—1916)合译的《代形合参》和《八线备旨》等。这些书籍大都译自罗密士撰写的数学教科书,内容并没有超过伟烈亚力、李善兰以及傅兰雅和华蘅芳所译的著作。

13.3 数学教育的现代化

数学作为六艺之一,自周代起就被列入国学教育范围之内,唐、宋科举考试中还间开明算科。然而,由于中国传统教育的目的是修身、齐家、治国、平天下,所以数学教育一直没有受到重视,直到清末才有了质的发展。

1862 年,京师同文馆的创立标志着新式教育的开始。该馆初期仅为一所语言学校,4 年后添设天算馆。然而,天算馆的数学教育却是从 1868 年李善兰任算学教习后才正式开始的。当时,上海同文馆及广东同文馆已经开设数学课程多年,它们各自将馆中较为出色的学生送往北京。这些学生与在北京招收的学生一起成为京师同文馆天算馆的早期学员。该馆算学课程主要有代数学、几何学、微积分学等,虽然也保留有一些传统数学的科目,如九章算法,但大部分都是西方数学的内容。同文馆早期毕业的学生中,席淦(1845—1917)等均曾从事过数学教育工作,并各有著作传世。通过他们西方数学知识得到更为广泛的传播。

除京师同文馆外,在洋务运动期间,还建立了上海同文馆、广东同文馆以及各地方的军事和实业学堂。在这些学堂中,数学,主要是西方数学知识,均被列为教学内容。

清末的一些书院中也从事数学教育,其中数学教育最为突出的是求志书院。1878 年,上海冯焌光筹库银 2 万两创建求志书院。该书院分经、史、掌故、词章、地舆、算学六斋。求志书院创办之初曾为新学表率,各地纷纷效仿,但甲午之后,由于转型陈旧,于1901年停办。求志书院算学斋斋长刘彝程是清末著名的数学教育学家,曾与李善兰、华蘅芳等均有往来。他任斋长期间,培养了一批优秀的学生,这些学生后来大都从事数学教育工作,对数学教育的发展做出了贡献。

1904年,清政府废除了科举制度,中国数学教育开始纳入现代教育的范畴。辛亥革命后,高等数学教育更是取得了重大的发展。1912年,北京大学首创数学门,1919年改称数学系,是中国第一个大学数学系,标志着中国高等数学教育的开端。北京大学的前身是1898年设立的京师大学堂,1902年京师同文馆也并入京师大学堂。因此可以说,北京大学数学系是自京师同文馆以来数学教育发展不断积累的结果。1904年,京师大学堂选派47人赴日本、西欧各国留学。冯祖荀(1880—1940)被送往日本京都大学学习数学,回国后在北京大学任教,并主持数学系的工作。

胡明复(1891—1927)是中国第一位获得博士学位的数学家。1910年,胡明复考取了庚子赔款第二届留美生,进入了美国著名的康乃尔大学文理学院学习,1914年夏,以优异的成绩毕业,获文理学士学位。毕业前后,他与部分中国留美学生筹备创立"中国科学社"和《科学》杂志,立志为振兴中国的科学事业尽力,走上了科学救国的道路。1914年,胡明复入哈佛大学研究院,专攻数学,从事积分方程论的研究,1917年完成博士论文,获哲学博士学位。他回国后与其兄胡敦复(1886—1978)等合办上海大同大学,1918年创建大同大学数学系,并主持工作多年。1927年不幸溺水早逝。

图13-5　姜立夫

姜立夫(1890—1978)(图13-5)是第二位博士,他于1918年荣获哈佛大学博士学位不久便回国,1920年受聘于刚成立不久的南开大学,并于同年创办了南开大学算学系,兼任系主任。

抗战时期,姜立夫只身前往昆明西南联大任教,并成立了"新中国数学会"。1940 年底,他受命筹建中央研究院数学研究所,1947 年成立后任第一任所长。这是中国第一个数学研究所。

经过积极筹备,清华学校算学系于 1927 年正式成立,郑之藩(1887—1963)任第一任系主任。1928 年清华学校改称清华大学,郑之藩推荐早年留学法国的熊庆来(1893—1969)出任算学系主任。不久,在美国芝加哥大学获得博士学位的杨武之(1896—1973)也回国加入清华。1930 年,清华成立了中国大学的第一个研究生院,并于 1931 年开始招收第一批数学研究生。如图 13-6。

图 13-6　郑之藩(左)、熊庆来(中)、杨武之(右)

图 13-7　陈建功

1929 年,陈建功(1893—1971)(图 13-7)在日本东北帝国大学获理学博士,回国后受聘于浙江大学,并出任数学系首任系主任。1931 年,在陈建功建议下校长请来了中国的第二位日本理学博士苏步青(1902—2003)(图 13-8),接着又请苏步青担任数学系主任。从此两位教授密切合作 20 余年,为国家培养了大批人才,他们还创办了中国第一个数学讨论班。

图 13-8　苏步青

1920 年代是中国现代数学教育发展的关键时期。1920 年之前没有第三位博士，从“1920 年到 1929 年 10 年间，大概增加了 10 位博士，平均一年增加一位”。[①]在这一时期，全国各地大学纷纷创办数学系。除已提到的北京大学、南开大学、清华大学和浙江大学，在这一时期成立数学系的还有：东南大学(1921，南京大学)、北京高等师范学校(1922，1923 年后改称北京师范大学)、厦门大学(1923)、成都高等师范学校(1924，今四川大学的前身)、中山大学(1924)、东北大学(1925)、交通大学(1928)、安徽大学(1930)、山东大学(1930)、河南大学(1930)等。这一时期各地大学数学系的建立为我国高等数学教育奠定了基础。

13.4　现代数学研究概况

随着现代数学教育的形成，现代数学研究也在中国悄然兴起。至 1920 和 1930 年代，中国已经开始出现一批符合国际水平的研究工作。

1928 年，陈建功在日本《帝国科学院院报》上发表论《关于具有绝对收敛 Fourier 级数的函数类》，其中心结果是证明了一条关于三角级数在区间上绝对收敛的充要条件。几乎同时，哈代和李

① 引自杨乐：《中国数学历史的回顾与展望》，中国数学会通讯，2003，3：9。

特尔伍德(J. E. Littlewood, 1885—1977)在德文杂志"数学时报"上也发表了相同的结果,因而西方文献中称之为"哈代-李特伍德定理",实际应称"陈-哈代-李特伍德定理",这标志着中国数学家已经能生产国际一流水平的研究成果。陈建功后来在这一领域又做了大量工作,1930 年在日本岩波书店出版了专著《三角级数论》,这是现代中国学者在国外出版的第一部数学专著。

同一时期,苏步青、江泽涵(1902—1994)、熊庆来、曾炯之(1898—1940)等也在各自领域内做出令国际同行瞩目的成绩。1928—1930 年间,苏步青在当时处于国际热门的仿射微分几何方面引进并决定了仿射铸曲面和旋转曲面,他在此领域的另一个重要发现后来被命名为"苏锥面"。他后来在射影曲线、曲面论、高维空间共轭网理论等方面取得一系列成就。江泽涵是将拓扑学引进中国的第一人,他本人在拓扑学领域中最有影响的工作是关于不动点理论的研究,1934 年起出任北京大学数学系主任。1931 年,已经身居清华大学算学系主任的熊庆来再度赴法国庞加莱研究所,两年后取得博士学位。其博士论文《关于无穷级整函数与亚纯函数》引进了后来以他的名字命名的"熊氏无穷级"等,将博雷尔有穷级整函数论推广为无穷级情形。曾炯之 1933 年在诺特指导下完成博士论文,他在哥廷根积极参与了诺特领导的抽象代数学派的活动,1933 年发表的论文《函数域上的可除代数》包含了现代代数文献中常引用的"曾定理"。1934 年曾炯之放弃国外提供的资助回国,在浙江大学等校任教。

抗日战争时期,中国到处弥漫着战火,当时一些主要大学纷纷迁往内地,如清华、北大、南开三所大学迁到昆明,成立了"西南联合大学"。在极端动荡、艰苦的环境下,数学家们却没有停止他们的工作,取得了一系列先进的数学成果,其中最有代表性的是华罗庚(1910—1985)(图 13-9)、陈省身(1911—2004)和许宝騄(1910—1970)的工作。

华罗庚(图 13-9)出生在江苏省金坛县。初中毕业后,他考取了由黄炎培等主办的上海中华职业学校商科,后来由于家境贫困,不得不放弃还差一学期就毕业的机会,弃学回金坛帮助其父经营小店。1930年华罗庚在《科学》杂志上发表了文章《苏家驹之代数的五次方程式解法不能成立之理由》。这篇文章引起了当时清华大学算学系主任熊庆来的注意,1931年调华罗庚到清华大学任算学系助理。在清华大学,华罗庚如鱼得水,拼命学习高等数学,1933年被破格提升为助教,1935年被提升为教员。1936年,访问清华的维纳推荐他到当时解析数论研究的世界中心剑桥大学做访问学者,在哈代指导下从事数论研究。华罗庚两年内发表论文十余篇,在华林问题、塔利问题、完整三角和等方面取得重要结果。1938年回国后到西南联大,被破格提拔为教授。在西南联大期间,华罗庚撰写了专著《堆垒素数论》。该书在1946年经苏联科学院用俄文出版后给华罗庚带来了世界声誉。除解析数论外,华罗庚在代数学、多复变函数论、数值分析等领域做出了一系列重大贡献。1946年,他应邀赴美国普林斯顿高等研究院工作,1950年放弃伊利诺大学数学终身教授职位,回国后参与了中国科学院数学研究所的筹建,并任所长。

图13-9 华罗庚

陈省身(1911—2004)(图13-10)生于浙江嘉兴,1926年入天津南开大学数学系,1930年到清华攻读研究生,在孙光远的指导下于1934年获硕士学位,是中国自己培养的第一名数学研究生。1934年赴汉堡就学于当时德国几何学权威柏拉须开,1936年完成博士论文后,赴法国跟从当代微分几何学家嘉当(E. Cartan,

图 13-10　陈省身

1869—1951）继续深造。1937 年回国,正值抗日战争期间,他任教长沙临时大学和西南联合大学,在此期间,他把积分几何理论推广到齐性空间。1943—1945 年在普林斯顿高等研究院工作两年,先后完成了两项划时代的重要工作,其一为黎曼流形的高斯——博内一般公式,另一为埃尔米特流形的示性类论。在这两篇论文中,他首创应用纤维丛概念于微分几何的研究,引进了后来通称的陈示性类,为大范围微分几何提供了不可缺少的工具,成为整个现代数学中的重要构成部分。陈省身于 1946 年第二次世界大战结束后重返中国,在上海建立了中央研究院的数学研究所[后迁南京],此后两三年中,他培养了一批青年拓扑学家。1949 年他再去美国,先后在芝加哥大学与伯克利加州大学任终身教授。1981 年在伯克利的以纯粹数学为主的数学科学研究所任第一任所长。1985 年创办南开数学研究所,并任所长。由于陈省身对数学的重要贡献,1984 年被授予沃尔夫奖,2004 年 9 月获邵逸夫"数学科学奖"(该奖项被媒体称为"东方诺贝尔奖")。

许宝騄(图 13-11),字闲若,1910 年出生于北京,1929 年入清华大学算学系,1936 年赴英国伦敦大学学院,在统计系学习数理统计,1938 年获得博士学位。同年他发表的重要论文《最优无偏二次方差估计》是国际上关于方差分量和方差数值二次估计的大量文献的起点。许宝騄是多元统计分析的奠基人之一,堆极限分布、试验设计等也有重要贡献。一些外国学者称赞他是“20 世纪最深刻、最富有创造性的统计学家之一。”

图 13-11 许宝騄

1940 年代，吴文俊等新一批优秀的青年数学家逐渐成长起来，走向国际数学的前沿，并作出先进的成果。1919 年，吴文俊出生于上海，1940 年毕业于上海交通大学，1947 年赴法留学。在留学期间，他钻研代数拓扑学，提出了后来以他名字命名的“吴示性类”和“吴公式”，有力地推动了示性类理论于代数拓扑学的发展。1915 年，他谢绝了法国师友的挽留回国，不久又在示嵌类理论方面做出重要贡献。吴文俊后来的重要贡献还涉及代数几何、博弈论、中国数学史及数学机械化等许多领域。吴院士多次获奖，如最近获中国 2000 年设立第一届“国家最高科技奖”，2005 年获邵逸夫“数学科学奖”等。

明末西方数学经传教士介绍传入中国，中西两种不同风格的数学开始相遇。当时的中国学者致力于中西数学的会通，他们提出了“会通以求超胜”的目标，希望将西方数学纳入中国传统数学的体系之内。清初的学者继续朝这一方向努力，并取得了一定的成绩。清中期的闭关锁国政策使得中西数学的交流暂时中断，学者们于是开始发掘、研究传统数学，使得传统数学得到了一定程度的复兴。鸦片战争以后，西方近代数学再次大规模的传入，对中国传统数学产生了极大的冲击。这一时期的中国学者以翻译和学习西方数学为主。此后，中国数学的发展走上了全面西化的道路。民国以来出国留学的兴起使得中国的数学精英们逐渐进入了国际数学的主流，并做出了令人瞩目的成绩。至此，中国数学的发展完全与国际接轨，完成了现代化的漫长历程。

阅读材料 康熙皇帝与符号代数

洪万生①

欧几里得（Euclid，公元前325—前265）曾说："学习几何学没有王者之路！"。事实上，学习代数学亦然，譬如说吧，在中国数学史上鼎鼎大名的康熙皇帝，就在符号代数的学习过程中，表现了类似今日国中学生茫然不知所措的模样，这个历史经验，实在很值得教学工作者参考与借镜。

这里所指的符号代数，当然是清初传教士传入中国的西方数学知识。当时有两种西方代数传入中国，第一种被称作"借根方比例法"，第二种则叫作"阿尔热巴拉新法"。所谓"阿尔热巴拉"，无疑是英文 algebra 的音译，也曾被称作"阿尔热巴达"或"阿尔朱巴尔"（当是法文 algèbre 的音译）。其实，这几个名称也都曾指涉第一种，譬如在公元1711年，康熙皇帝与直隶巡抚赵宏燮讨论数学时，就指出：

算法之理，皆出于《易经》，即西洋算法亦善，原系中国算法，彼称为"阿尔朱巴尔"者，传自东方之谓也。

隔年梅瑴成入宫肄业于畅春园的蒙养斋，负责主编《数理精蕴》等书，康熙皇帝授以传教士传入的代数学，并且谕示：

西洋人名此书为阿尔热巴达，译言东来法也。

按此书可能是某传教士所译的《借根方算法节要》。至于在该书中不沿袭原名而改称为"借根方法"，"乃译书者就其法而质言之也。"换句话说，"借根方（比例）法"是一种"意译"！后来奉康熙皇帝指示，梅瑴成遂将它编入《数理精蕴》（1723）卷三十二—三十六。

---

① 洪万生先生系国立台湾师范大学数学系教授，致力于数学史研究，卓有成就。

然则何以 algebra 是一种“东来法”呢？这就必须追溯这个英文字的语源了。原来 algebra 相当于拉丁文的 al—jabr，出自阿拉伯数学家阿尔·花拉子米（Al—Khwarizmi，780—850）的一本代数著作的书名 *Hisab al—jabr w'al muqabala*，原指“还原”（restoration）之意，例如将 $2x+5=8-3x$“还原”成 $5x+5=8$。这种代数不但未涉及符号法则（symbolism），当然也不曾引进文字系数；同时，方程式（equation，原意是令相等之后所得到的式子）两端也像天平平衡一样而不等于零，譬如二次方程就表示成像 $x^2+6x=4$ 等；此外，求解程序也都以文字叙述。后来再由意大利数学家卡尔达诺（G. Cardano，1501—1576）全盘接收，因此，对西欧人而言才有“东来法”之说。至于“符号代数”（symbolic algebra），则是第二种，亦即“阿尔热巴拉新法”的主旨，源自法国数学家韦达（F. Vieta，1540—1603）著作《解析方法入门》（*In artem analyticam isagoge*，1591）的发明。它的特征除了代数方程的系数以文字符号表示、符号可以一如数目演算之外，方程式任何一端可以置零，譬如 $ax^2+bx+c=0$；还有，韦达也特别强调代数是研究像二次方程这种“形式”（species or forms of things）的学问，而算术则完全诉诸数目（species of numbers）。

有趣的是，当时中国人为了安心学习西算，遂将“东来”解释成来自中国，于是，梅瑴成就以《测圆海镜》（元李冶撰）与《数理精蕴》中例子，来比较“天元术”与“借根方法”，证明它们“名异而实同”。可惜，中土“不知何故遂失其传，犹幸远人慕化，复得故物”，“东来之名”正好表示西人不忘本，如此说来，中国人怎么可以不好好地学习西算呢。这是梅瑴成为盛行于明末清初“西学中原说”所下的最佳注脚。

如此说来，康熙皇帝不可能对一样是代数学的“阿尔热巴拉新法”没有兴趣。问题是：何以由康熙皇帝主编的《数理精蕴》只字不提“新法”？最主要的原因之一是：康熙皇帝无法了解符号演算的意义。这当然也可能涉及引进者的数学素养及其数学传统。事实上，《阿尔热巴拉新法》是法国传教士傅圣泽为了教导康熙皇帝学习“新代数”而写的。1711 年之后,傅圣泽应召入宫伴读西方天算。有一天,康熙想知道傅圣泽对代数的看法,于是,傅圣泽遂趁机介绍“新代数”,并强调它比“旧”代数更简单而且更具有一般性。其实,在《阿尔热巴拉新法》卷一第一节中,傅圣泽即强调了“新法与旧法之所以异”:

或问:阿尔热巴拉旧法,乃最深远之法也,何为又有新法,意必旧法犹有未善者与?

答曰:旧法未尝不善,但于通融之处,有所不及也,故又有新法济之。

既然如此,那么二法何以区别呢?傅圣泽指出:“所以异者,因旧法所用之记号,乃数目字样,新法所用之记号,乃可以通融之记号。”所谓“通融记号”,即是指代数符号,“在中华可以用天干地支二十二字以代之”。为了说明它的便利与巧妙,傅圣泽“试以一式明之。假如有一题,凡两个数目字之平方,必包涵四件,乃每字之平方,与两字相乘之两长方,今将十二之两数目字以发明其理。”傅圣泽试图利用几何意义从$(10+2)^2=10^2+2\times(10)\times(2)+2^2$来“类推”$(a+b)^2=a^2+2ab+b^2$,此二项式被翻译成(甲+乙)(甲+乙)= 甲甲+二甲乙+乙乙。从教学观点来看,傅圣泽的解释可以说是尽心尽力了,不过,对西算造诣颇深的康熙皇帝还是作出如下的反应:

谕王道化:朕自起身以来,每日同阿哥等察《阿而热巴拉新法》,最难明白,他说比旧法易,看来比旧法愈难,错处易甚多,鹜突处也不少……还有言者:甲乘甲、乙乘乙,总无数目,即乘出来亦不知多少,看起来想是此人算法平平耳。(参考《掌故丛编》二辑《清圣组谕旨二》)

在西方数学史上,符号代数在 16 世纪末被发明之后,大约花了将近一世纪的时间才逐渐被数学家广泛接受。究其原因,这些西方数学家应该跟康熙皇帝一样,无法了解符号演算的意义。由此一历史教训,我们或可推论:符号代数的学习需要比较成熟的数学心智,因为即使天纵英明如康熙也表现得束手无策。所以,我们希望国中教师在讲解一元一次方程的解法时，千万多一点耐心与包容，因为从数目演算到符号演算这个“认知跳跃”，对贵贱贤愚显然一视同仁，都是必须努力才能跨越的门槛！

思考与研究问题

1. 为什么中国近代数学发展落后了？
2. 宗教与科学之间是怎样的一种关系？

14 数学团体、竞赛和数学奖

14.1 数学团体

14.1.1 国际数学团体

一、国际数学家大会(ICM)

1897 年元旦,苏黎世的联邦工业大学教授闵可夫斯基等 21 名数学家发起召开国际数学家会议。这年 8 月 8 日,第一届国际数学家大会在苏黎世召开,庞加莱、F. 克莱因等分别作报告,会期三天,共有 208 名数学家到会。会上决定 1900 年在巴黎召开第二次国际数学家大会。巴黎大会上,希尔伯特发表了著名演说,提出 23 个问题,具有重大的历史意义。此后,国际数学家大会(简称 ICM)每四年举行一次。除 1916 年因第一次世界大战中断一届以外,其他各年一直坚持举行。原定 1940 年在美国波士顿举行的 ICM 由于第二次世界大战发生,延至 1950 年才按原计划继续进行。1950 年大会共有 2000 多名代表参加,这标志 ICM 已真正成为世界性的会议。自此以后,每四年一次的会议(除 1982 年改在 1983 年之外)一直如期举行。

现在国际数学家大会已经成为规模最大、水平最高的全球性数学科学学术会议,平均与会人数达 3000 人左右。每届大会上设 15 个左右的一小时大会报告,以及 120 个左右的 45 分钟分组报告。能应邀在大会上作报告是一项很高的荣誉。大会通常设 19 个小组进行报告和讨论:逻辑、代数、数论、几何、拓扑、代数几何、李群及其表示、实分析和复分析、算子代数和泛函分析、概率论与统计、偏微分方程、常微分方程和动力系统、数学物理、组合学、计算机科学中的数学、数值分析、数学在科学中的应用、数学教育与普及、数学史。另外每次大会开幕式上同时举行有“数学诺贝尔奖”之誉的菲尔兹数学奖当届颁奖仪式，更使历届国际数学家大会成为舆论界瞩目的事件并给数学带来社会声誉。

1994 年被邀请作 45 分钟报告的中国大陆数学家有 4 人：张恭庆、马志明、励建书、李骏。2002 年的国际数学家大会在中国北京举行，有一名中国大陆赴海外的数学家和 2 名旅居海外的华裔数学家作 1 小时报告（最高学术待遇），11 名大陆数学家作 45 分钟报告（次之待遇），这标志中国数学发展水平和国际地位又上了一个新台阶。

二、国际数学联盟（IMU）

1919 年在布鲁塞尔举行的国际研究理事会（IRC）成立大会上，为筹建国际数学联盟（IMU）召开了一次会议。批准了 IMU 章程草案，选举出 IMU 的临时执委会，会议决定各国正式委派的代表在 1920 年 9 月召开的国际数学家大会上会面，以批准章程并创立国际数学联盟。但 IMU 的章程禁止第一次世界大战失败的同盟国作为其成员，这样德国、匈牙利等有一流数学家的国家均无法加入。1928 年以后，IMU 和国际数学家大会分离，因此 IMU 无法完成它的推动国际数学合作的任务，到 1932 年，IMU 停止了活动。

1950 年成立了新的国际数学联盟（IMU），任务是：①促进数学界的国际交流；②组织召开 ICM，以及两届 ICM 之间的各种分支、各种级别的国际性专门会议；③颁发奖励，主要是菲尔兹奖。联盟的执委会是选举产生的，设主席 1 人，副主席 2 人，秘书长 1 人，执委 3 ~ 5 人等。任期四年。IMU 认为自己是非官方的组织，但加入联合国教科文组织的科学联盟国际理事会。参加国提出申请后，由执委会讨论提出该国的投票份额和应出经费的类别。

中国于 1986 年恢复在 IMU 的合法席位，共有五票投票权（中国数学会 3 票、台北数学会 2 票）。目前 IMU 共有会员国 56 个，属于数学研究和数学活动开展水平最高的第 V 等国家有美、俄、英、法、德、日和中国，共 6 个。

三、国际数学教育委员会(ICMI)和国际数学教育会议(ICME)

ICMI 的历史很长,可以追溯到 1908 年,最初是称为国际数学教学委员会,鉴于 ICM 对数学教育问题重视不够,专门设置此组织,进行各级数学教育研究,并使公众认识其重要性。1908 年建立,1910 年举行了第一次国际会议,后因两次世界大战而停。1952 年以后成为国际数学联盟的一个专门委员会,并创办了杂志《数学教育研究》(Educational Studies in Mathematics)。

1969 年由 ICMI 组织召开了第一届国际数学教育大会(ICME),以后每隔四年定期举行,时间在两届国际数学家大会之间。下属有 5 个组织,其中一个是“数学史与数学教育关系国际研究组织”(简写为 HPM)。

14.1.2 中国数学团体

中国数学团体主要是中国数学会。任务是组织学术交流,出版杂志,建立组织领导机构等。这是一个民间组织,学术活动非常活跃。中国数学会成立于 1935 年 7 月 25 日,先后分为两个:建国前中国数学会(1935—1949),建国后中国数学会(1949—)。目前一般是四年召开一次会议。

目前中国数学会主办的学术期刊有《数学学报》、《应用数学学报》、《数学进展》、《应用概率统计》、《数学通报》等。全国 31 个省、直辖市、自治区均已成立地方数学会组织,他们独立开展各项活动,中国数学会为他们提供协调服务。中国数学会下属的学科分会有计算数学分会、概率统计分会、数学史分会等。

14.2 数学竞赛

任何一门科学要发展,必须不断地涌现出优秀的人才。但在学生中通过举办全国乃至世界范围的竞赛来选拔人才,数学是最早的。

最早举办中学生数学竞赛的是匈牙利于 1894 开始的。除在两次世界大战和匈牙利事件期间中断过 7 年外，每年十月都要举行，一直至今。每次竞赛有 3 个赛题，4 小时做完，允许使用任何参考书。数学竞赛为匈牙利选拔了不少优秀的数学人才。

匈牙利数学竞赛成绩享有声誉引起了欧洲其他国家的兴趣，争相仿效。1902 年，罗马尼亚由《数学杂志》组织竞赛，1948—1950 年扩大了规模。1934—1935 年苏联在列宁格勒、莫斯科也举办竞赛，延续至今。数学竞赛的大兴起是在 1950 年代。

这些年来，对竞赛活动评价褒贬不一。2004 年 12 月引起华人数学家公开热烈讨论，指出奥数成就不了数学强国梦，认为奥数是做题目，数学研究是自己找问题做。数学教育的关键不在于国际奥林匹克上拿上多少奖，而是要培养学生兴趣和独立思考能力。前苏联数学家柯尔莫戈罗夫也曾指出，“数学竞赛首先是培养学生对数学的兴趣，发现他们的数学才能。如果这一工作没有预先做好，在低年级就大搞数学竞赛，拔苗助长，多数人将会逐渐失去解题本领，甚至失去对数学的兴趣。”对于这些问题应当恰当处理，不能因噎废食，2006 年国际数学家大会官方网站甚至称国际数学奥林匹克竞赛是菲尔兹奖章获得者的摇篮。

14.2.1 国际数学奥林匹克(IMO)

由于数学竞赛与体育比赛有精神上有相通之处，所以大多数国家的数学竞赛都叫做奥林匹克。从 1959 年起开始有了“国际数学奥林匹克”简称 IMO。IMO 起先只是东欧几个国家轮流做东举办，到 1960 年代末才渐渐地扩大到西方国家。现在先后参加者过的国家一共有 23 个。现在的 IMO 仍然是轮流做东，没有固定的组织与章程，只是每年都由参加国各推举一人组成委员会，东道国代表任主席。试题在各国提出的题目中挑选，每次 6 题，分两个上午完成，每次 4 小时，试卷的总分是 42 分。最初几届试题难度不大，1970 年代以后显著地难了。1986 年中国参加 IMO，1989 年首次取得团体总分第一名。此后在 1990 年、1992 年、1993 年、1997 年、1999 年、2000 年、2001 年均获得团体总分首位。

数学竞赛有选拔提高数学教学水平的优点，但也可能带来忽视基础、沉溺于难题的弊病。

14.2.2 中国数学竞赛

我国的数学竞赛活动开始于1956年，由华罗庚、苏步青、江泽涵等老一辈数学家提倡和指导，在北京和上海举办了第一次数学竞赛活动。1965—1976年因“文化大革命”停办，1978年恢复。1981年中国数学会开始举办“全国高中数学联赛”，随后发展到初中(1983年)、小学(1991年)。

“全国高中数学联赛”于每年十月中旬的第1个星期天举行，分一、二两试。一试试题主要着眼于普及，重在考查数学的基础知识和基本技能，二试着眼于提高，着重考察学生运用数学知识和方法解决实际问题的能力。从1986年开始，每年1月都举办一届全国中学生数学冬令营，在“全国高中数学联赛”中的优胜者将被邀请参加全国中学生数学冬令营。

中国数学奥林匹克(CMO)是中国中学生数学竞赛，由中国数学会奥林匹克委员会和《中学生数理化》编辑部主办，在每年一月的全国中学生数学冬令营举行。这项比赛是在1991年命名为中国数学奥林匹克。比赛依照国际数学奥林匹克形式，连续两天举行，每天在4小时30分钟。

14.3 数学奖

14.3.1 国际数学奖

数学奖励是对数学发展的激励机制，这里我们仅介绍两项影响最大的国际数学奖励——菲尔兹奖和沃尔夫奖，这是目前数学家能获得的最高国际奖励。

一、菲尔兹奖

菲尔兹数学奖是根据加拿大数学家菲尔兹(F. Fields，1863—

1932)(图14-1)的倡议而设。菲尔兹是多伦多大学教授,1924年,菲尔兹成功地在多伦多举办ICM。正是在这次大会上,菲尔兹提出把大会结余的经费用来设立一个数学奖金。1932年8月9日菲尔兹在多伦多去世,去世前他立下遗嘱并留下一笔钱加到前述的剩余经费中,转交给1932年在苏黎世召开的ICM。为了纪念菲尔兹的去世,大会决定接受这笔资金。此后由于第二次世界大战爆发而中断,1950年又恢复颁奖。

图14-1 菲尔兹

刚开始授予菲尔兹奖时,在世界上并没有引起多大的注意。但是30多年以后就不一样了。每届ICM的召开,从数学杂志到一般的科学杂志都争相报道获奖人物,菲尔兹奖的荣誉不断在提高,终于被人们认为:这是数学界的诺贝尔奖。

菲尔兹奖主要是奖励已获得的成果,但也含有鼓励获奖者取得进一步的成就的希望,即对未来数学发展起重大作用的人。该奖的获得者当时都不超过40岁,这一点在刚开始时似乎是不成文的,后来一直坚持这样做,形成了惯例。历届获奖的人不仅在当时作出了重大的成果,而且在日后仍断不断前进,证明他们并非是昙花一现的人物。美籍华裔数学家丘成桐1982年获此奖项。

二、沃尔夫奖

菲尔兹奖的授奖对象是40岁以下的年轻数学家,意在鼓励获奖人继续探索,努力创造,但是这也带来另一方面的缺陷:不能对一个数学家一生的重大贡献给予评价,从1978年开始,沃尔夫数学奖弥补了这一点。

沃尔夫(Wolf)是一个犹太实业家,出生于德国。1976 年由他捐赠的沃尔夫基金会成立,共有一千万美元的资产,其目的是“促进科学和艺术以造福人类”。1978 年首次颁发,以后每年颁发一次。分别奖励在农业、化学、数学、医药和物理领域,或艺术领域中的建筑、音乐、绘画、雕塑四大项目之一中取得突出成绩的人士。每个领域的奖金额为十万美元,用于奖励“为人类利益和人民友好关系作出成就”的学者,奖金由该领域的获奖人均分。正式的颁奖仪式在以色列国会举行,由以色列总统授奖。

评奖委员会由世界著名科学家组成,沃尔夫数学奖的选定是根据对候选人数学成就的综合评价,获时人获奖时多已蜚声数坛,迄今获奖者年龄平均在 60 岁以上,最低获奖年龄为 43 岁(证明费马大定理的怀尔斯)。由数学获奖者的名单可以说是 20 世纪中叶数学发展的见证人。他们多半在三四十年代成名,在五六十年代达到科学高峰,因而是在七八十年代获得终身评价。90 年代的沃尔夫奖获得者中,有一些更为年轻。1988 年的那次最为精彩,有记者报道称“1988 年的沃尔夫奖”,因为两位物理学奖获得者都是数学教授,而一位化学奖获得者则是数学博士。

此外还有“第三世界科学院奖”(我国廖山涛、吴文俊分别获过)、“克雷福德奖”等。

14.3.2 中国数学奖

(1) 国家级科技奖(含数学)有①国家最高科技奖(2002 年开始,吴文俊获首届奖);②国家自然科学奖(1956 年开始)等 6 项。

(2) 以个人名誉设置数学奖。如①许宝𫘧统计奖(1985 年开始);②陈省身数学奖(1985 年开始);③华罗庚数学奖(1992 年开始);④钟家庆数学奖(1988 年开始);⑤冯康科学计算奖(1994 年开始);⑥邵逸夫“数学科学奖”(2004 年陈省身获首届奖,2005 年吴文俊获奖。每年一次,奖金 100 万美元);⑦何梁何利基金奖(陈景润、王元、柯召等获过)等。

14.4 数学教育

1908 年在罗马举行的国际数学家大会上决定建立国际数学教育委员会,简称 ICMI。克莱因被选为第一任主席。ICMI 主要是交流各国的数学教育情况,包括数学教学大纲的制定,教学方法的改进,数学学习水平的评价等。

第二次世界大战后,各国普遍实行 9—12 年的义务教育制度,这种转变要求数学教育要面对全体民众,“大众数学”的口号也就应运而生。

20 世纪 60 年代,一个全球性的数学教育运动在一百多个国家同时展开。其直接的目标是数学教育的现代化。因而被称为“新数学运动”。导致这场运动的直接是社会政治、经济的技术发展的需要,而这场运动的指导思想是结构主义的数学观。这一时期出现了许多新大纲、新教材、新方法,呈现出“新内容、新体系、新处理”的三新风格。

新数学运动在 20 世纪 60 年代盛行一时,然而 70 年代却迎来了一个很大的跌落,批评意见也如同疾风骤雨。经过近十年的实践发现,数学的基础知识被严重削弱,学生的数学成绩没有上升,反而下降了,新数学运动的实际效果与当初人们的期望大相径庭。新数学运动也有积极的一面,例如使概率统计、向量、微积分等内容进入中学,教学方法注意学生的发现知识的过程等,但它的负面影响更大一些。

针对新数学运动存在的问题,美国率先提出“回到基础”的口号,重新注意基本训练,各个国家也采取相应的调整措施。

与此同时,由于二战时中断的国际数学教育交流活动也恢复起来了,首先举办了国际数学教育大会(ICME)(见前面 14.1.3)。其次提倡数学教育的科学研究,认为数学教育研究要探讨数学教育的规律,提出新观点,论文要提出问题,引用前人成果,提出自己见解,有论证和数据,不能空谈。同时为了推动数学教育研究,创办了《数学教育研究》杂志,作为国际数学教育委员会的机关刊物。

20 世纪 80 年代,美国数学教育界在“回到基础”的口号之后,又提出“数学问题解决”的口号,主张数学问题的解决应是数学教育的主要目标。“问题解决”的研究源于对新数学运动的反思,有着众多的理论与现实背景,如何在教育实践中充分发挥问题解决的“实用、育智”的双重作用,仍是当今数学教育面临的重大问题。

中国现代数学教育,前面 13. 3 已作了建国前(1912—1949)简介。建国后约分为四个时期:①创建时期(1949—1957 年),全面学习苏联,冷落西方,改革旧教育制度;②改革初期(1958—1965 年),冷落苏联,建立自己教育;③破坏时期(1966—1976 年),由于“文化大革命”,教育受到破坏倒退;④复兴改革时期(1977 年至今),建立有中国特色的教育。

总之,我国中小学教育基础扎实,大学全面发展,取得巨大成绩。但在培养独立思考、培养数学兴趣、由应试教育转变为素质教育、创新教育等方面还存在不足。

20 世纪末,数学教育面临许多困难。西方工业发达国家的中小学生的数学水准每况愈下。两个权威的国际数学教育评价活动对 13 岁学生测试的得分情况显示东亚各国在校学生的数学学习成绩明显高于其他地区,特别是受中国文化影响的“汉字文化区”内国家,而美国学生处于平均分以下。为此美国数学教育开展了一场大辩论,人称“数学战争”,这表明数学教育越来越受到重视。

阅读材料　数学与文化

数学的历史告诉我们,数学也是一种文化。

美国数学史家 M. 克莱因说:“数学一直是形成现代文化的主要力量,是时又是这种文化极其重要的因素。”事实上,数学不仅仅是对科学家、工程师,或许还有金融家才有用的一系列技巧,它在形成现代思想和文化生活当中起着越来越大的作用,由于人们在学校里受过科班的数学教育,使得人们的思维习惯与语言表达趋于严密和精炼,在辩论与法律活动中,推理无懈可击。数学家超脱的性格和丰富的想像力,使数学概念充满着史诗般的艺术性。美学原则几乎成了判断一个数学成果优劣的准则之一。罗素说:“数学,如果正确地看待它,则发现它具有至高无上的美,一种冷色而严肃的美,这种美没有音乐或绘画那般华丽的装饰,它可以纯净到崇高的地步,能够达到只有最伟大的艺术才能显示的那种完美的境地;一种真实的喜悦的精神,一种精神上的亢奋,一种高于普通人的意识,这些至善至美的标准,能在诗里得到,也能在数学里得到。”事实上,当我们研究柯克曲线时,当我们研究极限环时,当我们研究图的着色和拉姆赛数时,当我们研究每一个数学分支中的每个非平凡的问题时,我们那种精神上的享受和感悟正是数学这种高文化的美学效应,数学确为一种具有特有的完美性的艺术。

实用的、科学的、美学的和哲学的因素,共同促进着数学的发展,例如罗巴切夫斯基几何这种非平凡的成就正是数学中充满想像、逻辑、哲学和美学的文化特征的体现。

数学的另一个文化气质是它的语言之极端简洁和绝对准确,而语言是否简洁与准确是一种文化质量高低的体现。

数学是一种理性的精神,它并不排斥异己,欧氏几何与非欧几何同时存在,双方都视对方为科学,这种互相包容的精神是现代文明的特征之一。一个时代的总的文化特征在很大程度上与这个时代的数学活动密切相关。数学的黄金时代不是欧几里得时代,而是我们这个时代,我们会看到现在这个时代的科学与文化是如何受惠于数学。

思考与研究问题

1. 查阅资料,世界上还有哪些数学团体、数学教育团体及其演变历史。

2. 数学团体、数学教育团体对推动数学与数学教育发展有何作用,请作出你的评论。

参考文献

Apple K, Haken W. 1979. 四色地图问题的解决[M]. 刘为民,刘为国译. 世界科学译刊,(4)

奥利·莱赫托. 2002. 数学无国界——国际数学联盟的历史[M]. 王善平译. 上海:上海教育出版社

贝尔. E. T. 1991. 学精英[M]. 数徐源译. 北京:商务印书馆

曹泽. 2003. 解析几何的创立及其在近代科学认识上的作用[J]. 安阳大学学报,(3)

陈蓓. 2005. 函数概念的发展与比较[J]. 数学教学通讯,(2)

戴维. 2001. 时间的检验[M]. 李阳,沈师光译. 北京:作家出版社

杜瑞芝. 2000. 数学史辞典[M]. 济南:山东教育出版社

杜炜. 2003. 函数概念的发展历程[J]. 濮阳教育学院学报,(4)

郭金彬,孔国平. 2004. 中国传统数学思想史[M]. 北京:科学出版社

郭书春. 1997. 中国古代数学—中国文化史知识丛书[M]. 北京:商务印书馆

胡启东. 2005. 谈解析几何产生背景、方法和意义[J]. 中国科教博览,(5)

黄冠斌. 2005. 新石器时期我们的祖先创造了直角坐标系[J]. 珠算与珠心算,(2)

蒋声. 1988. 欧几里得第五公设[M]. 沈阳:辽宁教育出版社

李迪. 1985. 中国数学史简编[M]. 沈阳:辽宁人民出版社

李约瑟. 1978. 中国科学技术史第三卷数学[M]. 中国科学技术史翻译小组译. 北京:科学技术出版社

李文林. 1998. 数学珍宝[M]. 北京:科学出版社

李文林. 2002. 数学史概论(第二版)[M]. 北京:高等教育出版社

李文林. 2005. 文明之光——图说数学史[M]. 济南:山东教育出版社

梁宗巨. 1980. 世界数学史简编[M]. 沈阳:辽宁人民出版社

梁宗巨. 1992. 数学历史典故[M]. 沈阳:辽宁教育出版社

林崇德. 1996. 中国少年儿童百科全书(科学·技术卷). 杭州:浙江教育出版社

刘彦. 1997. 四色问题[A]. 中国大百科全书(数学)[M]. 北京:中国大百科全书出版社

马忠林,王鸿钧,孙宏安等. 2001. 数学教育史[M]. 南宁:广西教育出版社

毛礼锐. 1987. 中国教育通史(二)[M]. 济南:山东教育出版社

美国国家研究委员会. 1993. 人人关心数学教育的未来. 北京:世界图书出版公司

莫里斯·克莱因. 2002. 古今数学思想(1—4)[M]. 朱学贤,申又枨等译. 上海:上海科技出版社

钱宝琮等. 1966. 宋元数学史论文集[M]. 北京:科学出版社

钱克仁. 1989. 数学史选讲[M]. 南京:江苏教育出版社

斯科特 . 1981. 数学史[M]. 侯德润,张兰译 . 北京:商务印书馆
司徒永显,陈德崇 . 1993. 中国数学史教程[M]. 广州:广东高等教育出版社
汪晓勤,韩祥临 . 2002. 中学数学中的数学史[M]. 北京:科学出版社
王鸿钧,孙宏安 . 1989. 中国古代数学思想方法[M]. 南京:江苏教育出版社
王青建 . 2004. 数学史简编[M]. 北京:科学出版社
王树禾 . 2003. 数学思想史[M]. 北京:国防工业出版社
武锡环、郭忠明 . 2003. 数学史与数学教育[M]. 成都:电子科技大学出版社
希尔伯特 . D. 1995. 几何基础(第二版). 江泽涵、朱鼎勋译 . 北京:科学出版社
徐品方 . 1990. 数学王子高斯[M]. 昆明:云南少儿出版社
徐品方 . 1992. 数学简明史[M]. 北京:学苑出版社
徐品方 . 1997. 数学诗歌题解[M]. 北京:中国青年出版社
徐品方 . 2001. 数学趣话[M]. 福州:福建人民出版社
徐品方 . 2002. 白话九章算术[M]. 成都:成都时代出版社
徐品方 . 2005. 女数学家传奇[M]. 北京:科学出版社
徐品方 . 2005. 我国最早的数学著作《算术书》[J]. 中学数学杂志(初中),(3)
徐品方,张红 . 2006. 数学符号史[M]. 北京:科学出版社
吴文俊 . 1995. 世界著名数学家传记(上集)[M]. 北京:科学出版社
吴文俊 . 1998. 中国数学史大系[M]. 北京:北京师范大学出版社
伊夫斯 . H. 1986. 数学史概论[M]. 欧阳绛译 . 太原:山西人民出版社
伊夫斯 . H. 1988. 数学史菁华(上)[M]. 江嘉禾译 . 成都:四川教育出版社
袁小明等 . 1992. 数学思想发展史[M]. 北京:等高教育出版社
查有梁,吴永娣,周步骏,陈更生 . 2003. 杰出数学家秦九韶[M]. 北京:科学出版社
赵小平 . 2002. 现代数学大观[M]. 上海:华东师范大学出版社
张奠宙 . 2002. 20 世纪数学经纬[M]. 上海:华东师范大学出版社
张光远 . 1991. 近现代数学发展概论[M]. 重庆:重庆出版社
张顺燕 . 2000. 数学的源与流[M]. 北京:高等教育出版社
中外数学简史编写组 . 1986. 中国数学简史[M]. 济南:山东教育出版社
中外数学简史编写组 . 1987. 外国数学史[M]. 济南:山东教育出版社
邹大海 . 2001. 出土《算术书》初探[J]. 自然科学史研究,20(3)

人名索引

A

阿贝尔(N. H. Abel,1802—1829)〔挪威〕 160,170,244,245,246,247,277
阿波罗多罗斯(Apollodorus 公元前 140 年前后)〔希〕 29,147
阿波罗尼奥斯(Apollonlius,前 262—前 190)〔希〕 39,48,49,56,175,180,184
阿卜尔·维法(Abu'l—Wefa,940—998)〔阿拉伯〕 144
阿达马(J. S. Hadamard, 1865—1963)〔法〕 232,281
阿德拉特(Addard,约 1090—1160)〔英〕 151
阿尔·卡西(Al-Kashi,? —1429)〔阿拉伯〕 102,144
阿尔·花拉子米(Al-khowarizmi 约 780—850)〔阿拉伯〕 142,143,151,155,295
阿尔·巴塔尼(Al-Battani 850—929)〔阿拉伯〕 144
阿尔·比鲁尼(Al-Beruni 973—1048,一说 1050)〔阿拉伯〕 144
阿基米德(Archimedes,前 287—前 212)〔意大利〕
36,39,44,45,47,49,50,58,59,96,151,191,207,250,272
阿罗(K. J. Arrow,1921—)〔美〕 302
阿诺尔德(V. I. Arnold,1937—)〔俄〕 286,297
阿耶波多(Aryabhata I,476—550)〔印〕 135,137,139,140,155,165
埃克特(J. P. Eckert,1919—1995)〔美〕 308
埃拉托塞尼(Eratostheres,约前 276—约前 195)〔希腊〕 35
艾肯(H. Aiken)〔美〕 307,308
艾约瑟(J. Edkins,1825—1905)〔英〕 165
爱德华兹 296
爱米·诺特(A. E. Noether, 1882—1935)〔德〕 277,278,280,292,324
爱因斯坦(A. Einstein, 1879—1955)〔德〕 261,274,304
安提丰(Antiphon,约前 480—前 411)〔希腊〕 34,36,45,58,59,190
安德生(R. E. Anderson)〔英〕 319
奥涅尔(V. T. Odner,1845—1905)〔瑞典〕 306
奥雷姆(N. Oresme,约 1320—1382)〔法〕 176,185,215
奥特雷德(W. Oughtred,1575—1660)〔英〕 237
奥托(V. Otto,或 Otho,约 1550—1605)〔德国〕 102,166

B

巴贝吉(C. Babbage,1792—1871)〔法〕 306,307
巴罗(I. Barrow,1630—1677)〔英〕 193,196,197,198,202
巴拿赫(S. Banach, 1892—1945)〔波兰〕 281
白晋(J. Bouvet,1656—1730)〔法〕 20,128,315
柏拉图(Plato,公元前 1427—前 347)〔希〕 25,27,34,37,38
邦别利(R. Bombelli,约 1526—1573)〔意大利〕 237
鲍德温(F. Baldwin)〔美〕 306
贝尔曼(R. E. Bellman,1920—1984)〔美〕 299,301
贝尔特拉米(E. Beltrami,1835—1899)〔意大利〕 261,262
贝塞尔(F. W. Bessel,1784—1846)〔德〕 257
贝祖(E. Bezout,1730—1783)〔法〕 125,239
比尔吉(J. Bürgi,1552—1632)〔瑞士〕 164
毕达哥拉斯(Phthagoras,约公元前 560—前 480)〔希〕
25,28,29,30,31,32,33,35,37,38,230
别克曼(I. Beeckman,1588—1637)〔荷兰〕 176
波尔查诺(B. Bolzano,1781—1848)〔意大利〕 224
波尔约(J. Bolyai,1802—1860)〔匈牙利〕 256,257
波莱尔(E. Borel,1871—1956)〔法〕 296
伯克莱(G. Berkeley,1685—1753)〔英〕 209
泊松(S. —D. Possion, 1781—1840)〔法〕 232,244
博伊西斯(A. M. S. Boethius,约 475—约 524)〔罗马〕 150,151
布尔(G. Boole,1815—1864)〔英〕 248—250
布拉利-福蒂(C. Burali—Forti, 1861—1931)〔意大利〕 287
布莱克(F. Black) 302
布劳威尔(L. E. J. Brouwer, 1881—1966)〔荷兰〕 288,289,290
布里格斯(H. Briggs ,1561—1630 年)〔英〕 164,214
布鲁诺(G. Btuno,1548—1600)〔意大利〕 153

C

策梅罗(E. F. F. Zermelo, 1870—1953)〔德〕 288
陈建功(1893—1971) 322—324
陈省身(1911—2004) 324—326,338
程大位(1533—1606) 68,95,115,127

楚泽(K. Zuse,1910—1995)〔德〕 307

D

达·芬奇(L. da Vinci,1452—1519)〔意〕 172,174
达朗贝尔(J. L. R. D'Alembert,1717—1783)〔法〕 209,216,218,219,229
达科伊〔意〕 159
达松纳〔意大利〕 302
戴德金(J. W. R. Dcdekind,1831—1916)〔德〕 38,225,252,277,278
戴熙(1805—1860) 165
戴震(1724—1777) 129
丹尼尔·伯努利(Daniel Bernoulli,1700—1782,)〔瑞士〕 213,219
丹齐格(G. B. Dantzig,1914—)〔美〕 299
德·摩根(旧译为"棣么甘",A. De. Morgan,1806—1871)〔英〕 241,318
德布洛(G. Debreu,1921—)〔美籍法裔〕 302
德丢勒(N. F. de Duillier, 1664—1753)〔瑞士〕 205
德谟克利特(Democritus,约公元前 460—前 357)〔希〕 34,190
德瓦尔登(B. L. Van der Waerden, 1903—1996)〔德〕 278
邓玉函(J. Terrenz, 1576—1630)〔瑞士〕 314
狄考文(C. W. Mateer, 1836—1908)〔美〕 320
狄拉克(P. A. M. Dirac,1902—1984)〔英〕 304
狄利克雷(P. G. L. Dirichlet,1805—1859)〔德〕 170,186,226,231,292
笛卡儿(Descartes 1596—1650)〔法〕
48,157,169,175—179,181—185,193,195,196,237,268,281
棣莫弗(A. Demoivre,1667—1754)〔英〕 167,212,244
丢番图(Diophantus,公元 250 年前后)〔希〕
29,52,53,54,56,137,143,155,156,169,230,237
董祐诚(1791—1823) 129
杜德美(P. Jartoux,1668—1720)〔法〕 129

E

恩里奎斯(F. Enriques, 1871—1946)〔意大利〕 282

F

范德蒙德(A. T. Vandermonde,1735—1796)〔法〕 239,244
范礼安(A. Valignano, 1539—1606) 313

方中通(1633—1698) 115,316
菲俄(A. M. Fiore, 16 世纪)〔意大利〕 157,158
菲尔兹(F. Fields,1863—1932)〔加拿大〕 43,336,337
斐波那契(F. Fibonacci,约 1170—约 1250 年)〔意大利〕 70,80,95,135,152,157
费拉里(L. Ferrari,1522—1565) 159
费罗(S. D. Ferro,1465—1526)〔意大利〕 157,158
费洛罗斯(Philolaus,? —约前 390)〔希〕 31
费马(P. De. Fermat,1601—1665)〔法〕 139,169—171,179—183,193,195,196,199,230,252,281
费希尔(R. A. Fisher,1890—1962)〔英〕 297
冯·诺依曼(J. von Neumann, 1903—1957)〔美籍匈牙利〕 292,301,305,308
冯祖荀(1880—1940) 321
佛拉哥(A. Vlacg,1600—1667)〔荷兰〕 164
弗赖登塔尔(H. Freudenthal,1905—1991)〔美〕 3
弗兰克尔(A. A. Fraenkel, 1891—1965)〔以色列〕 288
弗雷格(F. L. G. Frege,1848—1925)〔德〕 250,287,290,291
弗雷歇(M. Fréchet, 1878—1973)〔法〕 279,280
弗罗贝尼乌斯(F. G. Frobenius,1849—1917)〔德〕 240
傅兰雅(J. Fryer,1839—1928)〔英〕 168,318,319,320
傅里叶(J. B. J. Fourier,1768—1830)〔法〕 186,220,231,232,241,246
傅圣泽(J. F. Foucquet, 1665—1741)〔法〕 315,318

G

伽利略(G. Galilei ,1564—1642)〔罗马〕 153,163,185,192,217,259
伽罗瓦(E. Galois,1811—1832)〔法〕 160,245—247,276,277
伽洛瓦(T. Galloway, 1796—1851)〔英〕 319
高斯(C. F. Gauss,1777—1855)〔德〕68,81,95,170,226,229,231,232,244,246, 247,250—252,256—261,264—266,271,278,292,326
哥德尔(K. Gödel,1906—1978)〔美〕 289
戈塞特(W. S. Gossett,1876—1937)〔英〕 297
哥白尼(N. Copernicus, 1473—1543)〔波兰〕 153,161,166
哥伦布(Columbus,1451—1506)〔意大利〕 152,161
哥德巴赫(C. Goldbach ,1690—1764)〔德〕 169,230,274

格拉斯曼(H. G. Grassmann,1809—1877)〔德〕 243
格雷戈里(J. Gregory 1638—1675)〔英〕 196,198,214
格雷戈里圣文森特(S. Gregory, 1584—1667)〔比利时〕 195
格林(G. Green,1793—1841)〔英〕 220,232
格罗斯曼(M. Grossmann,1878—1936) 304
格涅坚科(Ь. В. Гнепенко)〔苏联〕 297
格兰特 309
耿寿昌(公元前1世纪) 72
关孝和(Seki Takakazu,1642—1708)〔日〕 238
郭守敬(1231—1316年) 89,111,120,214

H

哈密顿(W. R. Hamilton,1805—1865)〔英〕 225,232,240,241,242
哈代(G. R. Aaray,1877—1947)〔英〕 323,325
海伦(Heron,公元62年左右)〔希〕 50,97,140,151
海麻士(J. Hymers, 1803—1877)〔英〕 319
海涅(H. E. Heine,1821 — 1881)〔德〕 225
海亚姆(Khayyam,约1036—1124)〔中亚〕 156,157
豪斯多夫(F · Hausdorff,1868—1942)〔德〕 187,279
赫尔曼(J Hermann,1648—1733)〔瑞士〕 184
赫尔默特(F. R. Helmert,1843—1917)〔德〕 241
赫师慎(P · L · Van Hée, 1873—1951)〔比利时〕 120
洪若(J. de Fontaney, 1643—1710)〔法〕 315
胡敦复(1886—1978) 321
胡勒维茨(W. Hurewicz, 1904—1957)〔波兰〕 280
胡明复(1891—1927) 321
华蘅芳(1833—1902) 130,168,318—321
华罗庚(1910—1985) 324,325,336,338
怀尔斯(A. Wiles, 1953—)〔英〕 170
怀特海(A. N. Whitehead, 1861—1947)〔英〕 288,289
惠更斯(C. Huygens 1629—1695)〔荷兰〕 169,193,217
霍波(G. Hopper,1906—1992)〔美〕 308
霍勒里斯 (H. Hollerith)〔美〕 306,307
霍纳(W G Horner,1786—1837)〔英〕 99,317

J

吉布斯(J. W. Gibbs,1839—1904)〔美〕 243
嘉当(E. Cartan, 1869—1951)〔法〕 325
贾宪(11 世纪) 89,108,109,112,117,130
江泽涵(1902—1994) 324,336
姜立夫(1890—1978) 321,322
焦循(1763—1820) 129,316
角谷静夫〔日〕 171
杰文斯(W. S. Jevons,1835—1882)〔英〕 250

K

卡尔达诺(G. Cardan,1501—1576)〔意〕 158,159,237
卡尔曼(R. E. Kalman,1930—)〔美〕 301
康德(I. Kant,1724—1804) 290
卡诺(L. Carnot,1753—1823)〔法〕 266
卡斯特尔诺沃(G. Castelnuovo, 1865—1952)〔意大利〕 282
卡瓦列里(B. Cavaliere,1598—1647)〔意〕 106,192,193,194
开普勒(J. Kepler 1571—1630)〔德〕 49,185,192,195
凯莱(A. Cayley,1821—1895)〔英〕 239,240,241,248
坎托罗维奇(Л. В. Канторович)〔苏联〕 299
康托尔(M. B. Cantor,1829—1920)〔德〕 13
康托尔(G. Cantor,1845—1918)〔德〕 38,225—228,252,287,288
柯勃汉 296
科林斯 309
柯茨(R. Cotes,1682—1716)〔英〕 212
柯尔莫戈罗夫(A. H. Колмоſоров)〔苏联〕 296,297,335
柯西(A. L. Cauchy, 1789—1857)〔法〕
164,170,186,220,222—224,230,232,239,240,246,252
克拉默(C. H. Cramer,1893—)〔瑞典〕 298
克莱罗(A. C. Clairaut,1713—1765)〔法〕 185,214,217,218,263,264
克莱姆(G. Cramer,1704—1752)〔瑞士〕 239
克莱因(F. Klein,1849—1925)〔德〕 260—263,269,270,277,292,332,3439
克莱因(M. Klein,1908—1992)〔美〕 48,102
克雷蒙那(Cremona,1114—1187)〔意大利〕 151

克吕格尔(G. S. Klugel, 1739—1812)〔德〕 256
克罗内克(L. Kronecher,1823—1891)〔德〕 226,252,277,287,289
库拉托夫斯基(K · Kuratowski,1896—1980)〔波兰〕 187
库朗(R. Courant, 1888—1972)〔美〕 292
库默尔(E. E. Kummer,1810—1893)〔德〕 252
库普曼斯(T. C. Koopmans,1910—1985)〔美籍荷兰〕 301

L

拉格朗日(J. L. Lagrange,1736—1813)〔法〕 139,160,211,216,218,220,221,232,240,244—247,250,252
拉克鲁阿(S. F. lacroix,1765—1843)〔法〕 183,209,218
拉普拉斯(P. S. Laplace,1749—1827)〔法〕 163,220,229,239,240
莱布尼茨(G. W. Laibniz,1646—1717)〔德〕 20,186,193,198,201—205,207,213,214,217,221,237,239,248,271
莱斯利 303
莱夫谢茨(S. Lefschetz, 1884—1972)〔美〕 280,282
莱茵特(A. H. Rhind)〔英〕 11
兰伯特(J. H. Lambert,1728—1777)〔德〕 196,212,256
郎世宁(P. J. Castiglionne,1688—1766)〔意大利〕 129
勒让德(A. M. Legendre,1752—1833)〔法〕 170,212,218,231,232,233,251
雷蒂库斯 (G. J. Rhaeticus, 1514—1576)〔奥地利〕 166
雷格蒙格努斯(笔名,原名叫缪勒)〔德〕 166
黎卡提(J. F. Riccatti,1676—1754)〔意大利〕 218
黎曼(G. F. B. Riemann,1826—1866)〔德〕 169,226,229,231,260,261,265,273,282,292
李倍始(U. Libbrecht)〔比利时〕 94,95
李潢(? —1811) 129
李锐(1768—1817) 126,129,316
李善兰(1811—1882) 42,129,130,207,317—321
李特尔伍德(J. E. Littlewood, 1885—1977) 324
李治(1192—1279) 89,116—123,146
李约瑟(J. Needham,1900—1995)〔英〕 18,146,149
李之藻(1565—1630) 314,316
理雅各(J. Legge, 1817—1890)〔英〕 317

利斯廷(J. B. Listing, 1808—1882)〔德〕 278
林德曼(C. L. F. Lindemann,1852—1939)〔德〕 36
刘徽(263 年左右)
36,59,70,72,76,77,78,83—88,102,105,106,130,146,206
刘维尔(J. Liouville,1809—1882)〔法〕 246,252
刘歆(约公元前 50—公元 23) 103
刘益(约 12 世纪) 89,106,112,117
刘应(C. de Visdelou, 1656—1737)〔法〕 315
刘彝程(19 世纪后期) 321
龙华民(N. Longobardo, 1565—1655)〔意大利〕 314
鲁菲尼(P. Ruffini,1765—1822)〔意大利〕 99,160,244
罗巴切夫斯基(Н. И. Лобачевский,1793—1856)〔俄国〕
255—260,262,263,292
罗贝瓦尔(G. P. Roberval,1602—1675)〔法〕 180,193,196
罗密士(E. Loomis, 1811—1899)〔美〕 318,320
罗士琳(1774—1853) 123,129
罗素(B. A. W. Russell,1872—1970)〔英〕 4,43,284,287,288,289,290
罗雅谷(G. Rho, 1592—1638)〔意大利〕 314
洛必达(G. F. A. L' Hospital,1661—1704)〔法〕 209,221

M

马克劳林(C. Maclaurin, 1698—1731)〔英〕 205
马尔可夫(A. A. Markov,1903—)〔苏联〕 303
马克思(Marx,1818—1883)〔德〕 15,26,234
马克斯·诺特(Max Noether, 1844—1921)〔德〕 277,282
利玛窦(Ricci Matteo,1552—1610)〔意大利〕 42,128,312—314,318
麦比乌斯(A. F. Mobius, 1790—1868)〔德〕 268
麦都斯(W. H. Medhurst, 1796—1857)〔英〕 317
麦克斯韦(J. C. Maxwell, 1831—1879)〔英〕 232,243
梅茨勒 (W. H. Metzler,1863—?) 241
梅毂成(1681—1763) 128
梅雷(H. C. R. Meray,1835—1911)〔法〕 225
梅内劳斯(Menelaus,公元 98 年前后)〔希〕 51,52,165
梅森(M. Mersenne,1588—1648)〔法〕 176

梅文鼎(1633—1721)　126,128,316
门奈赫莫(Menaechmus,约公元前 375—前 326)〔希〕　70
蒙日(G. Monge,1746—1818)〔法〕　220,264,266
米尔斯(R. L. Mills,1927—)　305
闵可夫斯基(H. Minkowski,1864—1909)〔德〕　304,332
明安图(1692—1764)　126
明金格(F. G. Minding,1806—1885)〔俄〕　239
缪勒(J. Müller, 1436—1476)〔德〕　154,166
摩根斯顿(O. Morgenstern,1902—)　301
莫色斯　309
莫希莱(J. W. Mauchly,1907—1980)〔美〕　308
莫泽(J. Moser)〔美〕　297
墨子(约公元前 468—前 376)　20,22
穆尼阁(J. N. smogolenski,1611—1656)〔波兰〕　164

N

纳皮尔(J . Napier,1550—1617)〔苏格兰〕　161—164
纳什(J. F. Jr. Nash,1928—)〔美〕　302
纳西尔丁(Nasir ad-din al-tust,1201—1274)〔阿拉伯〕　144,165,166
南怀仁(F. Verbiest,1623—1688)〔比利时〕　128,315
纽曼(M. H. Newman,1897—1984)〔英〕　295
尼拉古·伯努利(Nicholas Bernoulli,1687—1759)〔瑞士〕　216
年希尧(？—1738)　126,316
牛顿(J. Newton,1642—1727)〔英〕
42,49,183,184,186,193,194,195,196—201,203—205,207,209,213,214,221

O

欧德莫斯(Eudemus,约公元前 4 世纪)〔希〕　26,34
欧多克斯(Eudoxus 约前 400—约前 347)〔希〕　190
欧多克索斯(Eudoxus,约前 400—前 347)〔希〕　38,58
欧几里得(Euclid,前 330—前 275)〔希〕
38-44,48,49,51,54,56,58,126,144,145,147,155,209,220,255—262,265
270—273,313
欧拉(Leonard Euler,1707—1783)〔瑞士〕
95,139,160,167,168,169,170,185,186,210,219,221,229,231,232,233,238
239,240,244,252,263,264,279

P

帕普斯(Pappus,活动于300—350年左右)〔希〕 49,54

帕乔利(L. Pacioli ,约1454—1517)〔意大利〕 154,157

帕斯卡(B. Pascal,1623—1662)〔法〕 48,109,144,169,180,202,305

潘慎文(A. P. Parker, 1850—1924)〔美〕 320

庞加莱(H. Poincare,1854—1912)〔法〕
169,232,261,263,279,282,287,288,289,290,292,304,324,332

庞斯列(J. —V. Poncelet,1788—1867)〔法〕 266,267

庞特里亚金(Л. С. Понтрияин,1908—)〔苏联〕 301

皮蒂斯楚斯(Pitiscus, 1561—1613年)〔德国〕 166

皮尔斯(C. S. Peirce,1839—1914)〔美〕 250

皮尔逊(K. Pearson,1857—1936)〔英〕 297

皮卡(C. E. Picard, 1856—1941)〔法〕 282

皮科克(G. Peacock,1791—1858)〔英〕 241

皮亚诺(G. Peano,1858—1932)〔意大利〕 226,271

皮耶里(M. Pieri,1860—1904)〔意大利〕 271

婆罗摩笈多(Brahmagupta,公元598—665以后)〔印〕 29,83,134—139,155

婆什迦罗(Bhāskara 1114—约1185)〔印〕 135—139,155,157

普鲁塔克(Plutarch,约公元46—约120)〔希〕 33,47

普吕克(J. Plücker, 1801—1868)〔德〕 268

Q

齐曼(E. C. Zeeman, 1925—)〔英〕 286

钱宝琮(1892—1974) 102

切比雪夫(П. Л. Чебышев,1821—1894)〔俄〕 231,292

秦九韶(约1202—约1261年以后)
89,90,91,93,95—99,119,122,123,146,149

R

热尔贝 (Gerbert 945—1003)〔法〕 151

阮元(1764—1849) 120

若尔当(M. E. C. Jordan,1838—1922)〔法〕 241,246

S

萨顿(G. Sarton,1884—1956)〔美〕 96,123
萨凯里(G. Saccheri,1667—1733)〔意大利〕 256
塞雷特(J. A. Serret,1819—1885)〔法〕 246
塞瓦(G. Ceva,1648—1734)〔意大利〕 52
塞维里(F. Severi, 1879—1961)〔意大利〕 282
塞翁(Theon,约公元4世纪)〔希〕 41,55
三上义夫(Mikami Yoshio,1875—1950)〔日本〕 102
沈括(1031—1095,生卒说法多种) 89,109—112
施罗德(F. W. K. E. Schröder,1841—1902)〔德〕 250
施密特(E. Schimidt, 1876—1959)〔美〕 281
施瓦尔茨(L. Schwartz, 1915—)〔法〕 281
斯蒂比兹(G. Stibitz,1904—1995)〔美〕 307
斯蒂菲尔(M. stifel,约1487—1567)〔德国〕 160,161
斯蒂文(S. Stevin,约1548—1620)〔荷兰〕 237
斯霍滕(F. van Schooten,1615—1660)〔荷兰〕 184
斯科尔斯(M. S. Scholes) 302
斯拉格 309
斯里特哈勒(Sridhara,860—900)〔印〕 155
斯陶特(K. G. C. Von. Staudt,1798—1867)〔德〕 268,269
斯特林(J. Stirling,1692—1779)〔英〕 184
斯威克(J. Swick) 43
苏步青(1902—2003) 322,324,336

T

塔尔塔利亚(N. Tartalia,1499—1557)〔威尼斯〕 158,159
塔斯基(A. Tarski,1901—1983)〔波兰〕 309
泰勒(B. Tayler, 1683—1731)〔英〕 205,214
泰勒斯(Thales,约公元前625—前547)〔希〕 25—29,37,57
泰特托斯(Theaetetus,约前415—约前369)〔希〕 31
汤若望(J. A. S. Von Bell, 1592—1666)〔德〕 314
图灵(A. M. Turing,1912—1954)〔英〕 295,296
托勒密(Ptolem,约100—170)〔希〕 49,51,140,153,165
托里切利(E. Torricelli 1608—1647)〔意大利〕 193,196

托姆(R. Thom,1923—)〔法〕 43,285,286

W

瓦尔德(A. Wald,1902—1950)〔美籍罗马尼亚〕 298
瓦拉哈米希拉(Varahamihira,约505—587)〔印〕 165
瓦莱·普桑(C. —. J—G. N. de la Vallée Poussin,1866—1962)〔比利时〕 231
外尔(C. H. H. Weyl,1885—1955)〔德〕 169,292,305
魏尔斯特拉斯(K. Weierstrass,1815—1897)〔德〕 224,225,229,230,233,240,241
汪莱(1768—1813) 126,129,316
王浩〔美籍华人〕 309
王鉴(1894年前后) 123
王孝通(约7世纪初人) 69,117,156
王恂(1235—1281) 89,111,120,214
王文素(约16 世纪) 127
王锡阐(1628—1682) 316
旺策尔(P. L. Wantzel,1814—1848)〔法〕 36,247
韦伯(H. Weber, 1842—1913)〔德〕 277
韦达(F. Vieta,1540—1603)〔法〕 77,166,175,183,236,237
韦依(A. Weil, 1906—1998)〔法〕 282
维布伦(O · Veblen,1880—1960)〔美〕 187
维尔纳(J. Werneo,1468—1528)〔德国〕 160
维纳(N. Wiener,1894—1964)〔美〕 300,301
威廉(I. Williams,1675—1749) 164
维特(J. de Witt,1625—1672)〔荷兰〕 184
伟烈亚力(Alexander wylie,1815—1887)〔英〕 42,68,207,317,318,320
沃尔泰拉(V. Volterra, 1860—1940)〔意大利〕 280,303
沃利斯(J. Wallis,1616—1703)〔英〕 184,193,194,319
沃尔夫(wolf,? —1981)〔德〕 338
吴文俊(1919—) 2,309,327,338
吴敬(约385—1450年) 127

X

西尔维斯特(J. J. Sylvester,1814—1897)〔英〕 239,240
希比亚斯(Hippias,公元前5世纪)〔希腊〕 34,37

希波克拉底(Hippocrates of chios,约前460年)〔希〕 35,36
希尔伯特(David . Hilbert, 1862—1943)〔德〕
169,171,228,233,252,255,271—273,277,281,288,290—293,295
304,332
希罗多德(Herodotus,约前484—前424)〔希〕 27
希帕蒂娅(Hypatia,约370—415)〔埃及〕 24,42,50,55—57
希帕霍斯(Hipparchus,前180—前125)〔希〕 51
希帕斯(Hippaus,约公元前470年)〔希〕 33,38
希思(T. Heath,1860—1941)〔英〕 44
希维赛德(O. Heaviside,1850—1925)〔英〕 243
席卡尔德(W. Schiccard,1592—1635)〔德〕 304
仙农(C. E. Shannon,1916—2001)〔美〕 299
项明达(1789—1850) 129
谢洪赉(1873—1916) 320
谢克(H. F. Scherk,1798—1885)〔德〕 239
辛钦(A. Я. Хинчин,1894—1959)〔苏联〕 296
熊庆来(1893—1969) 322,324,325
徐光启(1562—1633) 42,128,168,313,314,316,318
徐寿(1818—1884) 318
徐岳(公元168—226年) 72
徐有壬(1800—1860) 318
许宝騄(1910—1970) 298,324,326,338
许凯(N. Chuquet,约1445—约1500)〔法〕 160
薛定谔(E. Schrdinger,1887—1961)〔奥地利〕 304
薛凤祚(?—1680) 164,316

Y

雅各布·伯努利(Jacob Bernoulli,1654—1705)〔瑞士〕
184,205,213,215—217,221
雅可比(C. G. J. Jacobi,1804—1851)〔德〕 231,233,239
亚里士多德,Aristotle,公元前384—前322) 3,27,34,37,57,58,151,249
杨辉(生活于13世纪) 89,95,108,109,112—116,122,146
杨武之(1896—1973) 322
杨振宁(1922—) 304

伊藤清(Itô. kiyosi,1915—)〔日〕 296
约翰·伯努利(Johann Bernoulli,1667—1748)〔瑞士〕
164,185,186,205,210,213—217,220,221

Z

曾炯之(1898—1940) 324
扎德(L. A. Zadeh, 1921—)〔美〕 283,284
扎里斯基(O. Zariski, 1899—1986)〔美〕 282
张苍(约公元前250—前152年) 72
芝诺(Zeno,公元前490—前430)〔希〕 33,34,37
张诚(J. F. Gerbillon,1654—1707)〔法〕 128,315
张奠宙(1933—) 3
张衡(公元78—139) 103,106
张邱建(北魏时人) 68,69
赵爽(公元3世纪初三国时期的吴国人) 66,155
甄鸾(约6世纪) 70,71,113
郑之藩(1887—1963) 322
朱林(J. Jurin,1684—1750)〔英〕 209
朱世杰(13—14世纪) 89,120,122—125,146,214
邹立文(19世纪后期) 320
祖冲之(公元429—500) 71,99—105,144
祖暅之(又称祖暅,公元5世纪—6世纪) 101,103—106,193,206